本教材得到上海理工大学2018年度一流本科系列教材项目资助

科技译者职业能力实训教程

冷冰冰 王华树 编著

南京大学出版社

图书在版编目(CIP)数据

科技译者职业能力实训教程 / 冷冰冰,王华树编著
. —南京:南京大学出版社,2020.8
 ISBN 978-7-305-23620-4

Ⅰ. ①科… Ⅱ. ①冷… ②王… Ⅲ. ①科学技术-翻译-高等学校-教材 Ⅳ. ①G301

中国版本图书馆CIP数据核字(2020)第130527号

出版发行	南京大学出版社
社　　址	南京市汉口路22号　邮　编　210093
网　　址	http://www.NjupCo.com
出 版 人	金鑫荣
书　　名	科技译者职业能力实训教程
编　著	冷冰冰　王华树
责任编辑	张淑文
照　　排	南京紫藤制版印务中心
印　　刷	南京京新印刷厂
开　　本	787×1092　1/16　印张 17　字数 382千
版　　次	2020年8月第1版　2020年8月第1次印刷
ISBN	978-7-305-23620-4
定　　价	49.00元

网址:http://www.njupco.com
官方微博:http://weibo.com/njupco
官方微信号:njupress
销售咨询热线:(025) 83594756

* 版权所有,侵权必究
* 凡购买南大版图书,如有印装质量问题,请与所购图书销售部门联系调换

前　言

纵观人类历史的发展，科技创新始终是国家发展的重要力量。今天，从世界科技发展大势来看，科技领域的创新在加速融合，颠覆性技术层出不穷，新一轮技术革命和产业革命将给中国科技的跨越式发展带来重要机遇。在科教兴国的征途中，无论是科技创新还是科学普及，科技翻译活动都在发挥着不可替代的作用，优秀的科技译员也成为效力国家科技战略的重要力量。

当今时代，AI技术对传统的人工翻译产生了巨大的冲击，也对传统的科技翻译教学模式产生重要影响。与此同时，为不断发展的中国语言服务行业培养职业译员成为当下翻译教育的重要使命之一。近代教育家陆费逵有言："国立根本，在乎教育，教育根本，实在教科书。教科书不革命，教育目的终不能达也。"本教材与时俱进，以构建AI时代科技译者的职业能力为编写目标，采撷农林、建筑、生物、机械等多个科技领域的典型案例，致力于科技译员职业能力的打造。本书所涉及的译者职业能力是一个包括语言分析、逻辑判断、在线检索、工具操练、行业规范学习在内的多元立体的能力概念。

本教材主要内容如下：第一章诠释科技翻译的定义并解读科技译者职业能力的内涵，确立教材的书写框架；第二章聚焦科技译者的检索能力训练，介绍科技译者常用的信息检索网站和在线检索方法；第三章针对科技译者的术语能力训练，侧重对译文质量产生直接影响的三种术语能力，即"术语的识别能力""术语的交流能力"，以及"计算机辅助术语管理的能力"进行训练；第四章针对科技译者的交流能力训练，从"科技翻译是一种专业交流"出发阐释了四个重要专业交流特征，并从如何运用翻译方法来实现科技文本的交流特征展开；第五章为科技译者的策略能力训练，主要从译者准确解读原文和发挥主观能动性生成译文两个角度，聚焦"借助图片显化逻辑""语言和知识互补判断""语境内外综合判断""主动建构连贯""借助网络情景化译文"和"多做可用性判断"等策略；第六章为科技译者的文本能力训练，介绍产品说明书、产品手册、企业新闻、专利文献以及科普文本的翻译策略，并进行案例分析，侧重分析不同文本的文风特点和相应的翻译标准。第七章关于科技译者的工具能力训练，介绍主流的CAT工具、机器翻译工具和译后编辑工具等在科技翻译流程中的应用。第八章拓展了科技译者三个方面的职业能力——译前准备能力、译后审校能力和科技译者需要掌握的岗位语言能力。

相比同类科技笔译教材，本书的主要特色有四个方面：第一，构建能力框架。长期以来，科技翻译的培训一般是从科技文本的语言特点和科技翻译的原则入手，而本书将教材架构在科技译者子能力框架上，使得教学评估有了清晰的评判载体，便于翻译教师对教学质量进行分项量化评估。第二，聚焦译者主体。考虑到机器翻译准确性的提升，教材分析案例时一般以机器译文作为对照译文，然后提出人工译文，体现出人工译文的优势，一方面提升译者的职业自信,另一方面也引导学生更好地利用机器翻译,提升工作效率。此外,将科技翻译的本质定位为"专业交流",全译和变译方法融合应用,强调科技翻译中译者主观能动性的发挥。第五章"科技译者的策略能力训练"尝试从多个角度探索翻译和认知的话题,以培养译者的高阶思维能力。第三,凸显技术赋能。教材将在线检索能力和翻译技术能力单独成章,强调技术辅助对科技译者的重要价值。在"术语能力训练"一章特别融合了计算机辅助的术语管理系统方法。第四,重视实践与理论结合。本书不仅从翻译策略角度详细解读各种翻译案例,而且注重理论方面的夯实,各章设置了"译理点拨"部分,与一般科技翻译教材中补充领域知识的形式不同,意在对各章理论的加深理解和深化;并推荐了国内外相关主题的理论书目,便于学习者参考和自修。

  本教材适用于以翻译过程为导向的科技笔译课程,培训者可以导论形式引入第一章的内容,然后将后续学时划分为"交流能力训练"和"文本能力训练"两个阶段。"交流能力训练"阶段以"第四章交流能力训练"为中心,辐射检索能力(第二章)、术语能力(第三章)、策略能力(第五章),以及简单文档机器翻译(第七章第二节)。"文本能力训练"阶段以"第六章文本能力训练"为中心,辐射检索能力(第二章)、术语能力(第三章)、交流能力(第四章)、策略能力(第五章),以及 CAT 工具使用(第七章第一节)、复杂文档机器翻译(第七章第三节)和机器翻译译后编辑(第七章第四节)。教师除了可以使用教程中的练习外,也可引入其他翻译项目,循环训练学习者的职业技能。学期结束时建议以形成性考核为主要评估方式,要求学生以小组汇报的形式汇报岗位工作(项目经理、译员和审校等),并要求以第八章中罗列的译者工作语言来描述。在教学中教师可以采用任务教学法,将职业能力培养融入以翻译过程为导向的教学中,在不同的项目中循环训练、不断养成。

  在成书过程中,我们得到了许多的支持和帮助:诚挚感谢上海创凌翻译服务有限公司资深译员李义先生、西安外国语大学高级翻译学院 MTI 研究生杨绍龙同学和马世臣同学以及上海理工大学外语学院 MTI 研究生张红同学。衷心感谢我国资深翻译家方梦之先生、资深翻译家李亚舒先生、上海理工大学吕乐教授、大连外国语大学王少爽博士、天水师范学院桑仲刚教授、传神翻译公司闫栗丽女士、上海创凌翻译服务有限公司总经理杨颖波先生、上海一者信息科技有限公司张井先生和刘宁赫先生、西安迪佳悟信息技术有限公司金新先生、四川译迅信息科技有限公司马帅先生给予的支持和援助!最后特别感谢南京大学出版社张淑文老师在编辑方面的辛勤付出!

  由于教材编写时间仓促,书中难免存在错误和不足之处,敬请广大读者批评指正。此外,本教材各个章节均为开放章节,意在抛砖引玉,期待更多的科技笔译教师共同探讨和充实。

编著者

目　　录

第一章　科技译者的职业能力 ·· 1
　本章导读 ·· 1
　第一节　科技译者的职业翻译规范 ·································· 1
　　一、"科技翻译"的定义 ·· 1
　　二、科技译者的职业翻译规范 ···································· 2
　第二节　科技译者的职业能力解读 ·································· 5
　　一、翻译行业规范中的译者能力 ·································· 5
　　二、科技译者的职业能力阐释 ···································· 6
　技能训练 ·· 14
　译理点拨 ·· 18
　推荐读物 ·· 20

第二章　科技译者的检索能力训练 ···································· 21
　本章导读 ·· 21
　第一节　科技译者常用网站介绍 ···································· 21
　第二节　在线检索的方法 ·· 22
　　一、布尔逻辑搜索 ·· 23
　　二、诱导词搜索 ·· 24
　　三、语料库搜索 ·· 25
　　四、截词检索 ·· 26
　　五、搜索符搜索 ·· 27
　　六、其他搜索方法 ·· 28
　第三节　在线检索实例 ·· 28
　技能训练 ·· 32
　译理点拨 ·· 33
　推荐读物 ·· 37

第三章　科技译者的术语能力训练 ···································· 38
　本章导读 ·· 38
　第一节　科技翻译中的术语 ·· 38
　第二节　新术语的翻译 ·· 39
　　一、表形译 ·· 39

二、音译 ··· 39
　　三、意译 ··· 40
　　四、音意兼译 ·· 40
第三节　术语的识别 ··· 41
　　一、术语变体 ·· 41
　　二、篇章中术语变体的识别 ··· 43
　　三、日常词汇术语化的识别 ··· 45
第四节　术语翻译的陷阱 ·· 46
　　一、"译名规范"的本质要求 ··· 47
　　二、"术语化"的生成机制 ·· 48
　　三、形态多样的语言表现 ·· 49
　　四、语境制约的属性 ·· 51
第五节　科技翻译项目中的术语管理 ······························ 52
　　一、科技翻译项目中的术语管理 ·································· 52
　　二、科技翻译项目中的术语管理方法 ··························· 53
技能训练 ·· 56
译理点拨 ·· 58
推荐读物 ·· 60

第四章　科技译者的交流能力训练 ································ 61
本章导读 ·· 61
第一节　科技交流的四个特征 ·· 61
第二节　常用的翻译方法 ·· 65
　　一、引申法 ··· 66
　　二、转译法 ··· 67
　　三、增译法 ··· 71
　　四、减译法 ··· 73
　　五、重复法 ··· 75
　　六、变译法 ··· 76
第三节　科技文本中的疑难句型 ····································· 81
　　一、倍数句 ··· 81
　　二、否定句 ··· 83
　　三、定语从句 ·· 85
　　四、长句 ·· 86
第四节　科技译者交流能力综合训练 ······························ 89
技能训练 ·· 97
译理点拨 ·· 102
推荐读物 ·· 107

第五章 科技译者的策略能力训练 ………………………………… 108
本章导读 ………………………………………………………… 108
第一节 理解原文的策略能力 ………………………………… 108
一、借助图片显化逻辑 ……………………………………… 108
二、语言和知识互补判断 …………………………………… 110
三、语境内外综合判断 ……………………………………… 112
第二节 生成译文的策略能力 ………………………………… 114
一、主动建构连贯 …………………………………………… 114
二、借助网络语境化译文 …………………………………… 117
三、多做可用性判断 ………………………………………… 119
技能训练 ………………………………………………………… 122
译理点拨 ………………………………………………………… 124
推荐读物 ………………………………………………………… 125

第六章 科技译者的文本能力训练 ………………………………… 126
本章导读 ………………………………………………………… 126
第一节 产品说明书的翻译 …………………………………… 126
第二节 产品手册的翻译 ……………………………………… 131
第三节 企业新闻的翻译 ……………………………………… 138
第四节 专利文献的翻译 ……………………………………… 141
第五节 科普文本的翻译 ……………………………………… 147
技能训练 ………………………………………………………… 156
译理点拨 ………………………………………………………… 161
推荐读物 ………………………………………………………… 162

第七章 科技译者的工具能力训练 ………………………………… 163
本章导读 ………………………………………………………… 163
第一节 CAT 工具案例训练 …………………………………… 163
一、Déjà Vu X3 简介 ………………………………………… 164
二、工具实操 ………………………………………………… 165
第二节 简单文档机器翻译工具案例训练 …………………… 174
一、谷歌翻译简介 …………………………………………… 175
二、工具实操 ………………………………………………… 176
第三节 复杂文档机器翻译工具案例训练 …………………… 181
一、云译通简介 ……………………………………………… 181
二、工具实操 ………………………………………………… 182
第四节 机器翻译译后编辑工具案例训练 …………………… 188
一、YiCAT 简介 ……………………………………………… 188

二、工具实操 ··· 188
第五节　技能拓展 ··· 194
　　一、如何做译前处理 ··· 194
　　二、如何利用工具导出重复片段 ··· 195
　　三、如何导出外部审校 ··· 196
　　四、如何导出双语对应文档 ··· 197
技能训练 ··· 200
译理点拨 ··· 201
推荐读物 ··· 206

第八章　科技译者的翻译服务能力拓展 ··· 207
本章导读 ··· 207
第一节　译前准备的能力 ··· 208
　　一、客户要求分析 ··· 209
　　二、文本分析 ··· 209
　　三、技术辅助准备 ··· 210
第二节　译后审校的能力 ··· 211
　　一、原文信息是否准确 ··· 211
　　二、译文逻辑是否连贯 ··· 212
　　三、交流效果能否更佳 ··· 212
　　四、译文目的能否达成 ··· 213
第三节　职业笔译的岗位术语 ··· 214
　　一、与笔译服务相关的概念 ··· 214
　　二、与翻译技术相关的概念 ··· 215
　　三、与语言和题材相关的概念 ··· 216
　　四、与笔译项目参与者相关的概念 ··· 217
　　五、与质量控制相关的概念 ··· 218
技能训练 ··· 219
译理点拨 ··· 220
推荐读物 ··· 221

参考文献 ··· 222
附录一　翻译服务　笔译服务要求 ··· 229
附录二　译员职业道德准则与行为规范 ··· 252
附录三　技术工具与资源附录 ··· 262

第一章 科技译者的职业能力

本章导读 科技翻译在我国语言服务需求中占有重要份额,科技译者的职业能力是依据语言服务行业制定的标准来确定的。提出科技译者的具体职业能力对高校的译者培训具有重要价值。本章第一节介绍科技翻译的定义、职业译者的产品规范和活动规范。第二节对科技译者的职业能力进行解读。

第一节 科技译者的职业翻译规范

一、"科技翻译"的定义

"科技翻译"通常是科学翻译与技术翻译的合称,英语对应为 scientific and technical translation 或者 specialised translation,如梅芙·奥罗汉(Maeve Olohan)的科技翻译著作 *Scientific and Technical Translation*(2016),玛格利特·罗杰斯(Margaret Rogers)的科技翻译教材 *Specialised Translation—Shedding the "Non-literary" Tag*(2015)。方梦之、范武邱在《科技翻译教程》(2015:8)中就科技翻译的专业知识方面写道:"科技翻译的专业知识包括两个方面:作为译员的职业知识和技能;具有比较广泛的科普知识以及与翻译内容相关的一门或多门专业知识。""科技翻译"可以是狭义概念,限定为"科学信息和技术信息"的翻译,如土木工程翻译、通信电子翻译、机械工程翻译等;也可以是宏观概念,涵盖金融文本翻译、医药类文本翻译等领域。此外,在英语中"科技翻译"也常写作 LSP translation,这里 LSP 指的是 Language for Special Purposes。Special Purposes 意在专业领域性和工作用途性并存,专业领域涉及天文地理、土木机械等几乎所有的工业技术领域,工作用途有招标书、专利申请、产品手册、产业新闻发布、产品使用说明书等,信息载体可能是教材、字幕、网站、手册或是杂志等。

科技翻译在语言服务市场需求中占比很高,是语言服务存在的主要源头,国内语言服务产业中,前十名的企业如文思海辉、博彦科技股份有限公司、江苏省工程技术翻译院有限公司、北京百通思达翻译有限公司、成都语言桥翻译有限责任公司等均以工程技术翻译为主要业务领域。如"江苏省工程技术翻译院有限公司长期从事各类工程技术资料的中外文互译,拥有一大批具有丰富工程技术资料翻译经验的专业人才,专业涉及石油、化工、电力、建材、机械、交通、冶金、纺织、轻工、电子信息等各个领域"(http://www.china-jeti.com/page/html/company.php)。基于语言服务行业岗位要求培养职业科技笔译员,是本教程的编写目的。

二、科技译者的职业翻译规范

科技翻译的职业化要求主要体现在翻译质量的行业规范和翻译活动的行业规范上。

(一) 科技翻译的产品规范

从"翻译产品"的角度来讲,科技译文的质量须符合语言服务行业的翻译质量标准,该标准不同于一般的教学翻译标准(即语言教学中的翻译练习)。吉尔所著的《笔译训练指南》(2008:7)一书对此有清晰的阐述:第一,教学翻译将注意力放在文本语言的准确性上,放在原文和译文文本的语言含义对应上,而不是像职业培训那样把注意力集中在信息的准确上。第二,教学翻译更注重结果,教师关注的是学生完成的文本,对其优缺点进行点评,而不关注完成文本的过程;职业翻译培训或教学近年来日益关注翻译过程。第三,教学翻译强调的是语言知识,而职业翻译教学也教授相关领域的知识和专业外语,教师的主要精力都放在译者的方法和技能培养上。第四,教学翻译往往忽视查找信息的重要性,满足于查找词典;职业翻译的教师对资料查找非常重视,认为这是职业翻译中非常重要的工作。

达尼尔·葛岱克(2010:6—7)描述了职业翻译的质量要求:

① 真实:翻译内容应符合事实,能被特定领域或特定专业的人阐释和理解。译文不能有任何技术、语义或真实性方面的错误,即使原文中有类似错误。

② 有意义:只改变编码是不够的,要让内容言之有物,并在转换后讲的是同样的"事物"。然而,理念和表达理念的方式会因文化差异而发生变化,当文化需要转换时,原来的信息内容或性质可能会:
—不再有任何意义,因此需要将其删除;
—无法让译文读者领会,因为在原信息中它们是隐喻,而这种隐喻在文化和语言变化中会消失殆尽;
—需要加以解释;
—意思发生变化或产生歧义,有时甚至带有令人不悦或反感的含义。

③ 一目了然:译文的使用者应该毫无保留地分享所传递的信息。这就要求译者根据使用者的技术水平适当调整内容和表达方式。同其他传播媒介一样,译文应该是可读的,其内容相互衔接,有逻辑性,必要的时候,译文还应该是完美的或在表述上做到尽善尽美。

④ 有效+符合人体工程学:翻译应实现其交际功能。翻译应保证实现且仅实现所有预期的功能,而且翻译产品应让人在使用中感到愉悦,实现其使用目标,或实现由使用者或受益者制定的目标。

⑤ 符合特定团体或群体的语言和文化习惯。

⑥ 符合所有规章、标准、材料要求,当然还有应用功能。

⑦ 保护客户或其雇主的利益,除非考虑到某些道德因素,根据不同情况,译者就是服务人员和/或被雇用者和/或顾问和/或合作伙伴。

葛岱克(2010)总结的上述职业翻译质量要求大致可总结为:信息真实准确,连贯性和可读性好,译文较好地实现交际功能,符合译入语地区的语言文化习惯,并保护客户的利益等。科技翻译工作者要适应语言服务行业的需求,需要遵循翻译质量的行业要求,因此在译者培训过程中,传统的"准确、简洁、通顺"等科技翻译标准显得过于笼统。

(二) 科技翻译的服务规范

在语言服务行业中,译员的一般工作形式是参与多人协作的项目,无论他们是全职译员(in-house translator)还是兼职译员(freelancer)。完成翻译产品的活动参与者通常包括项目经理、译员、单语审校、双语审校、领域专家、术语专家、排版专家等。一个翻译项目的流程通常包括初译、审校、排版、质检四步,每个项目无论大小和周期长短,都可以保证项目的准确性和一致性。

初译——首先由项目经理对项目文件进行分析,根据文件的专业领域和工作量选择合适的译员。其次,术语库和语料库的准备,预处理团队会根据项目的专业领域准备相应的术语库和语料库。然后译员根据准备好的语料库和术语库进行翻译,以保证项目的准确性和一致性。

审校——在初译完成后,专业译审将对译文的语法和准确性进行审核。为了使译文能够适应客户当地的市场和文化习惯,译审还对译文的语言风格和文化习惯进行审核,以最大限度地满足本地化和国际化需求。

排版——审校完成后,桌面排版人员会根据客户对文件格式的要求进行图文编辑和排版,图文排版工作不仅要考虑到原文的格式和图片,还要考虑特殊地区的特殊需求。

质检——质量检验程序的目标是最终译件能够被目标受众所接受。QA团队非常详尽地审查文件语言、排版和本地化问题(妙文上海翻译公司 http://www.acmetranslation.com.cn/index.php? option=com_content&view=article&id=81&itemid=120)。

从"翻译过程"角度来讲,科技译者需要认识到自己所从事的翻译工作乃是翻译项目进程中的一部分,因此要养成团队协作精神,共同完成高质量的译文。有时为了增强职业的适应性,译员还需要掌握术语能力、排版能力和项目管理能力等多种岗位能力。图1-1是中国翻译协会2016年发布的笔译服务标准中的"笔译流程"图,展示了笔译项目的阶段性和多人协作性。

笔译流程

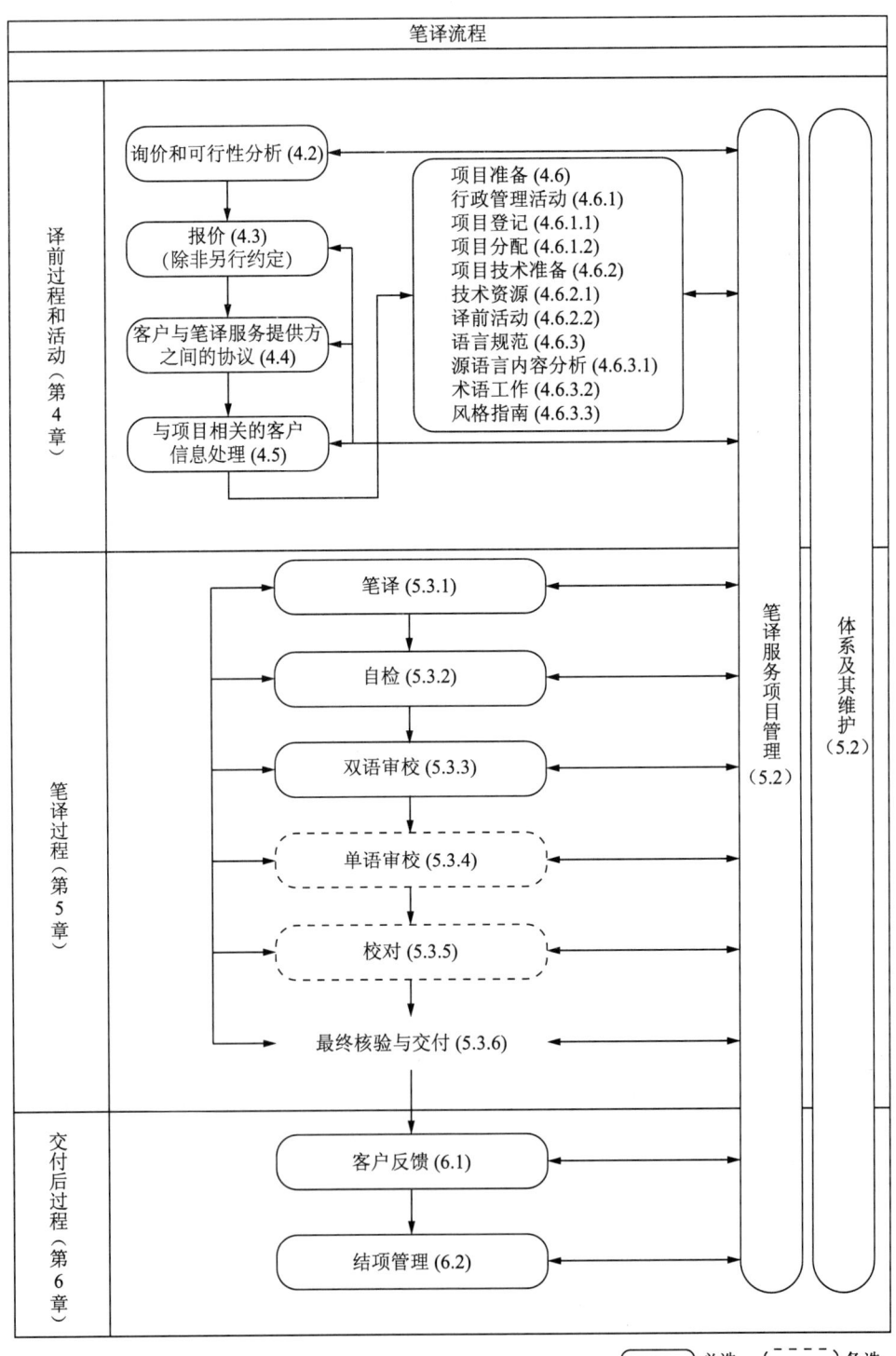

图 1-1 T/TAC.1—2016 附录 A 部分"笔译流程"图

第二节 科技译者的职业能力解读

一、翻译行业规范中的译者能力

20世纪90年代语言服务行业迅速发展,并逐渐具备了一系列特征,如专用计算机辅助软件的研发、翻译需求量的增大、服务的组织方式开始标准化(翻译活动以项目的方式进行,并且由项目管理者监控项目流程)、翻译公司增加、寻求生产利润、分工和专业化、众包及全球化等。其中,"翻译服务出现两个显著变化,一个是翻译服务的需求量增大和翻译工具的功能增强,另一个变化就是对行业翻译质量提升有了共同做法,即建立行业服务标准(Drugan,2013:1)"。

国内外翻译理论家已确定了行业标准对职业翻译人才教育的重要意义,如方梦之先生(2014)提出,"与文学翻译使用'等值、动态对等、信达雅、神似、化境等'不同,应用翻译的翻译标准应采用权威机构发布的翻译服务标准和质量标准"。劳伦斯·韦努蒂(2017:215)在总结北美地区翻译学位点的教学经验后认为,"关于提高理论和实践教学水平的问题,根据文化背景,所属的历史时期和方法论角度都会有不同的答案,例如,如果将翻译市场作为学位点或课程有效性的评判标准,根据语言服务产业的要求与时俱进来改进教学法在教学评估中可能是最重要的"。

根据《2018中国语言服务发展报告》公布的数据(中国翻译协会,2019:213—215):我国语言服务标准中笔译标准在继"GB/T 19682—2005 翻译服务译文质量要求""GB/T 19363.1—2008 翻译服务规范第1部分:笔译"后,发布了"T/TAC—2016 翻译服务笔译服务要求团体标准",以下简称"T/TAC—2016标准",该标准是截至目前国内最新的笔译服务标准。根据T/TAC—2016标准,对源语言内容进行笔译的能力,包括在语言内容理解和生成过程中处理问题的能力,以及按照客户和笔译服务提供方所签协议与其他项目规范,交付目标语言内容的能力。具体有:

① 语言文字处理能力:理解源语言,熟练使用目标语言,掌握文本类型惯例的一般和专业知识的能力,包括应用该知识生成目标语言内容的能力。

② 信息获取和处理的能力:高效拓展语言及专业知识的能力,以便更好地理解源语言内容和生成目标语言。这一能力还包括使用工具、制定恰当策略、高效利用信息资源的能力。

③ 文化能力:运用符合源语言和目标语言文化特征的行为标准、最新术语、价值体系以及区域特性等相关信息的能力。

④ 技术能力:利用技术资源,包括使用工具和信息技术(IT)支持整个笔译过程,来完成笔译过程中的各项技术任务的知识、本领和技能。

⑤ 领域能力:理解源语言承载的专业信息,并使用目标语言以恰当的风格和术语予

以再现的能力。

科技译者是职业译者中的重要组成,职业科技译者需要具备以上译者能力。本教程聚焦"语言文字处理能力"中的"掌握文本类型惯例"能力,以下称为"文本能力"。T/TAC—2016标准所称的"领域能力"强调理解原文内容,使用目标语恰当的文风和术语再现原文信息,对科技译者来说这一能力集中体现在"术语能力"和"领域知识"方面。此外,"翻译策略能力"作为调集各种能力以解决翻译问题的中心能力,是译者能力训练中不可或缺的部分,也是探索职业译者认知黑匣子的入口,后文将进行探索性的案例阐释。

二、科技译者的职业能力阐释

国际翻译培训领域自21世纪开始就使用新的教学模式,即基于译者能力的培训模式(competence-based training, CBT)。在CBT中,多种翻译子能力是翻译教学大纲的核心,并且支持教学、学习和评估相融合的模式(Albir,2017:14)。史里夫(Shreve)(2002:154)认为,"对翻译能力的充分定义是翻译教学能否成功的中心,如果对译者高效完成翻译任务需要的能力没有进行清晰的说明,就不是一个成功的翻译课程和翻译大纲"。本节将对科技译者的职业翻译能力进行阐释。

(一) 文本能力

T/TAC—2016标准要求译者掌握使用目标语言和文本惯例生成译文的能力,这里包括了使用目标语言进行某一文本类型写作的能力,我们可以理解为目标文本类型的写作能力,如知晓各种科技文本书写惯例,合同、专利文献、说明书的语言风格,招标书的写法等。从译文的技术交流本质来说,文本类型的书写惯例非常重要,纽伯特(Neubert)(2012:6)在"Competence in language, in languages, and in translation"一文中提出五个翻译次能力,认为除了语言知识外,译者还必须能够敏感地识别出文本的种种特征;译者具有的第二个重要次能力即是文本能力。而凯瑟琳·韦(Catherine Way)(2012:135)指出:在专业翻译课程结束时,学生应该具有的四个能力之首就是"识别某一专业领域的文本类型的能力"。体裁特征的积累对译文的生成至关重要。如下例所示:

例1 A steering system for a marine pod drive, comprising[①]:

a[②] driving shaft;

a[②] driving pinion attached to the[③] driving shaft;

a[②] driven shaft;

a[②] driven gear mounted to the[③] driven shaft;

an[②] intermediate shaft...

错译 一种用于船舶吊舱驱动器的转向系统,包括:

一个主动轴,

一个附加在主动轴的主动小齿轮,

一个从动轴,

　　　　一个安装在从动轴上的从动齿轮，
　　　　一个中间轴……

分析 本例为某专利申请书权利要求书的节选，以上译文中的错误主要有三处：错误①在于权利要求书序言部分未按程式化的说法，建议译为"一种用于船舶吊舱驱动器的转向系统，其特征包括……"。错误②是冠词 a/an 的翻译，有的译者认为专利申请书要求精确、译文保真，要将不定冠词翻译为"一个"。实际上，权利要求书有其文本内在要求，即根据"过渡词"是"封闭"还是"开放"来决定不定冠词的译法，因这里过渡词 comprising 是开放式过渡词，故不定冠词不必译出。错误③是定冠词 the 的翻译，考虑到专利权利要求书的法律严谨性，行文中的定冠词 the 应译为"所述的"。可见，文本特征的把握对译文质量具有重要作用。

例 2 In addition to project execution, we provide advisory services even before our customers make the decision to invest. <u>Once a system is in place, we support it throughout its lifecycle.</u>

译文 1 另外，除履行规定责任外，我们还为客户提供咨询服务，包括尚未与我们正式确立合作关系的客户。<u>一旦系统到位，我们将提供终身保修。</u>

译文 2 另外，除履行规定责任外，我们还为客户提供咨询服务，包括尚未与我们正式确立合作关系的客户。<u>一旦您选择了我们的自动化方案，我们将为您提供终生技术支持。</u>

分析 本例来自德国某一泄漏检测仪器公司的展会宣传册，考虑到产品手册（technical brochure）的文体风格，在译文中需要添加召唤读者的积极修辞（如译文 2），才能实现其市场营销功能。

（二）信息获取和处理的能力

科技翻译的主要难点之一在于译者专业知识的缺乏，因此提及科技译者素质时，必然会提到对领域知识的掌握，然而在专业知识无限细分的今天，翻译培训者及学生对毕业后可能从事的专业领域无从准备，教学中仅凭教师特长或是学生兴趣来选择某一专业领域进行翻译实践未免有失偏颇；或是全面涉猎，普选素材，以为以此可以帮助学生锤炼专业知识，结果必是蜻蜓点水、难成气候（冷冰冰，2016）。

纽伯特（2012:9）认为，"主题知识，如百科知识或是专业化知识不一定是译者的主动知识，但译者必须知道查找这些知识的途径"。欧洲翻译硕士专家组（EMT Group, 2009）对主题知识能力（thematic competence）做了三条细化：第一，如何检索有效信息来较好地把握原文主题；第二，掌握专业领域的概念系统、推理方法、专业表述和术语的能力；第三，培养好奇心，提升分析总结能力。同时，EMT 专家组（2009）将具体检索能力（information mining competence）分解为：具有对文档和术语的查找策略、知道如何有效地使用工具和搜索引擎（术语管理软件、语料库和电子词典）、具有思辨意识来评价信息源的可靠性，以及如何管理自己的翻译资料库。

例 3 术语"八角形楼阁式古塔"如何翻译?(曹硕,2020)

分析 可先将该术语划分为"八角形""楼阁式"和"古塔"三部分,中心名词是"古塔"。经查证,"古塔"的现有译文有 pagoda 和 ancient tower 两种,结合本文语境,此处的"古塔"是指中国传统的砖石古塔。据第八版《牛津高阶英汉双解词典》:pagoda 是指南亚和东亚的佛塔,tower 多指教堂或城堡的塔楼,或者信号发射塔等高架子。因此,此处当使用 pagoda 一词。接下来再将"楼阁式古塔"输入万方数据库搜索,检索到"楼阁式错角筒砖塔"译为 pavilion-type brick pagoda;"楼阁式古塔"译为 attic-styled ancient tower。据上述《牛津高阶英汉双解词典》,"attic is a room or space just below the roof of a house, often used for storing things; pavilion is a building that is meant to be more beautiful than useful, built as a shelter in a park"。显然,"楼阁式"译为 pavilion-type 更为合适。"八角形"可处理为 octagonal,也可处理为 with eight angles,出于简洁考虑,此处选用 octagonal。于是,"八角形楼阁式古塔"这一术语可译为 octagonal pavilion-type pagoda。

利用网络资源进行科技翻译教学,以专业术语、术语定义、专业知识作为检索的主要任务,确立便捷的搜索路径、分析有效信息源以及综合分析平行文本,可以打造现代科技译者的"专业利器"。

(三) 文化能力

T/TAC—2016 标准要求译者具有"运用符合源语言和目标语言文化特征的行为标准、最新术语、价值体系以及区域特性等相关信息的能力",如下例所示:

例 4 1号电池故障(中国翻译协会本地化服务委员会,2019:73—74)

错译 Battery one is faulty.

改译 A D battery is faulty.

分析 对因中外标准不同而有不同称名的事物的翻译是目前机器翻译中的一个难点。此例中,中国俗称的1号电池、2号电池、5号电池和7号电池对应的美国型号分别是 D、C、AA、AAA。

例 5 点击为图片中的人物面部添加美白、光滑等效果。

错译 Touch to add whitening, smooth, and other effects to the characters in the picture.

改译 Touch to add smoothing or other beautifying effects to faces.

分析 美白功能在中国、日本、韩国可能比较流行,但是不适合欧美和印度等国家和地区(美黑),故进行删除。

例 6 长 * 宽 * 高=1800 mm * 950 mm * 1825 mm

错译 Length×Width×Height=1800 mm * 950 mm * 1825 mm

改译 Dimensions(H×W×D):1825 mm×1800 mm×950 mm

分析 在尺寸方面,中国习惯"长宽高"顺序,而美国则是习惯 Height×Width×Depth,简称 H×W×D,这是文化差异使然。

又如美国著名科普杂志 *Scientific American*,其繁体中文版台湾的《科学人》杂志喜欢在标题中频繁使用感叹号以作为吸引读者注意的重要方式,而英语原文却很少使用感叹号,其强调多是通过最高级、破折号、问号、大写、分行、特殊字体、色彩、花样排版等手段予以实现。

(四) 技术能力

T/TAC—2016 标准要求译者具有"利用技术资源,包括使用工具和信息技术(IT)系统支持整个笔译过程,来完成笔译过程中的各项技术任务的知识、本领和技能",信息化时代的译者,不但要拥有传统意义上的语言转换能力,还应提高自身的翻译技术能力,主要包括:

计算机辅助翻译能力(Computer-Aided Translation,CAT),在现代化的翻译项目中,译前需要进行复杂文本的格式转换、可译资源抽取、术语提取、语料处理、文档统计和分析等;译中需要利用翻译记忆进行模糊或精确匹配,熟练处理待译文本中的标记(Tag),熟练处理各种网页代码,甚至要运用 Perl、Python 等编程语言进行批处理等;译后通常需要对文档进行编译、排版和测试等,对译文进行审校、检查和 QA 等。在 CAT 软件支持的环境中,译者可以借助翻译记忆机制对相似句子和重复句子进行准确的自动替换,也可实现自动搜索、术语提示、术语插入等多种功能,避免做重复性的劳动。

机器翻译译后编辑能力(machine translation post-editing,MTPE),译后编辑是人工对机器翻译输出的译文按照约定的质量标准进行审校、修改和反馈。ISO/DIS 18587 将 MTPE 分为快速译后编辑(light post-editing)和完全译后编辑(full post-editing)。使用完全译后编辑还是快速译后编辑取决于翻译输出的目的和客户要求。快速译后编辑用于内部用途,如项目紧急交付。完全译后编辑的译文应该是一个不仅可以理解的文本,而且还以适当的风格呈现,以便用于学习,甚至用于内部和外部传播。当代译员需要熟练掌握译后编辑的基本规则、策略、方法、流程和工具等,通过"人机耦合"的工作机制,提高翻译效率。

例7 该参数用于控制是否关闭流量共享功能;若设置为 Y,就是关闭流量共享功能;设置为 N,启用流量共享功能。

MT 译文 (Indicates whether to disable the traffic sharing function.)If this parameter is set to Y, the traffic sharing function is disabled. If this parameter is set to N, the traffic sharing function is enabled.

PE 后译文 (Indicates whether to disable the traffic sharing function) The options are Y (yes) and N (no).

分析 在翻译参数取值时,尤其含"是""否"时,通常可以删减原文中的重复表达,以简化和优化译文。

例8 仅支持 IPv4,不支持 IPv6。
MT 译文 Only IPv4 is supported, and IPv6 is not supported.
PE 后译文 Only IPv4 is supported.

分析 原文存在重复,对于服务器支持协议的翻译,简洁而能准确传达信息更为重要,"仅支持"与"不支持"都表达同一正反面意思,但机器翻译并不具备分析、删减冗余信息的功能,只单纯地直译出原文意思。修改后表述为"仅支持 IPv4",已完整地表达句意。

(五) 术语能力

T/TAC—2016 标准要求的"领域能力"是译者具有"理解源语言的内容,并使用目标语言以恰当的风格和术语予以再现的能力"。对于科技翻译来说,特别强调的是"术语能力"。正如方梦之、范武邱(2008:95)所说:"科技术语翻译历来是令许多科技译者头痛却不得不面对的问题。应用语言学研究表明,当一篇文章的生词量超过总词汇量的 7% 时,阅读起来就非常费力。而若这些生词为关键词,则生词占到 5% 就会让读者感到文章理解起来困难。一般认为,科技英语文章中的术语(含科技新词和转义词)相对于其他词汇而言所占的比率大致介于 4% 到 5% 之间,这也难怪许多译者在科技术语处卡壳。"识别原文中的术语,确定目的语中的恰当或规范的术语名,以及使用术语管理软件对翻译项目中的术语进行统一都是科技译者的重要术语能力。如下例所示:

例9 To initiate the arc in an AW process, the electrode is brought into contact with the work and then quickly separated from it by a short distance.

错译 在电弧焊工艺中要产生电火花,需要先将电极轻触工件,然后迅速分离一段很小的距离。

此处,"To initiate the arc"中的 initiate 应译为"引燃",才能与"电弧"成为专业搭配。

例10 These (two large odour control wet chemical scrubbers) were housed inside a large portal frame building where there was extremely restricted access.

译文 1 它们(两台大型用于异味控制的湿式化学洗涤塔)封闭在庞大的龙门架建筑中,进入难度系数极高。

译文 2 它们(两台大型用于异味控制的湿式化学洗涤塔)封闭在庞大的门式钢架建筑中,进入难度系数极高。

分析 词典里有两个基本义项"龙门架"和"门式钢架",如何选择,需要对这两个概念进行查找、理解和对比。经查询,龙门架(移动起吊小龙门架)是根据中、小工厂(公司)日常生产搬运设备、仓库进出货、起吊维修重型设备及材料运输的需要,开发出来的新型小型起重龙门架,适用于制造模具、汽修工厂、矿山、土建施工工地及需要起重的场合。门式钢架是轻型房屋钢结构的一个分支,这种构型的主要特点是:体现轻钢结构轻型、快速、高效的特点,应用节能环保型新型建材,实现工厂化加工制作、现场施工组装、方便快捷、节约建设周期等。根据网上的实物图结合语境,可以判断,"门式钢架"为例10中的正确译名。

当目的语中没有等价术语时,就需要翻译成新术语。如想要做好化学术语的翻译,需要掌握化学名称的基本规律,善于利用资源查找正确的化学名称,专业网站可以助力不少。但许多化学术语在经历网站搜索后并不能直接得到译名,翻译人员只能获得术语的部分译名,如3-溴-2-甲基-苯甲酸叔丁酯、1,5-二芳基-3-苯甲酰氧基吡唑、四水八硼酸钠,这时候就需要译员根据化合物组合原则编写化合物名称,如例11所示。

例11 四水八硼酸钠
译文 sodium octaborate tetra hydrate
分析 译员首先需要了解化合物名称是以各个部分名称拼接而成的。本例中,首先应当搜索的是主要部分"硼酸钠",搜索可得"硼酸钠"的表述为 sodium borate,作为前缀的"四"和"八"应当拆解出来,因为数字在化合物中有其特殊的译法,查表可知,前缀"四"和"八"的对应译法为 tetra-和 octa-,此时还需注意的一点是金属偏旁的无机盐应当放在词首,其余的部分在中译英时应当倒序翻译,所以可以推导出"四水八硼酸钠"应当译为:sodium octaborate tetra hydrate。关于新术语命名的方法可参考《应用翻译学》(黄忠廉、方梦之、李亚舒等,2013)一书第七章"术语全译论"。此外,术语的翻译不仅是查找规范译名和翻译新术语,还要根据文本语境特点,使用恰当的术语来实现译文的交流性,如下例所示:

例12 NEW HOPE FOR DEFEATING ROTAVIRUS
Although its name is unfamiliar to many, rotavirus is the leading cause of severe childhood diarrhea worldwide and a frequent killer of young children in developing nations. Now—after 30 years of investigation—vaccines that may well conquer it are ready for market.
译文 《让致命腹泻远离儿童》(《科学人》2006/5)
尽管轮状病毒还不为大家所熟知,但它却拥有令人骇然的威力:它引起婴幼儿严重腹泻,每年约有61万儿童因感染轮状病毒而失去宝贵的生命,受害者遍及世界各地。轮状病毒具有极强的传染力,一般性的防护措施几乎不对它起任何作用。30年来,经过科学家们艰苦卓绝的研究,轮状病毒疫苗即将面世。
分析 "人类轮状病毒(human rotavirus)是婴幼儿急性感染性腹泻最常见的病原体,也是秋冬季感染性腹泻的主要病原体(聂青和,2005:61)",对于大众读者来说,"腹泻"则更为通俗易懂,因此在标题中译者使用"腹泻"代替"轮状病毒",这种术语抉择是科普杂志追求通俗易懂、老少皆宜的交流效果决定的。

(六) 策略能力

除了"文本能力""信息获取和处理能力""文化能力""技术能力"和"术语能力"等五种

能力之外,科技译者的翻译策略能力尤为重要。西班牙 PACTE 小组的多元次能力模型中将译员的翻译抉择能力称为"策略能力"(Strategic Competence),认为策略能力能够保证译员翻译效率和解决翻译难题,它的主要功能是规划翻译步骤,评估半成品译文,激活不同的翻译能力来补偿不足,识别翻译问题和采取补救方法等"(PACTE,2003)。策略能力是译者的分析综合抉择能力,是控制整个翻译过程的最关键的能力,是译者依托翻译问题求解不断养成高阶思维能力的过程(李瑞林,2011)。在翻译训练中,教师可以识别翻译陷阱、解决翻译问题为主要方式,训练译员的思维能力,养成以"情境建构、意义翻译、自上而下思维、重逻辑、常批判"为特征的专家思维能力。科技译者翻译水平的提高也最终取决于策略能力是否习得。如下例所示:

例 13　Typical methods of fastening and joining parts include the use of such items as bolts, nuts, cap screws, setscrews, rivets, locking devices and keys. Parts may also be jointed by <u>welding</u>, brazing, or clipping together.

错译　紧固和连接零件的典型方法包括利用诸如螺栓、螺帽、有头螺钉、定位螺钉、铆钉、锁紧装置和键。零件也可以用焊接、硬钎焊和夹紧装置连接。

分析　welding 的词典释义是"焊接",但如译作"焊接",则译文"零件也可以用焊接、硬钎焊和夹紧装置连接"出现逻辑错误,因为硬钎焊是焊接的一种,故猜测此处 welding 必有他意(逻辑判别过程)。检索大量平行文本后发现:硬钎焊不同于 welding 之处在于:硬钎焊不熔化母材金属,而后确证 welding 常有"熔焊"之意(获取主题知识和语言知识过程)。故将此句改译为"零件也可以用熔焊、硬钎焊和夹紧方式连接"(冷冰冰,2016)。

例 14　It had been reported that <u>an oral dose of 2 to 21g of arsenic was fatal</u>, while others reported non-fatal outcome when 1 to 16g arsenic was ingested.

错译　有报道显示,口服 2—21 克砷会导致中毒死亡,但也有报道称,口服 1—16 克砷未出现致命后果。

改译　有报道显示,<u>一次口服 2—21 克砷</u>会导致中毒死亡,但也有报道称,<u>一次口服 1—16 克砷</u>未出现致命后果。

分析　本例的翻译陷阱在于译者在转换中易漏掉不定冠词 an,此漏译会直接导致译文的信息错误。译者的策略能力是一个认知概念,我们认为这一能力是职业译者的工作习惯,具体可表现为逻辑思考习惯、构建连贯信息流的习惯、上下查证全文判断的习惯等。对于职业译者的策略能力需要培训教师做深入研究。

本节逐一阐释了科技译者的重要职业翻译能力,如"文本能力""信息获取和处理能力""文化能力""技术能力""术语能力"和"策略能力"等,可绘制成科技译者能力框架简图(图 1-2)。其中策略能力居于中心,在翻译过程中调度术语能力、文本能力、技术能力、文化能力、信息获取和处理能力等。这些能力的建构与夯实必将成就合格的职业科技译者。特别指出的是,专业交流能力是解决翻译腔问题、提高专业译文可读性的重要保障,各种翻译方法在应用中均应以提升文本交流高效性为目的。本教程将对这一能力进行强化训练。

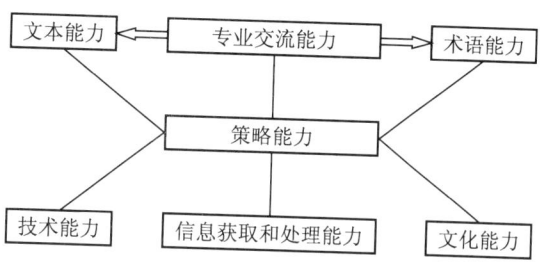

图1-2 科技译者职业能力框架简图

技能训练

练习 1 修改下列机器译文,体会职业翻译语言和教学翻译语言的不同。

(1) In the early years, satellite data were used mostly by geographers to create maps of forest types.

机器译文 在早期,卫星数据主要由地理学家用于创建森林类型的地图。

(2) The most important engineering metal is iron (Fe), which in the form of alloys with carbon(C)and other elements, finds greater use than any other metal.

机器译文 最重要的工程金属是铁(Fe),其与碳(C)和其他元素合金形式比任何其他金属更有用。

(3) Kaolin is also used as a coating pigment to enhance surface properties of the paper such as brightness, smoothness, gloss and ink receptivity.

机器译文 高岭土还用作涂料颜料,以提高纸张的表面性能,如亮度、光滑度、光泽和油墨接受度。

(4) A wire for conducting electric current is covered with plastic; the plastic is insulation round the wire.

机器译文 用于传导电流的导线用塑料覆盖;塑料是电线周围的绝缘材料。

(5) The Transrapid accomplishes the function of support, guidance, acceleration and braking by using non-contact electromagnetic instead of mechanical force.

机器译文 磁悬浮列车通过使用非接触式电磁力而非机械力来完成支撑、引导、加速和制动的功能。

练习 2 将以下节选文章译为汉语。

3.2.2 Professional competences of translators

Translators shall have at least the following competences.

① Translating competence: Translating competence comprises the ability to translate texts to the required level, i.e. in accordance with 5.4. It includes the ability to assess the problems of text comprehension and text production as well as the ability to render the target text in accordance with the client-TSP agreement(see 4.4) and to justify the results.

② Linguistic and textual competence in the source language and the target language: Linguistic and textual competence includes the ability to understand the source language and mastery of the target language. Textual competence requires knowledge of text type conventions for as wide a range of standard-language and specialized texts as possible, and includes the ability to apply this knowledge when producing texts.

③ Research competence, information acquisition and processing: Research competence includes the ability to efficiently acquire the additional linguistic and specialized knowledge necessary to understand the source text and to produce the target text. Research competence also requires experience in the use of research tools and the ability to develop suitable stragegies for the efficient use of the information sources available.

④ Cultural competence: Cultural competence includes the ability to make use of information on the local, behavioural standards and value systems that characterize the source and target cultures.

⑤ Technical competence: Technical competence comprises the abilities and skills required for the professional preparation and production of translations. This includes the ability to operate technical resources as defined in 3.3.

练习3　总结以下SDL公司招聘文件对译员的能力要求。

SDL 招聘 Senior Translator

2017-08-14

Job Title: Senior Translator

Education: College Degree

Location: Dalian, 116000 CN (Primary)

Career Level: Experienced (Non-Manager)

Category: Translation

Job Type: Full-time

Job Description

You will be responsible for delivering translations of the highest quality and accuracy, on time and within budget. You will act as lead translator for large and complex projects and accounts, performing tasks such as planning and managing the work of in-house and freelance translators, taking responsibility for required QA work such as review, and providing linguistic support to your project manager. Reporting to the Translation Line Manager or Translation Manager, you will be responsible for setting and maintaining the highest standards of linguistic and organisational excellence for the translation team. You will actively mentor members of the translation team, to ensure their continuous improvement and skills progress.

Key Responsibilities

Project responsibilities

Translation of software, technical and multimedia texts and collaterals into your native language

Review (editing and proofing, 'revision') of translations done by other translators

Understanding and correctly complying with SDL's linguistic and project procedures and processes

Meeting the required standards for quality, throughput and delivery deadlines

Acting as lead translator on designated projects and accounts

Managing terminology effectively

Linguistic QA testing of localised software, help and websites

Linguistic QA checking of localised DTP and audio output

Using required translation tools in the most effective way, especially with regard to SDL's language technology

Full linguistic support for SDL project managers on your projects

Communicating as a representative of SDL with client reviewers on linguistic matters

Providing linguistic support for other SDL departments such as DTP, Engineering and Audio

Accurately recording daily working time through use of Timesheet program

Management responsibilities

Mentoring translation team members to strengthen their skills

Supporting your Manager in the recruitment of new translators through such activities as evaluating test translations

Acting as deputy and back-up for other senior team members (such as Translation Line Manager) at the request of your Manager

Actively contributing to the maintenance of high quality standards throughout the team

Actively contributing to the improvement of systems and procedures

Competences and Experience

Translating competence

3 years' minimum professional translation/localization experience

Educated to degree level, preferably with a recognised qualification in translation or similar discipline

Experience of working on large and demanding accounts in a 'lead' capacity

Excellent translation ability in applicable subject areas, being able to produce translations which are accurate, linguistically correct, consistent, complete and adapted to country standards

Highly quality conscious

Linguistic and textual competence

Native speaker ability in translation target language

Excellent command of required source language

Knowledge of major text type conventions for applicable languages

Research competence
Ability to research in depth a variety of subjects to acquire specialised knowledge
Knowledge of Internet searching and tools
Cultural competence
High-level knowledge of cultural standards associated with source and target languages
Technical competence
High level of computer literacy and related technical competence
Advanced knowledge of Translation Memory tools and linguistic technology, based on practical experience
Personal competences
Motivated self-starter, who can work on own initiative as well being a strong team player
Proficient in mentoring other translators to achieve required standards and to strengthen skills
Excellent interpersonal and communication skills
Advanced organisational and time management skills
Flexible and proactive approach to tackling tasks, combined with excellent problem solving skills

练习 4 检索 2—3 家国内外翻译公司网站，了解翻译公司的一般业务信息。

译理点拨

决定翻译项目质量的重要因素[①]

吕 乐 闫栗丽

不同的项目其质量管理要素有所不同,如工程项目管理的五大要素包括:人的因素、材料因素、方法因素、设备因素和环境因素。其中,人的因素和方法因素为所有类型的项目管理所共有。翻译项目质量管理中的人的因素包括出色的项目经理、高水平的翻译人员和经验丰富的翻译支持人员;方法因素无疑是合理的质量管理步骤;除此之外,翻译项目管理的要素还包括技术因素,如 CAT 工具和翻译项目管理工具,以及沟通因素,即项目团队成员间和团队与客户间的良好沟通。

(一) 出色的项目经理

翻译项目经理是整个团队的总指挥和协调者,项目经理需按照客户的要求,在既定的时间内,协调、组织和控制相关资源,保质保量地完成翻译任务,并将成本控制在预期的合理范围内。项目经理需要协调、控制和组织的人力资源不仅包括译员,还包括翻译支持人员,如翻译审校、排版、质量控制、编辑及语料库采编和建设人员。翻译项目经理首先需深谙项目管理基本知识和相关技术和工具,除此之外,还必须具备一般领导者所具备的品德,如有亲和力、有担当、坚持不懈、善于总结。优秀的项目经理是目前翻译行业最紧缺的人才。

(二) 项目团队成员间和项目团队与客户的良好沟通

优秀的项目团队,成员间应高度合作,出现问题时能互相帮助,互相支持,而不是互相指责,如遇无法处理的问题,会及时与客户沟通。

与客户保持良好的沟通,首先要充分理解客户的需求,根据客户的翻译目的来确定合理的项目执行方案,对没有真正理解的内容进行充分了解。在项目过程中积极反馈客户需要的信息,并在出现分歧的时候,与客户积极沟通达成一致。在遵纪守法的基础上,保护客户的利益。当客户方提出不合理要求时,能积极与客户协商,维护己方利益。

(三) 高水平的译员

高水平的译员是翻译服务项目质量的最根本的保证,而如何评价译员的资质是翻译项目遴选译员的重要内容。译员的资质主要取决于五方面的因素,即语言水平、笔译或口译水平、专业知识水平、职业道德水平和工作环境的信息化水平。

笔译和口译均要求译员能够熟练掌握两种或以上语言,以及笔译和口译所需具备的技能;翻译行业的职业道德要求译员不采用任何不正当竞争手段;要在专业领域达到翻译精准、高效、清晰流畅,译员须走专业化道路,对所译材料的专业背景、材料背后的文化价

[①] 本篇节选自吕乐,闫栗丽:《翻译项目管理》第 48—52 页,国防工业出版社,2014。

值体系和材料使用者的思维方式均有比较全面的了解;高效的译员还应掌握各种工具,如搜索引擎、翻译引擎、排版软件、计算机辅助翻译工具等,能够使用不同的操作平台,及时下载和使用各种新软件。

(四) 现代 CAT 工具和网络技术

翻译市场,尤其是大型翻译市场的形成依赖于现代信息技术,CAT 工具和网络技术也成为译员必须掌握的职业技能。机辅翻译工具的核心是翻译记忆(TM),关键作用就是通过复用历史语料减少重复劳动,节约时间,降低成本。CAT 软件可以在翻译过程中自动将翻译成果记录到后台的数据库,如果再碰到相似句或者重复句,即可自动匹配,提示参考译文,利用计算机的海量存储和快速检索能力,提高翻译效率。对于翻译团队来说,在译员之间也同样可以实现语料共享和复用,这样可以最大限度地保证术语翻译的一致性,节约时间和项目成本。对于技术类文档等重复性较高的项目来说,使用 CAT 可以大幅缩短项目周期,质量更加可控,因此在大中型翻译项目中,采用 CAT 软件来协同作业的情况越来越多,已经成为一种趋势。现代翻译项目管理者应懂得如何借助翻译项目管理工具组织大型翻译项目,合理调配资源,提高项目效率,控制和保证项目质量。

(五) 经验丰富的翻译支持人员

翻译任务的质量还取决于译员以外的翻译支持人员所能提供的支持,这些人员主要包括:

(1) 项目请求方(project requester)。项目请求方是翻译项目的发包方,即发出翻译项目的委托人或机构。项目请求方可能是最终客户,也可能是一个采购部门而非最终用户。项目请求方也是影响项目质量的关键,因为项目的具体要求都由请求方发出,源文本的质量是否合格也由请求方决定;如果是专门领域的翻译,请求方还需尽可能向翻译服务方提供术语材料和参考文献材料,如果有验收标准,也应提前告知翻译服务方,或在合同中明确说明,并在项目过程中与译员保持良好的沟通;有条件时,可以指定负责验收的人员在项目过程中与译员或者项目经理沟通,共同解决翻译当中碰到的问题,确保项目的质量符合预期要求。

(2) 校对或审校人员。校对或审校是译员工作的延续,与译员共同负责翻译产品的质量保证。有时质量高的稿件会安排母语审校和专业审校两道审校工序,以确保译稿符合母语阅读习惯,且专业表达准确无误。

(3) 术语专家。专业领域的术语翻译是对大部分学外语出身的普通翻译人员的最大挑战。因此,发包方或翻译项目的管理者应与术语专家进行合作,尽可能为译者和译员提供专业材料,提前确定术语表或建立术语库。

(4) 技术人员。随着信息时代的发展,越来越多的项目会涉及使用专门的设备或者软件。大中型项目通常都会使用到一系列的辅助工具,翻译技术人员的重要性也就提上了议事日程。对技术人员的需求尤其体现在提供本地化或视听翻译的项目中。语言学家的技能和电脑技术人员的技能互相支撑是项目顺利进行的保障。

(六) 合理的项目管理步骤

《项目管理知识体系指南(2009)》将单个项目的管理过程分为五个阶段:启动过程、规划过程、执行过程、监控过程和收尾过程。启动阶段的任务是确定一个项目或一个阶段可以开始,并要求着手施行,在时间跨度上通常只占整个项目的 5% 左右,但在翻译项目管理的整个过程中,启动工作起到十分重要的作用,是翻译项目顺利进行的关键。如果需要,可延长时间跨度。规划过程是制定计划并编制一份可操作的进度安排,确保实现项目的既定目标的实现,翻译项目与其他项目相同,主要针对时间、成本和质量管理进行规划。执行过程的任务是执行计划,同时协调人力资源及其他资源。以笔译项目为例,执行过程有五个重要环节:资源准备、语料准备、项目派发、稿件回收和排版。监控过程是对项目范围、项目进度、项目成本以及项目质量进行有效的监控和调整,并力求在其间达到最佳平衡。翻译项目的监控可分为进度控制、成本控制和质量控制三个方面。收尾过程的任务主要包括交付翻译项目产品、评价翻译项目表现、项目文件归档及总结项目经验教训等。

◎ **推荐读物**

Daniel Gouadec. *Translation as a Profession*. Amsterdam: John Benjamins Publishing Company, 2007.

Geoffrey Samuelsson-Brown. *A Practical Guide for Translators* (Fifth Edition). Toronto: Multilingual Matters, 2010.

第二章 科技译者的检索能力训练

本章导读 "译者需要从网上获取专业知识,在线检索是译者工作的重要内容,因此了解在线检索的过程是非常重要的,成功的在线信息检索也成就了成功的译者"(Raído,2014:49)。本章第一节介绍了科技译者常用的信息检索网站,第二节介绍了多种在线检索的方法;第三节列举了一些在线检索案例。

第一节 科技译者常用网站介绍

网络是信息的海洋,是科技译者必不可少的信息来源。科技译者最常用的网站当属搜索引擎,离开了搜索引擎,科技译者可以说寸步难行。常见的搜索引擎有谷歌、必应、雅虎、百度、搜狗搜索、360 搜索、神马(专注移动互联网的搜索引擎)等,此外,今日头条和抖音的母公司字节跳动也于 2019 年夏季推出了全网搜索引擎。除上述常见搜索引擎外,还有 Yandex(俄罗斯搜索引擎)、Qwant(法国搜索引擎)、DuckDuckGo、Startpage 等。以上都属于独立搜索引擎,还有一类搜索引擎叫作元搜索引擎(metasearch engine),如 Dogpile、InfoSpace、WebCrawler、Yippy 等,它们可以整合多个独立搜索引擎的搜索结果。在这些搜索引擎中,功能最强大的毫无疑问就是谷歌了,必应、百度、搜狗搜索等也是科技译者经常使用的搜索引擎。值得一提的是,除了一般的网页搜索外,各大搜索引擎还提供图片、视频、地图等多项搜索功能,比如谷歌旗下就有谷歌图片、谷歌视频、谷歌图书、谷歌学术搜索、谷歌地图等,百度旗下有百度图片、百度视频、百度贴吧、百度知道、百度学术、百度文库、百度地图等,搜狗搜索旗下也有图片、视频、学术等,此外搜狗搜索还提供了特有的微信搜索和知乎搜索,便于搜索微信公众号文章和知乎内容。另外,微博、微信、知乎、豆瓣等网站也各有自己的搜索入口,科技译者可根据具体需求,运用自身的经验判断使用哪一种渠道,高效快速地找到自己需要的信息。

除搜索引擎外,科技译者常用的另一类网站是在线词典或术语网站。一些常用的综合性在线词典有 Dictionary.com(https://www.dictionary.com/)、TheFreeDictionary.com(https://www.thefreedictionary.com/)、OneLook(https://www.onelook.com/)等,这些网站可提供多个来源的词语定义,如 TheFreeDictionary.com 提供医学、法律、金融、百科等领域的释义,OneLook 更是分为 General、Art、Business、Computing、Medicine、Miscellaneous、Religion、Science、Slang、Sports、Tech 等十多个领域,非常便于译者快速找到相关领域的定义。

上述几个在线词典是全英文的,并无中文查询功能,可提供中文查询的术语网站有术语在线(http://www.termonline.cn/)、"双语词汇、学术名词暨辞书资讯网"(http://terms.naer.edu.tw/)、CNKI 翻译助手(http://dict.cnki.net/)等。其中术语在线由全国科学技术名词审定委员会主办,聚合了全国名词委权威发布的审定公布名词数据库、海峡两岸名词数据库和审定预公布数据库累计 45 万余条规范术语,覆盖基础科学、工程与技术科学、农业科学、医学、人文社会科学、军事科学等各个领域的 100 余个学科。"双语词汇、学术名词暨辞书资讯网"则是我国台湾地区的术语专业网站,涵盖领域也非常广泛,值得科技译者参考。

国家、行业、地方标准会列出一些中英文对照的专业术语并加以解释,它们也是权威的术语来源,只不过可能散落于各处,目前还没有一个可供全面查询的网站,需要根据相关领域和实际需求灵活查询。

至于科技翻译各领域的专业术语网站,那就数不胜数了,在此仅举一例,如 IT 类——微软语言门户(https://www.microsoft.com/zh-cn/language)是微软官方的权威网站。网上还有很多非官方的各领域在线词典,这些词典的权威性和可信度各不相同,需要科技译者在实践中辨别和积累,在此不一一赘述。

当然,科技译者还要关注最新的翻译科技动态,比如时下流行的机器翻译,谷歌、微软、Amazon、IBM、DeepL、百度、腾讯、搜狗、有道、小牛纷纷推出翻译引擎,科技译者也可视具体情形为我所用,提高效率。

科技译者在翻译实务中,除了项目参考材料外,使用最多的就是词典和网络了。而在使用网络的情形中,大多是通过搜索引擎查证信息,因此,下一节我们将介绍一些依托搜索引擎在线检索的方法。但科技译者应切记,网上信息浩如烟海,不可一概信之,要保持鉴别力和怀疑精神。

第二节 在线检索的方法

在线检索是指利用计算机设备和网络检索网上的各类信息。在线检索并不是简单的上网搜索这么简单,而是与其他类型的检索一道,是系统性检索的一个环节。系统性检索至少包含几个环节:首先,要能够触发检索需求,这需要译者保持高度敏感。比如在 K-12 and tertiary sectors 中,如果译者想当然地认为 tertiary sectors 指的是第三产业,就不会想着去检索,也就极有可能犯下重大翻译错误。查一下就会发现,tertiary 还指 Tertiary education follows secondary education,指的是"中学后教育"或"高等教育",这跟"第三产业"完全不同。当然,此处所说的"检索",并非只有在线检索一条路,在线检索只是其中一个方法。因此,接下来就要判断采用哪种检索方法,虽然在线检索是比较常用的,但也不能忽略(线下)词典、纸质参考资料、TM、TB 等其他检索方式,即便是在线检索,也有网页搜索、图片搜索、视频搜索、学术搜索、客户官网搜索,甚至是地图的街景搜索。要根据具体情况综合判断,选出最优方案。第三,在确定好检索方法(比如使用在线检索)后,还要具有甄别和判断能力,哪些信息是可信的,哪些信息是不足为证的,需要译者自己明辨是非,做出取舍。第四,译者根据自己查证的信息做出一个最终呈现(体现在最终的译文中)。最后,译者还需要在实践中验证自己的方法是否有效,不断总结、修正,提高自己的检索能力。下面介绍一些搜索方式。

一、布尔逻辑搜索

严格意义上的布尔检索法指利用布尔逻辑运算符连接各检索词,然后由计算机进行相应逻辑运算,以找出所需信息的方法。它是使用面最广、使用频率最高的逻辑。布尔逻辑运算符的作用是把检索词连接起来,构成一个逻辑检索式。目前,利用布尔逻辑运算符进行检索词或代码的逻辑组配是现代信息检索系统的最常用技术。常用布尔逻辑运算符有三种,即"与""或""非"(王华树,2018:43)。

(一)逻辑"与"

表示同时检索含有"A"和"B"两个词的信息,可以使用"AND"和"*"进行搜索。

例1 急性胆囊炎患者行胆囊切除术(时箫,2020)

在该例中,初译的部分都已经确定下来,但对于"行"这个核心谓语(意为"进行"),我们可能一时难以想到合适的对应词。这时,可以用"*"代替它。在谷歌学术中加引号键入"patients * cholecystectomy",可以得到如图2-1结果:

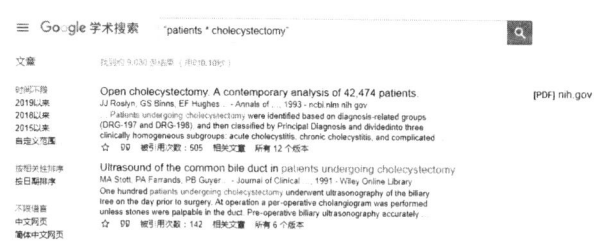

图2-1 "patients * cholecystectomy"搜索结果

通过查询资料发现,在医学领域中,undergo后面多接手术(有创性的治疗方法),也常用以表示接受检查。所以,例1完整的翻译就应是"Patients underwent cholecystectomy for acute cholecystitis"。严谨起见,我们再在谷歌学术中验证这一译文是否准确,在搜索框中加引号输入该译文,得到1500条结果,前两条结果为专业论文,且引用次数颇多,因此可以确定这一翻译的准确性。

(二)逻辑"或"

表示检索出含有"A"或"B"词的信息,可以使用"OR"或"+"进行搜索。

例2 搜索"bolt together"(李义用例)

搜索结果的页面中必须有bolt together,可以有"螺接",也可以有"栓接",也可以两者都有,使用"OR"或"+",表示"或"。搜索方法如表2-1:

表 2-1 同时搜索"螺接"和"栓接"

"bolt together""螺接"OR"栓接"
"bolt together""螺接"+"栓接"

(三) 逻辑"非"

表示检索出包含"A",但不包含"B"的搜索内容。

例 3 搜索"indicating valve"(李义用例)

搜索结果中也全部含有完整的 indicating valve,但同时也出现很多 post indicating valve,排除搜索,即在搜索框中输入半角减号"-",输入要排除的内容,须注意减号"-"要使用半角格式,且不得与后面的文字之间存在空格。搜索方法如表 2-2:

表 2-2 排除搜索"indicating valve"

"indicating valve"- post
"indicating valve"-"post"

逻辑运算符在中文数据库中多用符号"＊""＋""-",在英文数据库中使用单词"and""or""not"。逻辑运算顺序是:括号优先;无括号时,各系统规定不同,检索时请参考数据库的帮助或说明。

二、诱导词搜索

当对某术语的译名无法做出初步猜测时,可加入诱导词,如例 4 中的 separator,因为已知这是轴承的一个基本元件,可以"separator 轴承构造"为关键词进行搜索,这里"轴承构造"是诱导词,可以导出英汉双语的轴承元件信息,见图 2-2。

图 2-2 "separator 轴承构造"在百度中的搜索结果

例 4 In low-priced bearings the *separator* is sometimes omitted, but it has the important function of separating the elements so that rubbing contact will not occur.

通过百度搜索结果我们可以发现"保持架"一词可能是 separator 的中文名称。然后可以通过图片比较的方法,如以 bearing components 为关键词进行图片搜索如图 2-3:

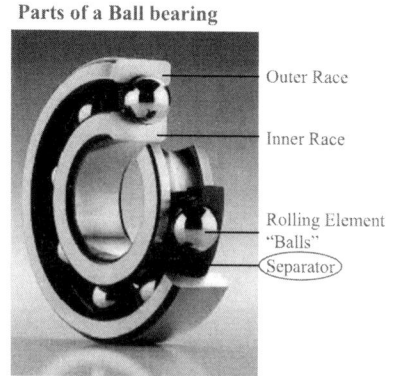

图 2-3 "bearing components"的必应图片搜索结果

我们可再以"轴承组成"为关键词进行百度图片搜索,得到中文的轴承部件图如图 2-4:

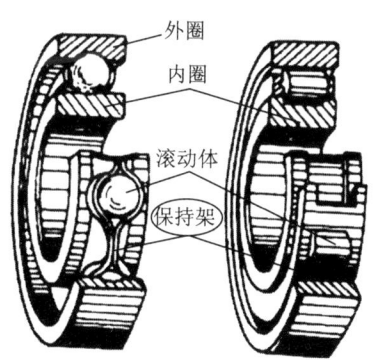

图 2-4 "轴承组成"的百度图片搜索结果

经过比对,我们可以确认,separator 的中文名称为"保持架",是轴承的四个基本构件之一。

三、语料库搜索

"翻译的不断发展推动了语料库的产生和发展,广义上看,有道、海词、灵格斯、金山词霸等常用词典都属于小型双语平行语料库;而百度、谷歌等搜索引擎则是超大语料库。"(王华树,2015:65)与此同时,各种专业语料库也以其针对性强、相关案例丰富大大提高了对科技翻译的辅助效率。如下例：

例 5 翻译"粮食种植面积"

分析 为寻找专业的译法，可以分步查询语料库：首先，输入关键词"粮食种植面积"搜索，并在检索出的网页左侧点击"翻译所有英文网站"，发现有 PDF 文章题目用了 acreage 一词，且 *Agricultural Economic Report* 第 157 期有篇文章"An Econometric Analysis of U.S. Wheat Acreage Response"，文中"小麦种植面积"使用了 115 次 acreage。其次，利用 COCA 语料库进行查证，输入 acreage，发现 1000 多项例子，其中 tobacco acreage 和 agricultural acreage 较多，如图 2-5 所示。因此"粮食种植面积"可简洁地译为 acreage（王华树，2018：71）。

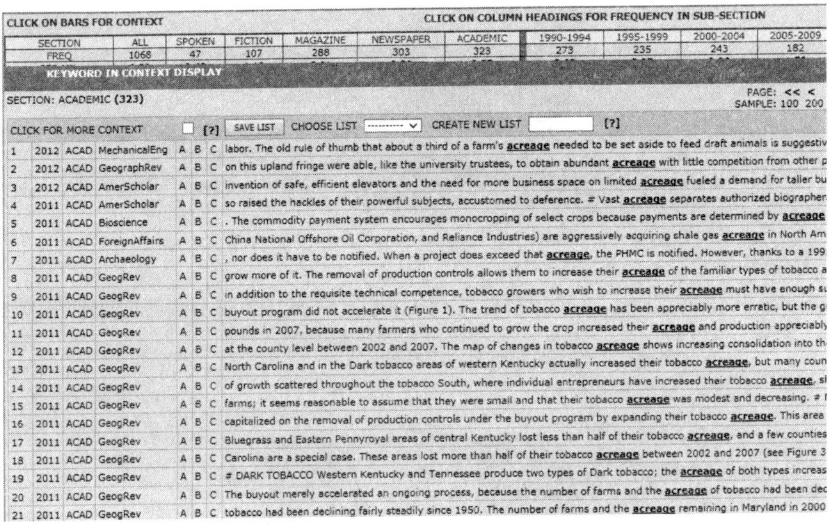

图 2-5 COCA 语料库显示"acreage"的搜索结果

四、截词检索

截词检索是一种常用的检索技术，是防止漏检的有效工具。截词是指在检索词的合适位置进行截断，然后使用截词符进行处理，这样既可节省输入的字符数目，又可达到较高的查全率。在西文检索系统中，使用截词符处理自由词，对提高查全率的效果非常显著，但一定要合理使用，否则会造成误检。

不同的系统所用的截词符也不同，常用的有"？""$"和"＊"等。一般用"＊"表示无限截断，用"？"表示有限截断，但现在百度不再支持该技术，而谷歌则不支持"？"号，并且认为"＊"号代表的必须是一个完整的词。截词根据不同的标准也有不同的分法：根据截词位置的不同，可分为后截断、中截断和前截断；根据截词数目的不同，可分为有限截词和无限截词两种。在截词检索技术中，较常用的是后截词和中截词两种方法，现分述如下：

后截词：是指检索结果中单词的前面几个字符要与关键字中截词符前面的字符相一致的检索，具体包括：(1) 有限后截词：此类主要用于词的单、复数，动词的词尾变化等。例如"book?"可检索出包含有 book 或 books 词的记录；"acid??"可检索出含有 acid、acidic

和 acids 的记录。此时截词符"?"代表一个或零个字符。(2) 无限后截词：此类主要用于同根词。例如"educat*"可以检索出 education、educational 和 educator 这样的词，此时，词根后的截词符"*"，表示无限截词符号。

中截词：一般地，中间截词仅允许有限截词，主要用于英、美拼写不同的词和单复数拼写不同的词。例如"s?w"可检索出含有 sew 和 saw 的记录。此时，截词符号"?"代替了那个不同拼写的字符。

任何一种截词检索，都隐含着布尔逻辑检索的"或"运算。采用截词检索时，既要灵活又要谨慎，截词部位要适当，如果截得太短，将影响查准率。(王华树，2018：46)

五、搜索符搜索

为了精确搜索内容，我们需要学习一些搜索语法，表 2-3 是一些简单的搜索运算符。

表 2-3　运算符实例

算符	用　途	用　法
inurl：	搜索网页连接中出现的关键字	inurl:关键词
intitle：	将搜索范围限定在网页标题中	intitle:关键词
intext：	将搜索范围限定在网页内容之中	intext:关键词
Site：	将搜索范围限定在某个域名之中	site:频道名.网站名.域名
filetype：	限制搜索文件的特定格式	filetype:文件格式

例 6　利用搜索符搜索松下 KV-S5055C 高速彩色扫描仪使用手册的平行文本

图 2-6　松下 KV-S5055C 高速彩色扫描仪使用手册的平行文本搜索结果

使用filetype搜索的方法,在搜索框输入"使用手册＋空格＋service manual＋空格＋filetype：PDF",搜索出共68500条关于使用手册的结果,如图2－6。从中找到的几篇相关性高的电子产品说明书作为本次翻译实践的平行文本,借鉴专业词汇、术语以及句段等方面的表达方式,大大提高了翻译效率和质量。

例7 利用运算符搜索中文教育科研网站(edu.cn)上所有包含"村上春树"的页面。

键入"村上春树 site：edu.cn",注意域名前不要加"http：//"。另外,"site："和站点名之间不要带空格,因为空格可让一个词变成一个词组。分词不一样,搜索结果页也会不一样。使用"site："语法时注意限制网站类型,如学术资料在edu和org域名后缀中会更精练,政府相关内容在gov域名后缀中也许更容易找,但要注意用了edu、org、net和gov等域名后缀并不会搜索所有含这个后缀的网站;"site："还能搜索某种语言或某个关键词在指定国家的网站,如查英国英语就输入"site：uk",查美国英语就输入"site：us",查加拿大英语,就输入"site：ca"(王华树,2018：52)。

六、其他搜索方法

除了上述搜索方法外,如果在翻译中需要搜索相应的公司以及地址信息,可通过官方注册查询系统(如国家企业信用信息公示系统、香港公司注册处网上查册中心等)或天眼查、企查查、启信宝等第三方企业信息查询网站查询。有的可通过图片查询,有的情况甚至可通过地图街景直接查看公司门口的信息。除此之外,当查找网页总是跳转时,可以查询缓存网页。在搜索结果页面中,找到网址右方的倒三角,点击后会出现Cached,然后点击它,就会跳出相应的页面。百度中这一功能叫作"百度快照",直接点击即可跳出。

第三节 在线检索实例

在翻译中遇到的内容各有不同,所以需要结合各方搜索工具进行搜索验证。下面举一些检索实例。

例1 No signs of toxicity were recorded during the observation period, no deaths recorded, pathological examination not performed, weight loss (up to 6%) in some animals after 1 day of dosing, ALD >11000 mg/kg, considered as very low toxicity.

分析 ALD这个术语缩写首先在超星发现、术语在线、CNKI翻译助手中搜索,但是查得的信息多而杂,因为ALD在很多不同的领域有不同的解释,如"原子层沉积""酒精性肝病"等,但是这些术语与原文中的ALD含义无法对等。在这个过程中用搜英文缩写网查询缩写译名;在该网站中搜索医疗卫生领域的术语缩写ALD,得出"肾上腺白质营养不良”“自动化逻辑图”“醛固酮”“近似致死量”等中文译法(如图 2 - 7)。从原文“ALD > 11000 mg/kg”可知此处的 ALD 指的是一个指标数值,且从后文“毒性极低”可以推测,此处的 ALD 应当指的是该试验中的受试物在大鼠体内引起死亡的近似剂量(Approximate Lethal Dose),因此最终选择“近似致死量(ALD)”这个译法(于士清,2019:20)。

ald英文缩写大全

缩写	英文全称	中文全称
ALD	adrenoleukodystrophy	肾上腺白质营养不良
ALD	Automated Logic Diagram	自动化逻辑图
ALD	Approximate Lethal Dose	近似致死量
ALD	Automated Logic Diagram	自动化逻辑图
ALD	adrenoleukodystrophy	肾上腺白质营养不良
ALD	Automatic Logic Diagram	自动逻辑图
ALD	Academy of Laser Dentistry	激光牙科研究院
ALD	Azimuthal Lithodensity (trademark of Halliburton)	Lithodensity况的商标(哈里波顿)
ALD	Atomic-Layer Deposition	Atomic-Layer沉积

图 2 - 7　“搜英文缩写网”上得到关于 ALD 的搜索结果

例 2　Route: Induction application intradermal and epidermal, challenge application epidermal.

分析　此例出现在豚鼠的皮肤致敏作用最大值试验中,原文 route 常用义为“途径”,但在原文中结合语境应理解为用药途径描述,可将其补译为“用药途径”。由于不确定 induction application 和 challenge application 这两个词组是否为术语,而在中国规范术语网站、CNKI 翻译助手、术语在线等网站进行查询,均未找到该词组的通用术语译法。但采用截词检索时,CNKI 翻译助手中 induction 译为“诱导”的搜索结果共 14412 条,所示例句与原文同属生理学领域(如图 2 - 8),因此将 induction application 译为“诱导用药”;challenge application 在 CNKI 翻译助手中查询到一条“申请回避”的译文,但应用领域为法律英语,不在本项目原文的学科范围内,单独查询 challenge 时,对应的几种译法中译为“激发”的例句为毒理实验类型文本(如图 2 - 9),因此将 challenge application 译为“激发用药”(于士清,2019:17)。

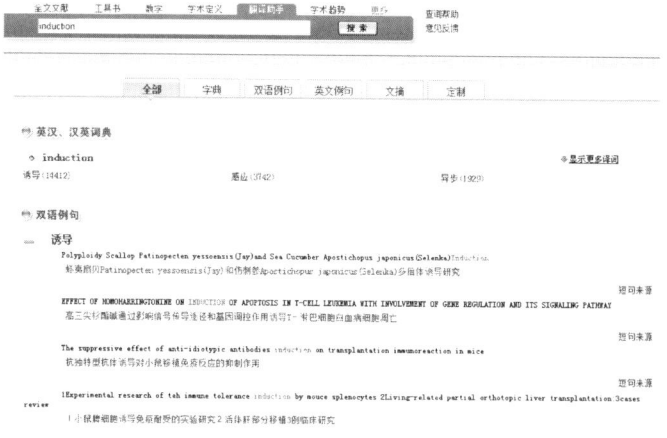

图 2 - 8　CNKI 翻译助手查询 induction 结果

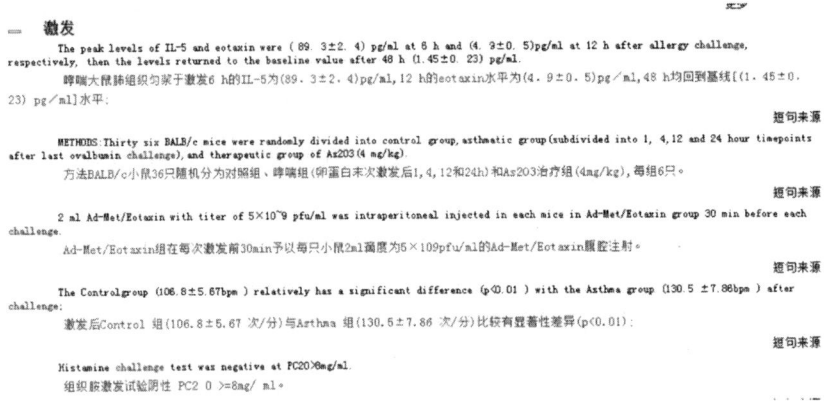

图 2-9　CNKI 翻译助手查询 challenge 结果

例3　翻译"试验中针对传统支护结构各设置三个断面布设传感器进行监测"中的"支护"

译文　In the test, three fracture surfaces are set respectively with sensors to monitor the traditional and the new type structures.

分析　通过"术语在线"查询"支护结构",找到多种表达:support(建筑学、电力学、煤炭科学技术)、shotcreting(煤炭科学技术)、protect(建筑学),难以选择合适术语。然后利用 CNKI 翻译助手查询到的词频结果有:support(4041)、supporting(2399)、retaining(967)。通过两种搜索来源结果对比,基本确定表达为 support。最后借助维基百科(英文版)进一步验证,输入 support,发现符合"支护"的定义。

例4　翻译学术论文中的"胎位不正"

根据百度百科的词条,"胎位不正"一般指胎位异常,但百科中并没有给出相应的英文表达。通过在线汉英医学词典输入"胎位不正",得出的结果为 abnormal fetal positions,而通过有道在线词典输入"胎位不正",得出的结果为 malposition 和 malpresentation。再将"胎位不正"一词输入 CNKI 翻译助手,得到 3 种结果:malpresentation、fetal malposition 和 malposition。巧合的是这 3 种表达使用次数均为 2 次。在这种情况下,只

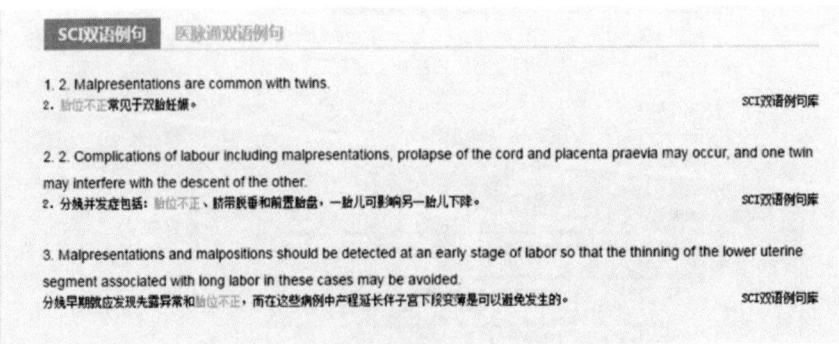

图 2-10　"胎位不正"在 SCI 论文中的双语例句

能借助权威的平行文本进一步辅助翻译。北京医脉通公司出品的全医药学大词典是一款专业医学翻译软件,拥有强大的查词功能和权威 SCI 论文例句资源。通过在线查词,得到"胎位不正"SCI 论文双语例句如图 2-10 所示。分析 SCI 双语例句发现"胎位不正"在国际期刊中的英文表达多采用 malpresentation。因此,最终确定"胎位不正"一词译为 malpresentation(韦国荣,2018:17)。

例 5 塑料薄膜覆盖、水稻秧苗的干培育和稀疏种植,新农业工具和农业杀虫剂,以及其他先进技术已经广泛运用到生产之中了。

分析 在中国知网中输入关键词"塑料薄膜覆盖",会导出一系列相关文章,打开这些文献的英文摘要,则可以找到很多相关专业词汇的翻译,如图 2-11。因此,该词语可以翻译为 thin plastic film mulching。

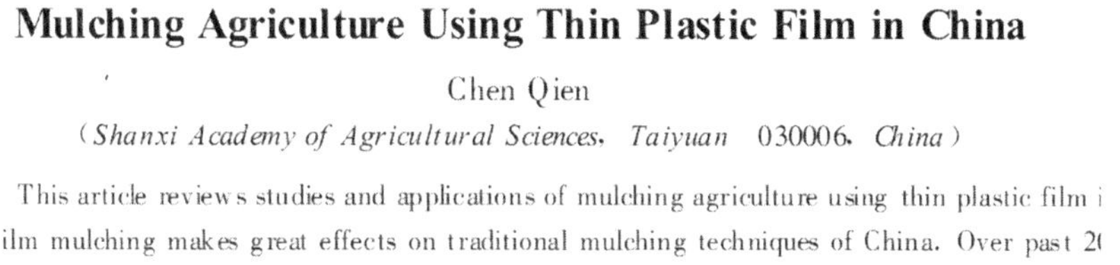

Mulching Agriculture Using Thin Plastic Film in China

Chen Qien

(*Shanxi Academy of Agricultural Sciences, Taiyuan 030006, China*)

This article reviews studies and applications of mulching agriculture using thin plastic film i ilm mulching makes great effects on traditional mulching techniques of China. Over past 20

图 2-11 中国知网搜索"Thin plastic film mulching"结果

同样,在中国译典中,也可以搜索到"水稻秧苗"的翻译为 rice seedlings。

总之,进行在线检索时,我们可以使用在线资源获得相关的图片、文字和专业知识,从而获得理解原文和重构译文的捷径。但是在搜索时,译者需要时时考虑信息的时效性和搜索源的权威性,需要对搜索结果进行反复验证,切忌主观臆断、一意孤行,翻译新手要在不断的网络查证中总结经验、确立高效的查找路径。

技能训练

练习 1　利用在线检索完成句中画线词语的翻译。

（1）本发明公开了一种疤痕修复凝胶及其制备方法，该疤痕修复凝胶按重量份包括以下成分：鄂西蜡瓣花的果实 70—90 份，南川冷水花的花瓣 155—175 份，柔软点地梅的叶片 40—60 份……

（2）This is why the first wave of fuel cells in cars will likely use an indirect methanol fuel cell, in which the methanol passes through a mechanism called a "reformer", which extracts the hydrogen.

（3）One chemical called diethylhexyl adipate (DEHA) has received a lot of media attention. DEHA is a plasticizer, a substance added to some plastics to make them flexible.

（4）The main task for ERG was the replacement of two large odour control wet chemical scrubbers.

练习 2

1　如何搜索含有"紧固件"的 PDF 文件，有几种方式？
2　如何搜索标题中含有"轴承"的网页？
3　如何搜索正文文本中含有"粉末冶金"的网页？
4　请找出百度和搜狗搜索的高级设置界面。

练习 3

1　在英文数据库中查有关"阳极氧化"方面的文章。
2　搜索题目为"热处理工艺"的文章。
3　搜索关于"背腔式缝隙天线"的图片。

译理点拨

大数据时代译者的搜索能力探究①

王华树　张成智

引言

大数据是指无法在一定时间内用常规机器和软硬件工具对其进行感知、获取、管理、处理和服务的数据集合（李国杰、程学旗，2012）。国际数据集团（IDC）的研究表明，2009年全球的数据量为0.8ZB，2020年全球产生和复制的数据量将超过35ZB，是2009年的44倍（Gantze，2010）。在信息量呈几何级数增长的大数据时代，翻译的需求也在激增，对翻译的时间、速度和质量要求也在不断提高，如何在单位时间内获取专业的信息，提高翻译效率和产能，这就对翻译工作者的搜索能力提出了严峻的挑战。

1　国内外翻译能力研究的缺失

在国外，德利尔（1988）认为，除了语言能力外，翻译能力还包括了理解能力、重新表达能力和知识能力。Hatim和Mason（1997）认为翻译能力包含：原文处理能力、转换能力、译文处理能力。由于时代的局限性，前人关于翻译能力的论述未能体现大数据时代翻译行业对译员翻译能力的客观要求。PACTE团队（2005）认为，翻译能力包含了双语能力、语际能力、翻译知识、工具使用能力、策略能力、生理心理能力这六大方面，较早提出了工具使用能力的概念。EMT专家团队（2009）认为，翻译能力包括了翻译服务提供能力、语言能力、跨文化能力、信息挖掘能力、主题能力和技术能力。难能可贵的是，他们提出的信息挖掘能力包含了如何使用工具和搜索引擎获取所需信息这一方面。不难发现，工具使用能力和搜索能力已开始进入翻译能力讨论范畴，但这些讨论鲜有对搜索能力进行深入的研究和探讨。

在国内，文军（2004）将翻译能力归纳为：语言/文本能力、策略能力和自我评估能力。苗菊（2007）则认为翻译能力应该包括：认知能力、语言能力、交际能力。马会娟（2010）认为，由主题知识、百科知识和文化能力构成的语言外能力和查询工具的能力是保障翻译质量的外围条件。刘和平（2011）将翻译能力划分为四大组成部分，即双语能力、分析综合抉择能力、语篇处理能力和职业能力。其中，职业能力主要包括翻译工具和翻译资源的使用能力和译员的职业道德。冯全功（2011）指出，在职业翻译能力中，不仅有翻译工具（软件）的运用能力，还有译员信息检索能力。综上所述，虽然不少学者提到了信息检索在翻译过程中的作用及其应用策略，但并没有明确指出搜索能力是译者翻译能力的一部分。由于时代的限制，传统意义上的翻译能力都集中于译员的语言、知识思维能力上。对搜索能力

---

①　本篇选自王华树，张成智：《大数据时代译者的搜索能力探究》，《中国科技翻译》，2018(4):26—29。

鲜有深入、系统的探讨。另外,为数不多的关于检索技术是如何辅助译员进行翻译工作的讨论,也都基本集中在利用搜索引擎、学术数据库辅助翻译的具体实践上,并没有站在译员翻译能力的高度,对译员搜索能力的内涵及培养进行系统的论述。

笔者在对翻译能力经过系统研究之后,首次明确提出了翻译技术能力这一概念,并指出搜索能力是翻译技术能力的重要组成部分(王华树,2016)。在大数据时代,如何提升译者的搜索能力或者搜商,在单位时间内快速获取所需要的信息知识,是当代翻译教育工作者必须面对的问题。

2 新时代译者的"搜商"研究

2.1 译者的"搜商"

"搜商"的全称是搜索智力,是人类通过某种手段获取新知识的能力。搜商的本质特征是搜索,搜索使得搜商明显区别于智商和情商。搜商是知识和时间的商数,其更关注于获取有效知识的效率。而效率问题也正是传统的智商和情商所不能度量的问题。因此,搜商是一种与智商、情商并列的人类智力因素,也是人类在信息时代需要具备的第三种能力。

大数据时代,信息更新速度和信息量同步剧增。翻译水平不仅取决于译者自身知识储备以及语言水平高低,还取决于从海量的信息中获取所需信息和知识的快慢。在语言服务全球化背景下,译者通常要在紧急的时间中面对自己不熟悉,甚至是完全陌生的任务。这时候查阅纸质词典根本无法解决问题,而译者高效利用信息平台,搜索、提取和总结信息的能力便成为关键。在互联网和本地计算机上快速、准确查找自己所需要的资源已经成为一个译者必备的基本素质。上述这些是译者进行翻译活动所具备的定向的搜索能力,这就是译者的"搜商"。

2.2 "搜商"对翻译的作用

译者的搜商直接关系到他在翻译中通过搜索获取有效信息的效率,是决定译者在现代翻译行业中是否具备核心竞争力的关键。对于大数据时代的译者而言,其搜商的高低直接影响其翻译能力,对其翻译工作具有十分重要的作用。

(一) 查找翻译背景知识

译者在项目执行中,常常会碰到因为背景知识不了解而不能准确翻译的情况。这时,译者就可以通过选择适当关键词和查询方法,利用搜索引擎检索背景知识。

(二) 查找人名、地名、专有名词和术语的译法

长篇累牍的术语或专业名词常常让译者感到棘手。有经验的译者会利用搜索引擎快速、高效地找到最为可信的相关专有名词和术语。

(三) 确认文本真实性和可靠性

译员在翻译中,也经常碰到原文有误的情况。当译员判断原文中某事实描述或表达方式有错误,但又不能完全确定时,可利用搜索引擎、专业数据库、语料库等资源搜索原文错误处,或者搜索译员认为的正确表达,从而验证原文文本的真实性和可靠性。

(四) 检验译文是否准确地道

如果涉及译者比较陌生的领域,容易造成表达不地道或不正确。此时译者就可以借

助搜索引擎或语料库对译文进行检验,确定译文的准确度。

当然,网络搜索在翻译中的作用绝不仅限于此。搜索实际也是译者大脑的延伸,只要有助于解决疑难问题,有助于改善译文的质量,译者都可以根据实际需要诉诸网络搜索。

3 译者的搜索能力培养

提高译者的搜商,需要培养译者应用搜索工具、使用搜索技巧和掌握搜索资源三个方面的能力。

3.1 综合应用多种搜索工具

(一) 搜索引擎

译员常用的搜索引擎有 Google、百度、Bing 等。它们都需要通过关键词进行搜索。有一些专业搜索引擎,如百度法律、MBA 智库百科、patentscope 等还能提供专业领域内的搜索结果。例如在一篇专利文献翻译中,遇到"圈梁模板"一词,查询 patentscope,可以找到相关专利,打开相关专利,可看到对应英文为 ring beam formwork。

(二) 桌面搜索

桌面搜索工具是一种无须借助互联网、在本地电脑硬盘中执行搜索的工具。常见的桌面搜索工具有 Google 桌面、百度硬盘搜索、Search and Replace、Everything 等。前三者可进行全文搜索,而 Everything 则可快速搜索硬盘资料的文件名。译员在自己电脑上积累了许多专业的术语表,使用桌面搜索工具可对术语表进行快速查找。本地术语表一般都是经过译员筛选确认的,专业性强,可信度高,因而和搜索引擎相比更加快捷高效。

3.2 熟练使用多种搜索技巧

译员除了熟悉常见的搜索引擎之外,还需要掌握高级搜索语法、诱导词查询法等搜索技巧。

(一) Google 高级搜索语法

Google 提供了许多高级搜索语法,善用搜索语法可以提高搜索的准确性。

1) 逻辑检索符号——"AND""OR"和"-"。"AND"符号,表示前后两个关键词都要出现在检索结果中,在 Google 检索中可用空格来代替。如需要搜索 bulk carrier 一词,直接在检索框中输入 bulk carrier 即可。"OR"表示前后两个关键词中出现一个即可。如需要了解 panamax bulk carrier 和 capsize bulk carrier 两者中任意一者的信息,只需在检索框中输入 panamax OR capsize bulk carrier 即可。"-"表示检索结果不出现"-"后的结果。如只需了解 panamax bulk carrier 的信息,但直接检索会发现中间夹杂着许多 capsize bulk carrier 的信息,那么只需要在检索框中输入 panamax bulk carrier - capsize 即可。

2) 英文双引号("")。将检索词包含在英文双引号中,可以保证在检索的结果中目标检索词连续出现。如需搜索 robust standard errors 这个专业词汇,若不加双引号,搜索引擎会把在一个页面上同时出现这三个词的网页也给罗列出来,降低了搜索质量和效率。而将搜索词变成"robust standard errors"效果就会好很多。

3) site。这个检索命令能够限定检索结果的来源网站,可以被用来检验译文表达是否地道。例如,译员查到足球术语"后腰"的对应英文是 defensive midfielder。为了验证这一表达是否地道,在谷歌检索栏输入:"defensive midfielder"site:us。这个检索式的目的是限制检索结果只出现在美国的网站中,然后查看检索到的结果数即可,有效结果数量大,则译文相对可靠。但译者必须知道,不能把互联网搜索引擎提供的词频和词频比较作为翻译选词唯一标准。对检索结果的甄别判断,乃至反向验证也是译者搜商的重要体现。

4) filetype。这个检索命令可限制搜索结果的格式类型。例如一名译员要翻译静脉注射相关内容,为了熟悉静脉注射的相关背景知识,这名译员在谷歌检索栏输入"静脉注射"filetype:pdf 以及 "Intravenous Injection"filetype:pdf。就可以快速获取关于静脉注射的英文和中文的 PDF 文件,学习静脉注射的相关双语表达。

(二) 诱导词查询法

诱导词查询法是最常见的搜索技巧之一。通过诱导词可以缩小搜索引擎的检索范围,利于快速找到需要的内容。例如,在一篇战地救援的英文中有一句话:If he has a CamelBak on him, I may not be able to access this. 在这句话的翻译中,难点就在于 CamelBak 这个词如何翻。用谷歌搜索 CamelBak,会发现这是一家生产 Hydration Packs(装水的背包)的公司。其中还有关于 Military / Tactical(即军事)的产品。初步确定该产品应该就是文中所指的设备。将已知信息"水"和"军事"作为诱导词,与 CamelBak 一起进行搜索。搜索结果的最前面几条就为我们展示了一些军事论坛上关于 CamelBak 的称谓,如"驼峰水袋、驼峰水囊"等。

(三) 通配符和正则表达式

Microsoft Word 定义了一套通配符,对通配符的支持使得 Word 的查找与替换功能大大增强。但通配符只是正则表达式体系的一个小的子集。正则表达式是一种语言,也是一种高级搜索方法,可以实现文本的查找、定位和替换功能。在翻译中,利用正则表达式强大的查找/替换功能,可以实现对文本内容的批量修改,对非译元素(例如网址、电话以及客户要求的免译内容等)进行标记或隐藏。总之,从译前排版到译后审校,正则表达式都可以发挥巨大的作用。掌握和灵活运用正则表达式的实用方法,可使翻译中繁琐而又易出错的工作变得有趣。

3.3 掌握多元化的搜索资源

译者通常会接触各种专业领域,对于专业知识背景、专有名词、人名、地名等搜索,还需要借助学术数据库(如 Springer、中国知网、万方数据等)、专业数据库(如专利数据库、医学数据库等)、专业门户网站以及单语或双语语料库(COCA 语料库、CCL 汉英双语语料库)等资源。

(一) 学术数据库和专业数据库

学术数据库和专业数据库较之互联网搜索引擎的搜索结果而言,更具有权威性和科学性,可信度更高,可以很大程度上提高译员的搜索效率。例如,对在一篇与煤化工有关的文章中出现的 ash content 一词,在中国知网的词典中进行检索可以发现,在相应的精细化工等专业词典中被译为"灰分、灰分含量、含灰量"等。再将这些译文在知网的期刊栏目下作为关键词进行检索,可以发现相关的论文中"灰分、灰分含量"这两个词汇出现频率极高,而"含灰量"则很少。所以基本可以确定,在煤化工领域中,ash content 一般译为灰分。

(二) 语料库及平行语料

译者可以利用目标语单语语料库去验证译文表达是否地道,或搭配是否适当等。例如,"晚期胃癌",湘雅医学专业词典将其译为 advanced carcinoma of stomach 和 late gastric cancer,译者在翻译时很难辨别哪一个是准确译法。在 COCA 官网,分别输入这两个译法,都没有找到对应的例句,但查询 advanced gastric cancer 时,显示出例句"There is less certainty regarding the resection D2 in patient with advanced gastric cancer(recommendation grade C /D)"。为进一步验证该译法,用 Google 或必应检索 advanced gastric cancer,可以找到多篇本族语作者撰写的相关文献(张志全、王连柱,2016)。由此可见,advanced gastric cancer 是晚期胃癌的准确译法。这是利用语料库解决翻译疑难的一个实例。

(三) 双语句库

双语句库是利用信息检索技术,在海量的双语例句对中提供双语的互译信息。比较出色的中英双语句库有 Bing 词典、百度词典、有道句库、爱词霸句库、句酷等。由于这些双语例句对主要是人工翻译而成,且涉及各行各业,对于翻译从业人员与学生,是一种重要的辅助翻译手段。当译员碰到一些词组、搭配需要查询时,利用双语句库是一个不错的选择。需要注意的是,由于双语句库的语料直接来源于互联网,其语料质量不能得到保证。在利用双语句库辅助翻译的基础上,还应该配合其他的手段来验证翻译的正确性。此外,译者可以利用的搜索资源还有很多,例如在线词典、在线近义词反义词词典、在线百科等。总之,译者可充分调动网络资源高质高效地完成翻译项目。

4 总结

网络资源无所不包,提高搜商是译者提升翻译能力的重要方法。但是,网络资源参差不齐,因此,译者还必须具备相应的甄别能力,对网络搜索得来的结果去伪存真,这也是译者搜索能力的体现。搜索能力(搜商)是翻译能力的重要组成部分。译者的搜索能力是对传统翻译能力的拓展。翻译搜索能力的研究,为深度解析翻译能力提供了新的研究视角,为翻译能力研究打开了一扇新窗户,也为翻译教学实践提供了新的依据。

◎ 推荐读物

Vanessa Enríquez Raído. *Translation and Web Searching*. London and New York:Routledge,2014.

第三章　科技译者的术语能力训练

本章导读　术语是人类在专业领域交流中使用的语言和非语言符号系统；术语能力表现为多种子能力，对译文质量产生直接影响的是"术语的识别能力""术语的交流能力"，以及"计算机辅助术语管理的能力"等。本章第一节叙述了术语在科技翻译中的重要性；第二节讨论了新术语的翻译方法；第三节从术语变体的角度探讨了术语的识别和日常词汇术语化问题；第四节总结了各种术语陷阱；第五节从技术辅助角度对科技翻译项目中的术语管理进行阐述。

第一节　科技翻译中的术语

"一般认为，科技英语文章中的术语（含科技新词和转义词）相对其他词汇而言所占的比率大致介于4%至5%之间，这也难怪许多译者在科技术语处卡壳。"（方梦之、范武邱，2015:31）大量的翻译实践证明，科技词典无法满足科技术语不断更新的步伐，在线网页、在线词典是确定术语译名的重要资源，此外术语作为"人类对专业领域知识和活动进行交流的语言和非语言符号（the International Association of Terminology, 1982）"，除了具有规定的属性外，必然具有言语本质，具有同义、多义和变化等语言使用特征；以术语为主要类型的专业语言可以是单词和多词术语、固定词组、专业搭配、标准文本、缩略型术语等（赖特、布丁，2000）。术语在文本使用时形态灵活，译者需要打破思维常规，透过名词词组、形容词词组、动词短语、句子或是分词结构等各种语法结构来洞察其中的专业概念，准确译出规范术语，适时统一同义术语。

科技译者的术语能力培养对其职业能力来说至关重要，因为专业语言是语言服务产业中的重要语言资产，是翻译服务中一个重要的分级指标，表3-1是新华翻译社的"笔译稿件分级定价标准（每级价差约20元/千字）"（冷冰冰，2016）。

表3-1　新华翻译社"笔译稿件分级定价标准"

高难级	专业术语占整篇的5%以上或各版面的10%以上。主要是医学、化工、服装、IT、金融、能源、环保、法律等行业，或者作为正式文件、法律文书或出版文稿使用。
专业级	专业术语不足整篇的5%或各版面的10%。主要是机电、通信、建筑、运输、食品、财务等行业和合同、标书、楼书、标准文本、产品说明、分析报告等类别以及图纸、复杂的表格、有特别软件排版要求的文档和高档样本。

	续 表
资料级	几乎没有专业术语或客户明确表示对精确度不作要求。主要是贸易、文学、企业介绍、制度、章程等类别，或低档样本、小册子、内部资料。

目前的术语管理软件能够在提取术语和统一术语方面显示出极大的优势，但是科技翻译教师也应该看到，由于科技文本中术语变体的存在，以及机器翻译选择恰当术语的局限性，对术语变体的识别和术语在语境中恰当使用两个方面仍需加强训练。

第二节　新术语的翻译

随着技术的不断进步，新的技术概念在不同国家应运而生，术语翻译成为知识国际化的重要工具。"术语翻译旨在用译语再现原语术语所承载的科学信息，实现科技的跨学科交流，因此术语翻译讲究结果的准确性，即双语术语的极似。"（黄忠廉、方梦之、李亚舒等，2013）常采用的术语翻译方法有直译、意译或直译兼意译。术语直译策略是用译语再现原语术语形式，如表形译和音译属于直译法。

一、表形译

"表形译，指选用与原语术语书写形式近似的译语进行表达的译法；运用表形译法可将术语形式词形中的符号部分保留，既避免了因文字说明而造成的术语形式臃肿，又符合术语的简洁性要求（黄忠廉、方梦之、李亚舒等，2013）。"如下例所示：

T-shirt——T恤衫　　　　　　V-belt——三角形皮带
twist drill——麻花钻　　　　　U-shaped magnet——马蹄形磁铁
T-road——丁字路　　　　　　γ-ray——γ射线

二、音译

"音译是用译语再现原语术语语音形式的术语直译策略"（黄忠廉、方梦之、李亚舒等，2013），音译法一般用于计量单位名称、军事设施或商标品牌等的翻译，这些新术语在译语中无对应术语时，也可采用音译法。如下例所示：

　　pound ——磅（重量单位）　　　Benz ——奔驰
　　hertz ——赫兹（频率单位）　　Adidas——阿迪达斯
　　calorie ——卡路里（热量单位）　Nike ——耐克
　　volt ——伏特（电压单位）　　　Boeing ——波音
　　ampere ——安培（电流单位）　　tank——坦克
　　ohm ——欧姆（电阻单位）　　　radar ——雷达

三、意译

"意译"指的是术语意译的策略,即传达原语术语的意义的翻译方法,《术语全译论》一文将其具体化为七种意译方法,即"对译、增译、转译、换译、分译、合译"等。如下例所示:

semifluid ——半流质
photograph ——光;光电;照相(术)
subcircuit ——(分)支电路
radioelement ——放射性元素
radioscope ——放射镜
air brake——气闸
electric shave——电动剃须刀
semisphere——半球
photoconductor ——光电导体
hypersonic ——超音速的
fivefold ——五倍的
speedometer——里程表
nuclear submarine ——核潜艇
coal gas ——煤气

以上案例可称为"对译",即"原语术语组成单位逐项对换为译语的意译方法","这种术语对译可实现双语术语的等量代换,符合术语翻译的准确性要求"。然而,由于英汉语言差异,术语翻译过程中新术语和原术语无法对译的问题非常普遍,这时就需要考虑译语术语的可接受性,如下面"术语的反向着笔"和"术语词序的调整"两个方面。

(一) 术语的反向着笔

quiet circuit ——无噪声电路
fixed oil ——非挥发性油
fire brick ——耐火砖
quiet hydraulic valve ——低噪声液压阀
restricted motion ——非自由运动
dust mask ——防尘罩

(二) 术语词序的调整

zinc-lead battery ——铅锌蓄电池
dedicated microprocessor system ——微处理机专用系统
common business oriented language ——商业通用语言
common user network ——用户公用网
diesel-electric locomotive ——电力传动内燃机车
automatic message switching center ——报文自动交换中心

四、音意兼译

"音意兼译,指再现原语术语语音形式的基础上兼顾部分内容传达的译法。"(黄忠廉,2013)

beer ——啤酒
rally ——拉力赛
neon——霓虹灯
carbine ——卡宾枪
sardine——沙丁鱼
ballet ——芭蕾舞
cartoon ——卡通片
cigar ——雪茄烟

此外,还有一些综合的术语创名方式,如"2020年2月11日,世卫组织(WHO)宣布将新型冠状病毒感染的肺炎正式命名为'COVID-19'。这里的'COVID-19具体含义如下:CO 和 VI 都来自冠状病毒的英文 coronavirus,而'D'则代表'disease(疾病)',它是 2019 年暴发的新型冠状病毒所引发疾病的简称"(www.xianjichina.com,2020-2-12)。另外,科技译者需要重视简体和繁体的术语差别问题,由于两岸三地术语命名原则的差异,同一概念的术语翻译方法存在差异,尽管随着两岸科技界的对话逐渐畅通,术语命名差异逐渐缩小,但是差异存在的客观性是不容置疑的,科技译者在执行翻译任务时,要不断总结规律,多查找多对比;具体可以参考权威辞书《中华科学技术大词典》(白春礼主编,2019)。以下举例对比海峡两岸术语差异:

boundary layer radiosonde ——边界层雷送(台),边界层探空仪(陆)
comparative rabal ——比较雷保(台),比较无线电探空(陆)
Boussinesq equation ——布氏方程(台),布西内斯克方程(陆)
Brunt-Vaisala frequency——布维频率(台),布伦特-维赛拉频率(陆)

第三节 术语的识别

一、术语变体

在科技语篇中,术语不统一是常见的问题,究其原因是术语变体在"作祟"。何谓"术语变体"? 克古拉(Kageura)(2017:50)认为,"术语变体是指在交流话语中的具体语言单位,而术语概念则表现为术语变体的集合"(见图 3-1)。也就是说,在专业技术交流中使用的术语词汇是包括规范术语或标准术语(如全国科学技术名词审定委员会审定的术语或专业词典中的术语)在内的语言单位,其共性在于都以某一专业概念为共核。《术语变体研究的多元视角》(Drouin etc.,2017)一书中提到了术语变体的各种理据,如术语使用的历时变化,我国焊接行业中"焊缝"和"焊接接头"使用的调整;又如虽然现代焊接技术突破了早期"熔化金属母材来联结两金属的技术"阶段,但今天 welding 一词仍频繁使用"熔焊"(fusion welding)之义。术语变体可能来自地域方言的差异,如金属热处理中的"淬火"在东北地区工人师傅常称为"蘸火",又如大陆和台湾术语使用的差异;文体变化导致的术语差异,如"体外受精"(in vitro fertilization)在科普文本中可称为"试管婴儿"等。科技交流中的术语变体需要识别以适时统一。

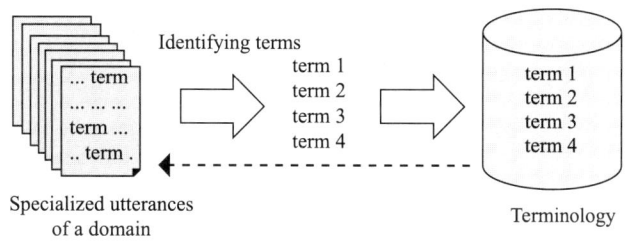

图 3-1 专业交流中术语变体和术语概念的关系图(Kageura,2017:50)

揭春雨、冯志伟(2009)从语言学角度提出了术语变体的四种类型,即形态变体(morphological variation)、句法变体(syntactic variation)、语义变体(semantic variation)以及扩展变体(expanded variation)等。有形态变化或派生关系的术语变体叫作形态变体。例如,measure(测量)和 measurement(测量)有形态上的联系,后者是前者加上后缀 -ment 构成的,它们之间有派生关系,是同一个术语的形态变体;cell(细胞)和它的复数形式 cells 之间也有形态上的联系,一个是单数形式,一个是复数形式,也是术语的形态变体。如下例1中 casting 意思是"铸造工艺",而 castings 是"铸造的产品,即铸件"。例2中 alloy 意思是"合金",而 alloying 表示"生产合金的方法,即合金化"。

例1 Casting is one of the oldest metal working techniques known to man. Our country made metal castings as early as 2000 B.C.

例2 Copper and aluminum, for example, are both fairly weak—but if they are mixed together, the result is an alloy called aluminum bronze. Alloying is an important method of obtaining whatever special properties are required.

与句法结构有关的术语变体叫作句法变体。例如,comprehension of language 是 language comprehension 的句法变体,前者的句法结构是"N+of+N",而后者的句法结构是"N+N",它们的句法结构不同。如下例:

例3 IME's innovation will help realise a wireless communication system with very small form factor.

分析 例3中的 a wireless communication system with very small form factor 是无线电通讯行业中的概念,称为"SFF(小形状因子)无线通讯系统",显然 SFF 可以放在中心名词的前面。

例4 Concrete should always be placed in horizontal layers which are compacted by means of high frequency power-driven vibrators of either the immersion or external type, as the case requires, unless it is placed by pumping.

分析 "it is placed by pumping"应译为"泵送混凝土浇筑",这是一个专业概念,系"用固定式混凝土输送泵通过管道直接将混凝土送入基础或结构模板内浇筑"的一种浇筑方法。"泵送混凝土"可表达为 pumping concrete、concrete pumping。

"有语义联系的术语变体叫作语义变体。例如,speech comprehension(口语理解)是 language comprehension(语言理解)的语义变体,因为 speech(口语)和 language(语言)有语义上的联系,它们是近义术语。"(揭春雨、冯志伟,2009)如在某科技语篇中"间隙角",可能前段用的是 relief angles,而后段则称 clearance angles;"热处理",在同一篇文章中可以有 heat treatment、thermal cycling、treatment 或者 production cycle 等数种表达。

这些变体都是语义变体的例子。"由基本术语扩展而成的术语叫作术语的扩展变体",术语扩展的手段有修饰、并列、结构转换等(揭春雨、冯志伟,2009),如 clinical translation 是 translation 的扩展变体,nondestructive testing 是 testing 的扩展变体。

二、篇章中术语变体的识别

在篇章中,原文作者也常常使用术语变体来避免措辞重复。在翻译过程中,译者要学会识别上下句之间、上下文之间的术语变体,才能实现上下文连贯。

例 5 Most of the processes for fusion welding and for solid-state welding are discussed in the present section. Oxyfuel gas welding is the term used to describe the group of fusion operations that burn various fuels mixed with oxygen to perform welding or cutting and separate metal plates and other parts.

译文 1 本节将讨论大多数的熔焊和固相焊。气焊是用来描述一组熔化操作,这些操作燃烧混有氧气的各种气体,从而进行焊接或切割、分离金属板和零部件。

译文 2 本节将讨论大多数的熔焊和固相焊。气焊指的是一组熔焊工艺方法,这些工艺中通过燃烧混有氧气的多种可燃气体,来完成焊接或切割、分离金属板和零部件。

分析 科技文作者在语篇衔接中使用的基本衔接手段之一是适当使用同义词。在本例中,作者通过建立"fusion welding—fusion operations"临时同义词对来实现前后句术语概念的顺承,如译者不能识别这一同义关系,必然导致概念衔接的断裂(如译文 1)。篇章临时同义词的不统一是科技译者的典型翻译症。

例 6 Species become extinct or endangered for a number of reasons, but the primary cause is the destruction of natural habitats. Drainage of wetlands, cutting and clearing of forests, growth of cities, and highway and dam construction have seriously reduced available natural habitats. As the various surroundings become fragments, the remaining animal population crowd into smaller areas, causing further destruction of natural surroundings.

错译 物种的灭绝或是濒危是有多方面的原因,其中最主要的原因是自然栖息地的破坏。湿地的干涸、森林的过度砍伐、城市的扩展及公路和大坝的修建都使物种的自然栖息地严重萎缩。当多种多样的环境被分隔成小块,幸存下来的动物种群挤进一个狭小的空间,进一步导致了自然环境的破坏。

分析 本段是由三个句子构成的概念段,第一句是全段的主题句,表达的含义是"物种灭绝或濒危是多种原因造成的,其中最主要的原因就是自然栖息地的破坏"。因此后面的句子描述的是自然栖息地的破坏情况或过程,而两句中的相关词汇有 natural habitats、surroundings、natural surroundings,仔细分析发现均表达的是"自然栖息地"的意思。换词表达乃是英语作者行文时避免重复的做法,故以上三个词应统一为"自然栖息地",否则就会导致语流中断。

例7 In agriculture a relevant aspect is the better adaptation of plants to specific environmental conditions that can be gained using <u>genetic engineering techniques</u>: this includes the better adaptation of crop plants to the changing environmental conditions, including climate change, increased UV radiation, changed rainfall patterns. Plants may be able to be more resistant to drought, flooding, salinity or sensitivity to heavy metals, so that they can be grown in areas of the earth currently beyond the tolerance range of species, or even those areas unable to be used for agriculture at all. Furthermore, other environments could be considered: tolerance to low temperature is also important, and, for example, an antifreeze gene from an arctic fish has been transferred to soybean, with the goal of creating plants tolerant to low temperature. Another aspect is related to chemical problems connected with plants growth: aluminum toxicity is a problem in low PH soils, where it may reduce plant growth. By making plants tolerant, they could grow better in such soils①// <u>Genetic modifications</u> could lead to an increased disease and pest resistance and to the production of new cultivars with improved pest and disease resistance to promote more environmentally acceptable alternatives for food production.② // <u>The genetic manipulation</u> could lead finally to the utilization of new raw materials.③

译文 <u>基因工程技术</u>在农业上的一个重要应用是提高作物对环境的耐性:其一,使农作物更好地适应如气候、紫外线增加及雨型等环境的变化。改造后的作物具有更强的抗旱、抗涝、抗盐碱或抗重金属污染的特性,这样作物就可以种植在超过物种耐性,甚至根本不适合做农用地的土壤里。此外,作物对其他生长环境适应能力,如低温耐受性也很重要。例如,基因科学家已经从一种北极鱼体内提取出一种抗冻基因植入大豆中来提高大豆的低温耐受性。基因工程技术在农业上的另一个用途是帮助解决影响作物生长的化学问题:在低PH值的土壤中存在的铝毒能够抑制植物的生长速度。基因科学家通过提高作物的耐铝毒能力来提高作物的生长速度。另外<u>基因工程技术</u>还能够增强作物的抗病虫能力,研制出抗病虫能力强的作物新品种,从而为人类提供更丰富的环保食品。<u>基因工程技术</u>在农业上的其他应用还体现在:基因改造为人们带来了新的食物来源。

分析 本段由三个句群组成,主题是基因工程在农业上的应用,第①部分是"基因工程技术能够改变作物对环境的适应性、能够耐低温和耐铝毒",第②部分是"基因修饰能够提高作物的抗病虫害能力",第③部分是"基因控制能够促进对新作物的利用"。在①②③

句群中作者分别使用了 genetic engineering techniques、genetic modifications 和 genetic manipulation 三个术语变体来表达"基因工程技术"这一概念,译者在翻译时要始终具有"连贯"意识,仔细甄别三个词组的内涵差异,适时统一术语,实现译文的连贯性。

三、日常词汇术语化的识别

方梦之、范武邱(2015)在叙述"术语翻译疑难表现"时指出的第一种表现是"普通词汇含义科技化",认为"其实,科技术语翻译的陷阱往往是一些常见常用的词"。李丹(2013)强调,"日常词汇汉译术语化是科学翻译的一个难点。因为这些日常词汇在科学翻译中是'老面孔'有了新内涵,却又不为非专业人士所知,易被忽视,导致所译令人费解,甚至完全错误"。日常词汇术语化现象最重要的解决办法就是能够通过判断语境,识别其"术语性"。如下例所示:

例8 Raw materials requiring little or no special treatment can be transported by rail, <u>ship</u>, or barge at low cost.

机器译文 需要很少或不需要特殊处理的原材料可以以低成本通过铁路,<u>船舶</u>或驳船运输。

修改译文 原材料因为几乎不需要特殊处置,所以可以通过铁路、<u>货船</u>或驳船进行低成本运输。

分析 原文中的 ship 是日常词汇,表示"轮船"或"船舶"的意思,但在这里 ship 和 barge 构成"载驳运输"的知识体系,ship 是载驳船,其运输方式是先将货物装在统一规格的驳船里,以这些驳船为货运单元装到载驳船上,到达中转港后,卸下驳船,再用拖船把成组的驳船拖往内河目的港。载驳船运输能够缩短滞港时间,实现江河联运。这里 ship 可译为"货船"。

例9 Researchers at the USDA-ARS, Roman L. Hruska US Meat Animal Research Center (USMARC) recently conducted a study that compares pork longissimus muscle (LM) tenderness and other meat quality traits between different <u>stunning methods</u> and carcass chilling rates at slaughter facilities.

译文1 美国农业部农业研究服务局下属的 Roman L. Hruska 美国农业部肉用动物研究中心(USMARC)的研究人员最近开展了一项研究,将猪肉龙骨肌肉(LM)的嫩度和其他肉类品质特征进行比较,这些特征介于不同<u>击昏的方法</u>和胴体的冷却率之间。

译文2 美国农业部农业研究服务局下属的 Roman L. Hruska 美国农业部肉用动物研究中心(USMARC)的研究人员最近开展了一项研究,他们在屠宰场采用各种不同的<u>致昏法</u>和胴体冷却速度,来比较猪肉背最长肌(LM)的嫩度和其他肉品品质。

分析 原文中的 stunning methods 看似普通词组,容易译成"打昏(或击昏)方法",实则是一个术语,称为"致昏法",常用的方法有机械致昏法、枪击致昏法、电致昏法和二氧化碳致昏法等。谷歌翻译竟将 stunning methods 译为"不同惊人的方法"。当然科技翻译学习者应当注意利用机器翻译系统的术语翻译优势,如下例中 architecture 一词的机器翻译就非常准确。

例 10 The team has also designed a three-dimensional (3D) architecture to integrate the antenna with active circuits.
学生译文 我们团队还设计了一个集成天线与有源电路的三维结构。
机器译文 我们团队还设计了一个集成天线与有源电路的三维架构。

例 11 Headquartered in Chicago, Boeing employs more than 158,000 people across the United States and in 70 countries. This represents one of the most diverse, talented and innovative workforces anywhere.
机器译文 波音公司总部位于芝加哥,在美国和 70 个国家拥有 158,000 多名员工。这是全球最多样化、最有才华、最具创新精神的员工队伍之一。
修改译文 波音公司的总部设在芝加哥,公司员工超过 15.8 万人,分布在美国本土及全球 70 多个国家,这是一支文化多元、富有才华及创新意识的员工队伍。
分析 在原文中 diverse 一词看似可以作为日常词汇与 talented 和 innovative 一起来修饰波音公司的员工队伍,译为"多样化的",然而 diverse workforce 在跨国公司经营领域是一个重要概念,即"劳动力多元化"(workforce diversity),这个概念的意思是"指组织的构成在性别、种族、国籍方面正变得越来越多样化"。劳动力多元化直接影响着现代企业文化的形成与建设,是波音公司重要的员工特色,因此,diverse 是术语,应译为"文化多元的"而不是其他。

正如揭春雨、冯志伟(2009)所说:"传统的术语定义人为地把术语限制在狭小的名词和名词词组的范围之内,难以包容客观上存在着的为数可观的其他词性的术语,包括动词性术语、数词性术语、形容词性术语、副词性术语、时间词性术语、方位词性术语、介词性术语,甚至连接词性术语。因此,我们有必要把基于概念的术语观推进到基于知识本体的术语观,用知识本体的理论和方法来引领术语研究。"

第四节　术语翻译的陷阱

在专业翻译实践中,术语误译现象极为普遍,许多误译表现为已规范术语的翻译错误,如术语概念理解有误、不同领域术语张冠李戴、术语译名不规范、术语前后不统一等。

研究者大多从译者缺乏专业知识、不能吃透原文的主观因素来阐释术语误译的原因。我们认为,认识和解决术语误译问题,有必要从主观和客观两方面着手研究,而术语特殊的语言属性正是导致术语误译的客观原因,"译名规范的本质要求""术语化的生成机制""形态多样的语言表现"和"语境制约的属性"四个语言属性是造成专业术语误译的内在作用力。

一、"译名规范"的本质要求

术语的本质属性首先是"术语性"——指称专门概念的语言属性,其译名要遵从术语译名的规范性原则:在再现内容及形式的前提下,术语译者应将语言规范视为术语表达的圭臬。规范性是术语必备特征之一,只有符合译语规范的术语译名,才能更好地完成信息传递的使命(黄忠廉、方梦之、李亚舒等,2013:124)。当译者缺乏"译名要规范"的意识或因不熟悉相关专业无法提供标准化译名来满足术语"译名要规范"的内在要求时,就导致了大量的术语误译问题。

(一)译名须遵守标准

术语的标准化分为国际级、国家级、次国家级和地区级四个级别,译者要了解术语的标准化知识,根据国家标准化术语(或客户要求的术语标准)确定已有术语译名,因为译名规范的第一保证即是遵循标准。

例 1　A paper describing the findings, "Metal-organic Framework Materials with Ultrahigh Surface Areas: Is the Sky the Limit?" was published August 20 in the *Journal of the American Chemical Society*.

误译　一篇题为《金属-有机骨架材料的超大比表面积:比天还大?》的论文发表在 8 月 20 日出版的《美国化学学会期刊(ACS)》,论文详述了这一发现。

分析　原文 Metal-organic Framework Materials 是译为"金属有机骨架材料",还是"金属-有机骨架材料"?虽然网络资源中两种译名都在沿用,但建议译者选取权威机构发布的术语名,如全国科学技术名词审定委员会联手百度百科发布的"金属有机骨架材料",因为这一译名是行业专家标准化了的术语名,更为规范。

例 2　NDT(nondestructive testing)、NDE(nondestructive examination)是否都译为"无损检测"?

分析　NDT 和 NDE 看似同义,但美国机械工程师协会标准 ASME B31.3-1990 做了不同区分:Testing 是由厂方为保证制品质量和性能而进行的试验,有时要求客户一起参加检验;Examination 是厂方履行的职责,其目的是实施制作过程中的质量控制。另有一词 Inspection,是由客户检验人员履行的职责,其目的是验证厂方是否已进行过所要求的检查和试验。故 Testing、Examination 和 Inspection 应分别译作"试验""厂方检验"和"客户检验"。

(二) 译名须仔细甄别

译者在选用已有的标准化术语时,一定要仔细甄别,因为有时不同术语之间仅有微小的词形差别,可谓"失之毫厘,谬以千里"。

例 3 Bacteria first glue themselves together on whatever surface they can find purchase, then encase themselves in a protein shell, creating a firmly entrenched biofilm.

错译 细菌先集结在一起,粘附在任何可以附着的表面上,然后把自己包裹在蛋白质壳内,形成十分牢固的生物膜。

分析 biofilm 往往译为"生物膜",其准确译名实为"生物被膜"(见图 3-2)。"生物膜"和"生物被膜"两术语名虽非常相似,却有本质差别:"生物膜"是指围绕细胞或细胞器的脂双层膜;"生物被膜"则是指细菌黏附于接触表面,分泌多糖基质、纤维蛋白、脂质蛋白等,将其自身包绕其中而形成的大量细菌聚集膜样物。"生物膜"对应的英语为 biomembrane。准确甄别是术语规范的操作保证。

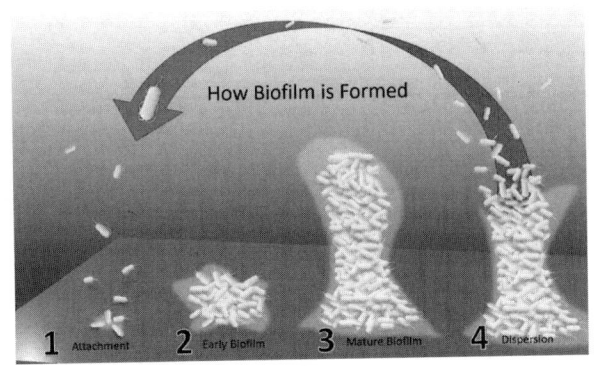

图 3-2 "生物被膜"(biofilm)概念图解

二、"术语化"的生成机制

"术语化"是指语言系统中现有词汇的语义变迁。有相当一部分专业术语是从现有词汇中转换而来的,这部分词在语义变迁中丧失了原有的含义,接受了新的专业概念,从而由普通词转入技术词的行列。普通词是术语化过程中最常见、最重要的起点(方梦之,2011:48)。术语工作原则与方法(ISO/DIS 704)将"术语化"定义为"将一般语言的单词或词组转换成在专业语言中指称概念的术语"。在专业翻译实践中,这些普通词(或一般语言)构成的单词型或词组型术语成为外行译者的一大陷阱。

例 4 In a recent paper published in the *Journal of Animal Science*, meat scientists report that a method called blast chilling could affect pork tenderness.

错译 近期发表在《动物科学学报》上的一篇论文称:肉类科学家的报告认为"快速冷

却法会影响猪肉的柔嫩程度。

分析 tenderness 的一般词义是"亲切；柔软；柔和"，它在肉类加工领域是一个重要概念，规范术语名应为"嫩度"。所谓"嫩度"就是柔软的程度，它与肉的纹理及亲水力有关，纹理较细、亲水力较强的肉较嫩。

例 5 Taylor's letter does remind facilities that compliance with existing good manufacturing practice regulations, such as those applying to medicated animal feed.

译文 Taylor 还提醒工厂对现有良好的生产规范法规的遵从，例如，适用于加药饲料的 GMP 法规。

分析 good manufacturing practice 虽然不是首字母大写，但却是一个专有名词，其准确译名为"良好生产规范"（Good Manufacturing Practice，简称 GMP）。因为文中该词组没有首字母大写，译者往往误译为"良好的生产规范"或其他。须知，术语化是术语词汇的重要生成机制，许多单词型或词组型术语都披着日常词汇的"外衣"。

三、形态多样的语言表现

术语虽然是特殊的专业词汇，但和普通语言关系密切。术语学家库济金认为"术语和普通词汇在形式和内容上都不可能找到根本的差别。普通词汇通常与人所共知的客观事物有关，而术语则是与有限的行业专家才知晓的专业领域内的客观事物相关"（孙寰，2011：33）。术语植根于自然语言的词汇层，使用中的术语呈现形态多样的语言外壳。

（一）一物有多名

术语作为语言的一种类别，其使用与文化、地域和技术发展有着密切的联系，同一专业概念可能有着两种或两种以上的术语称名。

例 6 With Java, software developers can write applications that will run on otherwise incompatible operating systems such as Windows, the Macintosh operating system, OS/2, or UNIX.

错译 自从有了 Java 语言，软件开发商编写的程序可以在不兼容的操作系统下运行，包括 Windows、麦金塔操作系统、OS/2 或 UNIX 操作系统。

分析 由于语言的地域差异，Macintosh operating system 存在简体中文和繁体中文两个译名。简体中文译为"苹果操作系统"或"Mac OS 操作系统"；而繁体中文如台湾则译为"麦金塔操作系统"。

例 7 术语 1：transvenous defibrillators

译名 1 经静脉 ICD

术语 2：Conventional ICDs

译名 2　传统 ICDs

分析　ICD(implantable cardioverter-defibrillators)是"植入式心脏转复除颤器",主要用以预防各类心脏疾病患者发生恶性心律失常导致的猝死,"传统 ICD"植入多通过锁骨下静脉植入电极,与心内膜接触,也称"经静脉 ICD",因为医疗技术的发展,在经静脉 ICD 后又有了皮下 ICD 技术,因此"经静脉 ICD"又称"传统 ICD"。从不同角度命名的两个名称会为外行译者理解和统一术语埋下陷阱。

(二) 语法形态多样

例 8　Concrete should always be placed in horizontal layers which are compacted by means of high frequency power-driven vibrators of either the immersion or external type, as the case requires, unless it is placed by pumping.

错译　一般情况下,除使用泵来浇筑外,混凝土都应在水平方向分层浇筑,并使用插入式或表面式高频振捣器捣实。

分析　it is placed by pumping 应译为"泵送混凝土浇筑",系"用固定式混凝土输送泵通过管道直接将混凝土送入基础或结构模板内浇筑"的一种浇筑方法。"泵送混凝土"一般表达为 pumping concrete、concrete pumping,而此处 it 指代 concrete,使用了被动句结构,同样表达"泵送混凝土"概念。翻译教学中发现,当中英文术语在词形上存在较大差别时,译者多难以准确译出术语。

例 9　It is clear that a large number of parameters have to be dealt with in proportioning a reinforced concrete element, such as geometrical width, depth, area of reinforcement, steel strain, concrete strain, steel stress, and so on.

错译　设计钢筋混凝土构件时需要处理大量的参数,诸如宽度、深度等几何尺寸,配筋的面积,钢筋的应变和混凝土的应变、钢筋的应力等。

分析　area of reinforcement 应译为"配筋面积",而不是"配筋的面积"。"配筋面积"是指"混凝土某一受力区域内配置的钢筋根数与其单根钢筋截面积的乘积",是专业概念,其英文术语表示为 reinforcement area,此处使用了带介词短语的词组型术语形态。

例 10　Tunneling through soft rock and tunneling underground require different approaches.

错译　通过软岩的隧道施工与地下隧道施工的方法有所不同。

分析　"Tunneling through soft rock"不宜译为"通过软岩的隧道施工",而应译出专业概念"软岩隧道施工"。

可见,术语在文本使用时形态灵活,译者需要打破思维常规,透过名词词组、形容词词组、动词短语、句子或是分词结构等各种语法结构来洞察其中的专业概念,准确译出规范术语,适时统一同义术语。

四、语境制约的属性

语境的概念源于人类语言学家马林诺夫斯基，他认为语言不是一套完备的体系，语言的意义不可能完全由它自身而要由语境来决定。伦敦学派的创始人约翰·鲁伯特·弗斯吸收了马林诺夫斯基的语境概念，指出语境的功能有两个：其一是解释功能，其二是过滤功能（http://www.confucianism.com.cn/html/hanyu/17319077.html）。术语应用于各种专业交流文本中，离不开语境对其词义的解释和过滤，如果译者脱离上下文来翻译术语势必导致术语误译。

例 11 Most of today's robots are employed in the automotive industry, where they are programmed to take over such assembly line operations as welding and spray painting automobile and truck bodies.

错译 今天大部分机器人都应用在汽车领域，人们将其编程来执行装配线上的工作，如焊接和喷涂汽车和卡车的车身框架。

分析 automobile 的词典释义是"汽车的总称"，但这里不能译为"汽车"，因为本句的 automobile 和后面的 truck 形成一组语义关联，即"汽车"和"卡车"出现了逻辑重叠。在此语境下，automobile 应理解并译为"汽车"的下义词——"轿车"。

例 12 The techniques necessary for placing concrete depend on the type of member to be cast: that is, whether it is a column, a beam, a wall, a slab, a foundation, a mass columns, or an extension of previously placed and hardened concrete.

错译 浇筑混凝土所需要的技术取决于所浇筑的杆件类型，即柱、梁、墙、板、基础、大体积混凝土柱墩或延长已浇筑完且已凝固的混凝土等。

分析 member 是多义词，在地质学中译为"段"，在计算机科学中译为"成员"，在铁道科技中是"杆件"，这里根据语境应取土木工程学中"构件"之意。

以上两例充分说明语境对术语发挥着解释和过滤作用，鉴于专业翻译实践中多义术语的广泛存在，译者要重视语境分析。许多术语错译生成于译者语境解读不足，表现为多义术语义项混淆或术语上下义混用等错误。

本节从术语的语言属性入手，揭示了专业翻译实践中术语误译的四个客观原因。术语作为复杂的词汇系统，其"规定性"和"开放性"相融合的特殊语言属性导致了其翻译的复杂性，专业译者应充分了解术语的语言属性，注意积累术语标准化知识，仔细斟酌术语译名，注意识别术语化现象，学会从多样的语言形态中洞察术语概念，借助语境选择准确的术语内涵。术语翻译能力是译员的必备技能，面对内涵专业、词形多样、一词多义、一物多名的复杂词汇体系，建议译者从语言属性角度把握术语误译的客观原因，形成主体应对策略，从而在翻译实践中变被动为主动，打造扎实的术语翻译能力。

第五节　科技翻译项目中的术语管理

术语翻译是科技翻译项目的核心工作,因其学术性、专业性较强,通常需要建立一个统一的翻译术语库,方便语言工作者在翻译时随时分享和参考。术语库中通常存储着丰富的术语信息,如术语的定义、语境、使用状态、用法说明、语法信息、同义术语、缩略形式乃至公司的商标与知识产权保护等信息(梁爱林,2012)。在整个翻译过程中,术语工作通常包括术语的收集、整理、存储、编辑、维护和更新等,这些活动可统称为术语管理。术语管理是当代译者职业能力的重要组成部分,基拉里(Kiraly)(2000)、奥斯特米勒(Austermuhl)(2001)、鲍克(Bowker)(2003)、蒙特罗-马丁内斯(Montero-Martinez)与法布尔-贝尼特斯(Faber-Benitez)(2009)、夸(Quah)(2006)、郑述谱(2006)、李健民(2010)、梁爱林(2010)、王少爽(2013)等国内外学者都充分重视译者的术语能力。对于科技翻译工作者来说,术语管理能力的重要性不言而喻。

一、科技翻译项目中的术语管理

科技翻译的范围较广,王佐良(1987)等明确界定了科技文章的范畴:科技文章包括科学论文、实验报告、对于自然现象的描述和解释、关于实验如何进行的指示,以及科技发展的历史等。方梦之等(2011)将科技文体分为专用科技文体和普通科技文体。专用科技文体包括三类:A类,基础理论科学论著、报告;B类,科技论著、法律文本(专利文件);C类,应用科技论文、报告和著作等。普通科技文体包括三类:D类,包括物质生产领域的操作规程、维修手册、安全条例;E类,消费领域的产品说明书、使用手册、促销材料等;F类,科普读物、中小学教材等。无论是哪种科技文本,都有大量的专业术语需要处理。术语的管理也就成为科技翻译项目的重要组成部分,也是科技翻译的难点所在。

相对于文学翻译来说,科技翻译更注重的是清晰的概念、严谨的结构、准确的内容、客观的陈述等,其最显著的特点在于大量使用高度专业的术语,如 compensatory polymorphisms(代偿的基因多态性)、jettisoning(空中放油)、three-bar high-speed tricot machines(三梳栉高速经编机)、tauroursodeoxycholic acid(牛磺熊去氧胆酸)等。这样的词语语义单一,数量较多且重复出现,如若提前录入术语库中,就可以为译员节省大量查找、输入、验证的时间,从而节约项目成本,提高翻译效率。此外,不同的科技领域频繁出现"一词多义"的现象,译者通常需要判断语境并选择正确的意义。譬如 load 一词,在科技英语中有"加载""负荷""载荷""负载"等含义。译者不可避免地面临诸多挑战,如译者不是学科专家,很难确定文本属于哪个领域,项目周期较紧,参考资料不充分等(赖特、布丁,2000),尤其是在大规模多人协作翻译的时候,甚至可能造成不可逆转的后果。因而创建专项领域的术语库极有必要,也会为译者的工作提供极大的帮助。

由于科技产业发展速度极其迅猛,新公司、新产品、新技术层出不穷,大量新词迅速涌现,而新词很快又会被更新的热词取代。新出现的词可能只有该领域的前沿人员才了解,而业界在短期内又缺乏规范统一的翻译。因此,就很有必要在专项术语库中给出规范译法。科技翻译中的地名、人名、组织机构名、数字、高频专用词汇及短语、特定产品名称、网址等通常都有固定的译法或处理方式,有些是不需要翻译的,客户方可能对此还有特定要求(如"翻译风格指南"中可能涉及),这些都是术语管理的主要内容。

此外,从翻译项目管理科学的角度来看,术语管理贯穿翻译项目管理的整个流程,是语言资产管理的重要组成部分,与项目经理、译者及客户直接相关,与项目管理的十大知识领域均有一定交叉。这种交叉在质量管理、时间管理、沟通管理、成本管理四个方面体现得最为明显。术语管理可对术语翻译进行一体化的整合,有助于实现术语使用的一致性、准确性,从而提高质量水平,同时节省成本费用。这些都有助于提高科技翻译项目管理的效率,确保项目的最终质量(王华伟、王华树,2013)。

二、科技翻译项目中的术语管理方法

一般来说,翻译项目中的术语管理涵盖多个环节,包括术语的收集、描述、整理、记录、存储、呈现及查询等。下面以一个 15 万条英语的航空技术科普手册为例,说明其术语管理的方法。

(一) 术语的提取

在科技翻译中,往往存在大量的专有名词和特殊搭配。本案例中出现了大量重复使用的术语,诸如 aerophysics(航空物理学)、aerodynamics(航空动力学)、aero-astro-dynamics(航空航天动力学)、aeroacoustics(航空声学)、aeroengine(航空发动机)等。在开始翻译项目之前需要借助辅助翻译工具中的术语管理模块(Déjà vu X)(http://www.atril.com/)、Wordfast(http://www.wordfast.com/)等或专门的术语提取工具,如 LexTerm(https://github.com/lexTerm)、SDL Multiterm Extract(http://www.sdl.com/products/sdl-multiterm/extract.html)等提取专业术语,为后续翻译提供基本的参考,确保全文的一致性。术语的提取一般基于词条的重要性、相关性和出现频率。译者可以根据词频筛选提取列表,剩下的重要词条则需要专业的语言处理人员在翻译过程中手动选择。

以国际上主流的术语提取软件 SDL Multiterm Extract 为例,它提供基于统计和基于规则的两种术语提取方法,可从待译文档中自动提取术语,包括从单语文件、双语文件或翻译记忆中提取潜在词语,建立备选术语表供用户选择和确认,还可以进行质量校核以及词典创建等。通过译前术语提取,科技文章翻译时间大幅缩短,术语的一致性有所保障。

(二) 术语的翻译

术语和术语表的翻译不能依靠简单的直译,还需要考虑上下文情境。对于一般语词翻译,可以借助词典。对于"概念性术语",应比一般的术语翻译更为严谨。为了确保释义精准,不与其他术语混淆,往往要求译名专一(徐嵩龄,2010),这提醒术语翻译工作人员需要标注出术语所在的原文语境,方便译者进行查找和翻译。比如,上文手册案例中多次使用了 robustness,如果前半部分翻译为"鲁棒性",而另外一些地方翻译为"稳健性",就造成了术语的前后不一致,会给读者造成困扰,影响产品的使用,甚至给公司品牌带来负面影响。术语表一旦翻译完成,还须送交客户进一步审阅,以确保译文真正符合客户的期望,甚至还要通过所属领域的专家(Subject Matter Expert,简称 SME)的审核,才可最终进入术语数据库。在科技翻译项目中,术语入库之前,可以利用专业的工具,如 TBX Validator(http://www.maxprograms.com/products/tmxvalidator.html)、Xbench(http://www.xbench.net/)等,批量检查其有效性、重复性、一致性等问题。

(三) 术语库的创建

根据科技翻译的不同领域,结合术语管理工具的特点,术语库的创建可以在术语提取之前,也可在术语提取之后。在创立术语库之前,首先要明确术语库的使用对象、使用范围、语言对、术语结构和项目属性等信息。以 SDL Multiterm 为例。译者可根据其术语库创建向导,快速完成术语库的创建工作。用此类工具创建的术语数据库一般都是稳定的关系型数据库,采用基于 XML 的结构化术语数据标准,由源语和目的语词条组成,每个词条都有默认的语法信息、定义、主题、客户和创建时间、日期等,所有相关信息都可以编辑修改。创建术语库之后,通常需要对术语库做相关的属性设置,如项目客户、项目语言对、模板、创建日期、修改日期、创建人、字体、颜色、权限、管理、备份等内容。

通常提取出来的术语可导出为 XLS 文件,然后交给相关人员进行翻译。在完成所有的术语翻译后,需要将 XLS 表格转换为相应格式的术语文档,然后再导入已建术语库中。在翻译过程中,译者也可将新发现的或者未提取出来的科技术语添加到术语库中,以备后续翻译所用。除此之外,一般的术语管理工具都支持制表符分割 TXT 和 RTF 文件、Access、ODBC 数据库、Multiterm 5.5、TBX 等格式的术语文件进行转换和分享,方便译者将前期项目中积累的术语资源导入科技翻译项目术语库中。

(四) 术语库的维护

术语库的维护工作主要包括编辑、添加单个术语,批量添加术语,编辑定义术语,搜索重复术语,删除重复术语,删除单个术语,以及按照筛选条件批量删除术语等基本操作。在上例中,当其中的 FRU 产品(如 FRU ultrasonic interferometer)停止开发,与此产品相关的术语库中的相关词条(以 FRU 开头的)需要设置为停用或废弃状态,直到删除,以确保翻译数据库中的术语不会造成干扰,并保持最新可用的状态。

科技翻译项目的经理或术语专员通常负有术语库更新及维护的职责。每个译员在翻译的过程中如果发现术语的选择或用法存在问题,也应当及时反馈给项目经理,由后者对术语库进行修改,确保术语使用的一致性。术语的更新还涉及与客户方的沟通,如果客户方在翻译阶段对术语的翻译提出新的需求,则需及时更新术语库,并及时告知翻译项目组成员,以免信息的滞后造成术语翻译和使用的混乱。另外,如果翻译过程中遇到新的、未纳入术语库的术语,译员无法确定准确译法,也需以问询(Query)形式提交客户方进行确认,并最终更新到术语库中。

对于一般科技翻译项目的术语管理,大致可以归为术语的提取、术语的翻译与审核、术语库的创建、术语库的维护等四个方面,如图 3-3 所示。

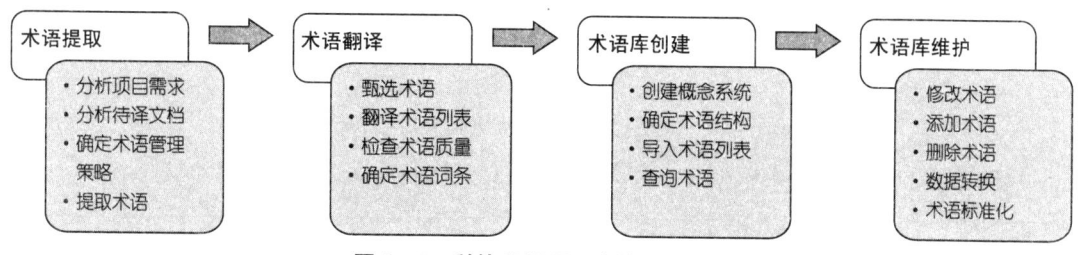

图 3-3　科技翻译项目中的术语管理

总之,在信息化时代,科技发展日新月异,科技产品的生命周期越来越短,需要翻译的语言对也在相应增多,参与翻译的人员越来越复杂,可能来自不同部门或不同领域,这对术语管理提出了空前高的需求。对于科技翻译项目而言,有效的术语管理可以避免重复劳动,消除术语翻译过程中潜在的术语差异,降低目标语言文本中术语不一致的风险,从而提高文本的质量,确保翻译内容的准确性。

Apple、HP、Johnson、Lionbridge、Microsoft、SAP、Sony、华为等国际化企业均部署了专业的术语管理系统,设置了术语专员岗位,以加强企业技术和产品国际化的术语管理工作,这种系统化的术语管理值得我们学习和深思。在大数据和云计算技术变革的时代,科技翻译工作者应顺应时代发展的潮流,加强术语管理的意识,熟悉术语管理工作流程,能够综合应用多种术语管理工具,最终提升科技翻译项目的质量和效率。

技能训练

练习1 术语翻译练习

英语术语	汉语译名
furnace gas	
shear test	
tear strength	
compression test	
hepatitis tincture	
cough syrup	
wear washer	
passenger ship	
butterfly valve	
paper industry	
copper wire	
Fisher equation	
Otto engine	
foot brake	
petrol engine	
water turbine	
gravity conveyer	
friction brake	

练习2 术语识别练习

(1) I think your suggestion will work.
译文 _____

(2) The new rules are working well.
译文 _____

(3) Pushing or pulling, however, does not necessarily mean doing work.
译文 _____

(4) The works of these watches are all home-produced and wear well.

译文 _____

(5) <u>Good lubrication</u> keeps the bearings from being damaged.

译文 _____

(6) Under some conditions this vibration will reach and maintain a steady amplitude whilst under other conditions the vibration will build up and unless cutting is stopped considerable damage to both the cutting tool and workpiece may occur. This phenomenon is known as <u>chatter</u>.

译文 在各种切削条件相结合的情况下，刀具的不稳定性可能产生，这种不稳定性会引起振动，在某些情况下，振动将保持稳定，而在另一些情况下，振动将加剧，除非停止切削，否则刀具和工件可能发生相当严重的破坏。这种现象称作_____。

(7) The cells can be studied in isolation from the body, but for them to survive independently they must be provided with exactly the right sort of environment in a <u>culture</u> which contains a supply of all the essential chemical nutrients required by the cell.

译文 细胞可以脱离人体来进行研究，但是必须为它们提供_____，从而满足其独立存活所需要的必不可少的化学物质。

(8) The effective clearance angle on the cutting tool. For certain geometries of <u>minor cutting edge</u> relief angles it is possible to cut on the major cutting edge and burnish on <u>the minor cutting edge</u>. This can produce a good surface finish.

原译 有效间隙角：对于副切削刃间隙角的几种几何形状，以主切削刃进行切削、以副切削刃进行磨光，都是可能的，这样可以产生一个比较好的表面光洁度。

改译 _____

译理点拨

面向翻译的术语能力构成分析[①]

王少爽

术语能力指能够从事术语相关工作,并利用术语学知识和工具有效解决实际术语问题所需的知识和技能体系,是一种实践性较强的综合能力。鉴于术语能力在翻译工作中的重要作用,有必要研究其构成,以便在教学中进行有针对性的培养。基于相关研究,我们对译者应具备的术语能力进行了构成分析,具体见图1:

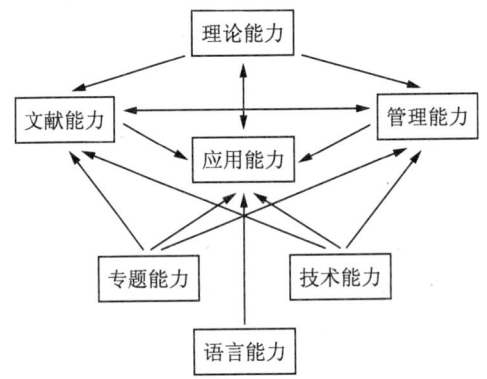

图1 面向翻译的术语能力构成

术语能力可分解为7种子能力:理论能力、应用能力、文献能力、管理能力、专题能力、技术能力、语言能力。如图1中箭头所示,各子能力之间相互牵涉,构成一个复杂的关系网络。以下对各种子能力展开具体解析。

理论能力,具有术语意识,掌握术语学基本原理、各种理论主张、工作方法与流程以及最新发展动态等。理论能力位于术语能力关系网络的最上方,对应用能力、文献能力与管理能力起指导作用。理论知识分为陈述性知识与程序性知识:前者主要关系"是什么",是关于事件的描述性知识,具有静态性,具体包括术语与术语学的定义、术语的构成、术语学的发展历史、术语学主要流派及理论主张、术语学最新发展动态(如交际术语学、社会认知术语学、计算术语学)等;后者主要关心"如何做",是事件的具体操作程序,具有动态性,具体包括术语识别、术语定义、文献采集、文献管理、术语抽取、语境分析、术语管理、术语标准化、双语术语对比等工作的操作步骤。应用能力、管理能力、文献能力需要在一定的理论框架指导下获得,应符合术语学的基本原理,避免偏移理论前提而导致术语工作失败。

[①] 本篇选自王少爽:《面向翻译的术语能力:理念、构成与培养》,《外语界》,2011(5):69—71.

应用能力，是术语能力关系网络的核心能力，与其他6种能力皆有关联，具体指在实际工作中利用所学理论知识解决术语问题，如术语翻译、术语定义、术语编纂、术语标准化、术语同义/多义现象分析等问题。一方面，应用能力受到理论能力的指导；另一方面，通过实践，可以发现理论框架的不足，从而修正或革新理论。应用能力利用文献能力与管理能力提供的成果，借助专题能力和技术能力，解决实际工作中出现的各类术语问题。

文献能力，指在术语工作中能够进行文献查寻、文献采集、文献分析、文献加工与处理、文献开发与利用、文献管理与评价等文献活动。术语学家要想娴熟地开展工作，并非只靠语言学知识，在很大程度上还得依靠看起来枯燥无味的文献工作（迪毕克1990：113）。文献能力需由理论能力指导。术语概念界定和术语学基本原理会影响文献工作；关于文献收集、文献管理、术语抽取、语境分析的程序性知识，是文献工作流程中的重要参考依据。在专题术语工作中，文献能力需要借助专题能力，才能了解所涉领域的专业知识，选择恰当的文献资料。文献能力的实现还有赖于技术能力与管理能力，其最终目的是解决术语问题，即服务于应用能力。

管理能力，包括术语管理、文献管理与流程管理。术语管理指术语的"文件归档、存储、处理与展示"（Austermühl 2001：102）。文献管理指术语工作中所涉文件资料的采集、分析、分类、归纳等整理分析。流程管理指术语工作的流程定义、流程分析、质量控制、流程优化、时间安排、资源分配等。管理能力同样需要理论能力的指导，术语学基本原理决定了术语管理、文献管理、流程管理的具体操作方法。管理能力与文献能力之间存在一种双向关系：一方面，需要对为解决术语问题而采集的文献加以管理，方便在日后工作中的复用，避免重复劳动；另一方面，术语管理中的术语是文献工作的结果，文献能力直接影响术语管理系统中的术语质量。管理能力的实现需要技术能力的支持，即将现代信息技术应用于术语管理、文献管理、流程管理过程中，不仅可以大大提高管理的效率，而且能够改进管理的质量。当然，管理能力也是为了更好地解决实际术语问题，即为应用能力服务。

专题能力，指具备术语工作中所涉专业领域的基本知识，了解专业领域的主要概念、理论以及发展现状等。此处的专题能力并不是要求术语工作者或译者具备领域专家所具备的知识和技能，而是要求他们对所涉领域的知识做到基本熟悉，指导如何获取相关文献资料，并能就自己不懂的术语问题与领域专家进行交流，进而掌握术语的正确概念意义。专题能力对于文献能力和管理能力是不可或缺的。只有掌握专业领域的基本知识，才能对其相关文献资料进行有效的收集、分析、管理等工作。专题能力亦有助于增强应用能力，因为解决实际工作中出现的术语问题需要专题知识的支持及运用获取此类知识的方法。

技术能力，指能够利用各种工具与技术从事术语学工作、解决术语问题的能力，工具可分为传统工具与现代信息技术工具。传统工具包括术语卡片、各种字词典、单语和多语术语汇编等（隆多1985：53—82）；现代信息技术工具包括计算机、办公软件、术语库、语料库工具、翻译软件等。现代信息技术工具的应用为术语与翻译工作带来了极大的便利。比如，与传统方式相比，使用术语管理系统（TMS）进行术语与翻译工作，具有高质量、快速灵活、信息共享等优势（Bowker 2003：58—59）。因此，技术能力能够为应用能力、文献能力、管理能力提供工具与技术方面的支持。

语言能力,指掌握两种或多种语言及其代表的文化,并能够将其熟练应用于交际,具有良好的语言敏感度。语言能力处于术语能力关系网络的最下方,是实现应用能力的基础和前提。要想做好术语翻译工作,必须熟练掌握两种语言词汇在语音、形态、语义等方面的特点。

术语能力具有综合性、实践性以及应用普遍性。综合性指术语能力由多种子能力构成,是一种具有综合性的能力;实践性指术语能力下属子能力多为实践性、操作性能力;应用普遍性指术语能力是翻译工作各环节必需的能力,贯穿整个翻译过程,译前、译中以及译后等环节皆涉及术语问题。

◎ 推荐读物

王华树,冷冰冰.术语管理概论[M].北京:外文出版社,2017.

王华树,王少爽.术语管理指南[M].北京:外文出版社,2017.

Juan C. Sager. *A Practical Course in Terminology Processing*. Amsterdam/Philadelphia: John Benjamins Publishing Company, 1990.

第四章　科技译者的交流能力训练

本章导读　科技译者的交流能力是指科学技术信息的生成、设计和传递能力，产生的译文能让读者轻松地理解、安全高效地使用。本章从如何运用翻译方法来实现科技文本的交流特征方面展开。第一节阐释了科技交流的四个特征，也是科技翻译的四个基本原则；第二节叙述了科技翻译常用的六种翻译方法；第三节聚焦科技文本的四种疑难句型；第四节展示翻译案例中的译者交流能力。

第一节　科技交流的四个特征

科技翻译的本质是专业交流，职业译者在译前准备阶段就要对相应的翻译文体进行分析。科技文本的类型有很多，如产品手册、产品说明书、产业新闻、公司简介等。总体来说，科技译者要遵从科技交流的以下四个特征：

特征一　信息准确（correctness）

关于"准确"，奈达（2001）认为，"准确"是指"译文不能拘泥原文字面意思，而是要深入发掘作者意欲反映的客观事实，包括显化原文隐含的信息、纠正原文的错误、消除歧义等。

在科技交流中，原文往往存在拼写错误、标点错误甚至信息错误等，要实现译文信息的准确传递，译者首先要承担纠错的任务。

例1　International endeavors are shown in the Convention on International Trade in Endangered Species, approved <u>by 51 nations</u>.

机器译文　<u>由51个国家批准的</u>《濒危物种国际贸易公约》（Convention on International Trade in Endangered Species）体现了国际社会的努力。

参考译文　最初<u>由21个国家提出签署的</u>《濒危野生动植物种国际贸易公约》（Convention on International Trade in Endangered Species），其内容也体现了来自国际方面的共同努力。

分析　根据调查发现，原文中51个国家签署《濒危动物国际贸易公约》这一信息有误，因此译者应根据历史事实修改原文信息后再翻译。

例 2　Impression die, closed die, or drop forging completely confines the metal in dies.

机器译文　压模、闭模或锻模完全把金属限制在模内。

参考译文　印模或闭式模锻将金属完全限制在模腔中。

分析　原文中的 drop forging 是"落锤锻"的意思，根据锻造工艺实际，落锤锻造并非将金属限制在模腔中，故这里将原文改为"Impression die, or closed die forging completely confines the metal in dies."再着手翻译。

此外，要保证信息准确，还需要对原文逻辑理解正确，如下例所示：

例 3　Spheroidizing—prolonged heating of iron-based alloys at a temperature slightly blow the critical temperature slightly below the critical temperature followed by relatively slow cooling, usually in air.

错译　球化处理——在略低于临界温度下对铁基合金进行持续较长时间的加热，紧接着以相对慢的速度在空气中冷却。

分析　根据专业知识，球化退火保温后的冷却有两种方式：一种是先随炉缓冷至某一温度再出炉空冷；另一种是先在某一温度下等温足够长时间，然后再随炉缓冷后出炉空冷，而非译文所述，仅在空气中冷却。故翻译时，应保全原文结构"usually in air"，译为"球化处理是在略低于临界温度下对铁基合金进行较长时间的加热，紧接着以相对慢的速度冷却，这一冷却过程通常在空气中进行。"

特征二　表义清晰(clarity)

例 4　During a period of typically eight to ten years HIV lurks in the body, mutating rapidly and thus avoiding recognition. It reproduces massively, and waits.

机器译文　在通常 8 到 10 年的时间里，艾滋病毒潜伏在体内，迅速变异，从而避免被识别。它大量繁殖，然后等待。

参考译文　艾滋病毒在人体的潜伏期一般是 8—10 年，在此期间病毒迅速变异以逃脱抗体的攻击，然后进行大量繁殖并等待时机。

分析　原文中的 avoiding recognition 容易译为"避免被识别"或"避免被医生识别"，仔细研究原文，结合在线检索相关背景知识，就能更好地理解 thus 的意思——"它迅速变异以避免免疫系统识别"，适当的增译使得信息更为清晰。

例 5　虽然火箭复杂而令人难忘，但它是一种较简单的装置，八百年前中国人就发明了。

译文 1　Although the rocket may appear impressive and complex it is a relatively simple device, and was invented in China over 800 years ago.

译文 2　Although the rocket may appear impressive and complex, the rocket, which was invented in China 800 years ago, is a relatively simple device.

分析 译文 2 与译文 1 相比,更能突出原文的核心信息——"尽管火箭复杂而令人难忘,但它是一种简单的装置(例如,八百年前中国人就发明了)",因此信息传递更为清晰。

例 6 Endangered species are <u>plants and animals</u> that are in immediate danger of extinction.

机器译文 濒危物种是濒临灭绝危险的<u>动植物</u>。

参考译文 濒危物种是濒临灭绝危险的<u>野生动植物</u>。

分析 原文是对"濒危物种"的一个定义,但直译文(如机器译文)并不符合"濒危物种"的定义——"濒危物种指所有由于物种自身的原因或受到人类活动或自然灾害的影响而导致其野生种群在不久的将来面临绝灭的机率很高的物种"(百度百科,2020 - 08 - 20),因此建议增译"野生",以获得清晰准确的译文信息。

特征三 篇章连贯(coherence)

这里所说的"篇章连贯"指的是译文新旧信息推进自然,语言顺畅,逻辑清晰。

例 7 One measure of a robust transportation system is the diversity of travel modes. US cities are dominated by a single mode: the private car.

谷歌译文 健全交通系统的一项措施是旅行方式的多样性。美国城市以单一模式主导:私家车。

修改译文 衡量一个交通体系是否健全的指标之一就是交通模式的多样性,<u>但是</u>美国城市却为一种模式所主导,那就是私人汽车。

分析 在信息类文本中,词的意思要依据所在的句子,句子的意思要跟随其所在的句群或段落,这样才能获得译文的连贯性。在例 7 中,第一句的 diversity 和第二句的 single 构成语义关联。因此译者需要找到两句的关系,将两句作为一个翻译单位来处理。

例 8 The techniques necessary for placing concrete depend on the type of member to be cast: that is, whether it is a column, a beam, a wall, a slab, a <u>foundation</u>, a mass column, or an extension of previously placed and hardened concrete.

谷歌译文 放置混凝土所需的技术取决于要浇铸的构件的类型:也就是说,它是圆柱,横梁,墙,平板,<u>地基</u>,大体积圆柱,还是先前放置并硬化的混凝土的延伸。

修改译文 浇筑混凝土所需要的技术取决于所浇筑的构件类型,即柱、梁、墙、板、<u>基础</u>、大体积柱或延长已浇筑完且已凝固的混凝土等。

分析 foundation 一词在专业文本中主要有"地基"和"基础"两个词义,如在 CNKI 翻译助手中"地基"词义出现 12026 次,"基础"为 47144 次。"地基"是指"建筑物下面支承基础的土体或岩体",而"基础"则是指"建筑底部与地基接触的承重构件,它的作用是把建筑上部的荷载传给地基"。此句是关于混凝土浇筑的主题,根据语境应选择"基础"的词义。

例9 Genetic modification involves the insertion or deletion of genes. <u>In the process of cisgenesis</u>, genes are artificially transferred between organisms that could be conventionally bred. <u>In the process of transgenesis</u>, genes from a different species are inserted, which is a form of horizontal gene transfer.

有道译文 基因改造包括基因的插入或删除。在<u>顺生过程</u>中,基因被人为地转移到可以通过常规方式繁殖的生物体之间。在<u>转基因过程</u>中,来自不同物种的基因被插入,这是一种水平的基因转移形式。

修改译文 基因改造就是添加或删除基因。<u>同源转基因技术</u>是人工在物种一致或"近源"的生物体之间转移基因;<u>异源转基因技术</u>是将一个物种的基因植入另一个物种细胞核内,这也称为水平基因转移。

分析 例9中的翻译难点在于画线处cisgenesis和transgenesis词义的确定,尤其是transgenesis。可以判断本段是对比结构,比较的是以上两种技术,根据在线检索,结合语境,判断cisgenesis意思是"同源转基因",而transgenesis不应译为"转基因"而是"异源转基因"。修改后的译文是连贯的译文。

特征四 交流意向性强(communication)

《职业翻译与翻译职业》(葛岱克,2010)一书中指出,"翻译应实现其交际功能。翻译应保证实现且仅实现所有预期的功能,而且翻译产品应让人在使用中感到愉悦,实现其使用目标,或实现由使用者或受益者制定的目标"。如下例:

例10 Management is the process of planning, organizing, leading, and controlling the efforts of organization members and of using all other organizational resources to achieve stated organizational goals. A process is a systematic way of doing thing. <u>We define management as a process because</u>① all managers, regardless of their particular aptitudes or skills, engage in certain <u>interrelated activities</u>② in order to achieve their desired goals.

译文 管理是一个过程,它通过计划、组织、领导和控制组织成员的努力及利用其他一切组织资源来达到既定的组织目标。所谓过程,就是一种系统的行为方式,<u>我们把管理定义为过程是因为</u>①所有的管理者,无论其个人能力如何,都必须投入<u>相互关联、不可分割的活动</u>②中来实现他们的既定目标。

分析 例10是一个段落,包含3个句子,句子间建立关联共同构成的交流重心是——"管理是一个相互关联的过程",①和②都体现了鲜明的交流意向性。

例 11 Researchers from A * STAR's Institute of Microelectronics (IME) have developed <u>the first compact high performance silicon-based cavity-backed slot (CBS) antenna that operates at 135 GHz.</u>

有道译文 来自 A * STAR 微电子研究所(IME)的研究人员开发出了<u>第一款紧凑高性能的基于硅的腔背槽天线(CBS)</u>,其工作频率为 135 GHz。

修改译文 新加坡科技研究局微电子研究院的研究人员开发出第一款硅基背腔式缝隙天线(CBS),<u>其结构紧凑、性能高、工作频宽可达</u> 135 GHz。

分析 例 11 的翻译陷阱在于宾语部分的名词化结构,中心名词 silicon-based cavity-backed slot (CBS) antenna 前后都有修饰成分,有道机器译文采用顺译的方法,但考虑到本句来自一篇行业新闻,具有宣传色彩,故建议译文拆译 the first、compact 和 high performance 以及中心名词后面的 that operates at 135 GHz 等信息,放到句末,起到强调宣传的效果,达到译文使用目的。

此外,如果译者没有识别原文的修辞模式,也无法做出交际性强的译文,如下例:

例 12 The balls are inserted into the groove by moving the inner ring to an eccentric position. <u>The balls are separated after loading, and the separator is then assembled.</u>

译文 将内圈移动到偏心位置,然后将球体塞入沟槽中,<u>加载后球体(均匀)隔开,然后装上保持架</u>。(见图 4-1)

分析 如果译者不了解在科技文本中经常用被动语态表达祈使功能的特点,就不能实现译文"安装指示"的修辞功能。

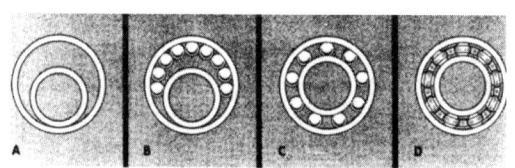

图 4-1 滚动轴承安装图

第二节 常用的翻译方法

基于英汉语言差异和科技交流的特征要求,科技英汉翻译中常使用的翻译方法是直译法和意译法,而具体的语言操作方法有增译法、减译法、引申法、转译法、分译法、合译法等。此外根据客户要求的不同,对科技文本进行变译的需求也很常见,如这些年在语言服务行业中有着较大需求的创译就是一例。本节举例说明各种翻译操作方法在科技翻译中的应用,主要着眼于翻译方法的使用介绍。

一、引申法

翻译过程中,科技译者常常会遇到英语原文中有一些单词或词组无法从词典等工具书中找到直接、恰当的释义,如果硬要牵强附会、照搬词典的某个释义,那么译文一定会晦涩难懂,不符合汉语语言规范和翻译所要求的标准。遇到这种情况,译者可以结合上下文,根据语气、逻辑关系、搭配习惯及全句的技术含义等方面的情况,在准确理解原文含义的基础上,按照汉语的表达习惯,对词义加以引申。下文将从"技术化引申""修辞化引申""具体化引申"等角度举例展示引申法的运用。

例1 Such a ring of conductor is called an electric circuit.
译文 导体围成的这样一个回路称为电路。

例2 Whichever way the two two-way switches are left, one of the wires is alive and the other is dead.
译文 无论这两个双向开关合在哪一边,两根导线中总有一根是带电的,一根是不带电的。
分析 例1和例2中画线单词在原文中都可以理解为是隐喻的修辞,译者可以根据所属语境进行判断,使译文符合专业信息描述。

例3 Since the engine was changed, the hot and high performance of the helicopter improved greatly.
译文 由于改装了发动机,这架直升机的高温高原性能得到了很大改善。(王咏梅用例)
分析 hot 和 high 仅从字面意思无法理解句子,但根据直升机专业知识知道这里引申为直升机的高温高原性能,hot 引申为"高温",high 引申为"高原"。

例4 When I first heard it I was surprised as I thought sperm whales were the only species who used it.
译文 当我第一次听到海豚发出这种射击声时,我非常惊讶,因为我一直以为这种声音是巨头鲸的独家本领。

例5 They can receive increased choice of vendor and products, convenience from shopping at home or office, greater amounts of information that can be accessed on demand and more competitive prices and increased price comparison capabilities.
译文 通过互联网,客户可以有更多的商家和商品进行选择,可以足不出户享受购物便捷,可以浏览更丰富的商品信息,还可以货比三家、选择更实惠的商品价格。

分析 例4和例5属于修辞化引申,即在译文表达上另辟蹊径,常常增加文体附加值,从而重构朗朗上口的译文。

例6 Irish scientists monitoring dolphins living in a river estuary in the southwest of the country believe they may have developed a unique dialect to communicate with each other.
译文 爱尔兰科学家对居住在爱尔兰西南河口的一群海豚进行观察,发现它们可能在用一种本水域海豚特有的土语与同伴进行交流。
分析 例6译文将原文中的 a unique dialect 译为"一种本水域海豚特有的土语",这种具体化处理即是具体化引申的一种应用。科技翻译中,出于科技信息清晰化的内在要求,具体化引申的使用较为常见,如下例所示:

例7 Road bed is the subgrade on which are laid the ballast, ties and rails. There are two types of it— cut and fill. It should be firm, well drained and of adequate dimensions.
译文 路基就是上面铺着道渣、枕木和钢轨的底基。路基有两种类型,即路堑和路堤。路基应坚固,排水性好并有足够的面积和厚度。(方梦之用例)

二、转译法

英汉两种语言在词类、句法、语序等方面存在很大的差异,根据英汉对比研究的结果,汉语是动态的语言,句子中有大量的动词;而英语是静态的语言,每句往往只有一个动词,更多地使用抽象名词、介词等来表达动作,因此翻译中常要注意词类的转换。美国前总统林肯在葛底斯堡宣言中的名句"…that this nation under God, shall have a new birth of freedom, and that government of the people, by the people, for the people, shall not perish from the earth."流行着一个精彩的译文——"这个国家在上帝保佑下,必将获得自由的新生;而民有、民治、民享的政府,必将不会从地球上消失",就是转译法使用的精彩案例。转译法在科技翻译中大量使用,如以下案例(谢晓苑,2008)的用例:

例8 Such parts must be dimensionally correct.
译文 这类零件的尺寸必须准确。

例9 Mercury weighs about thirteen times as much as water.
译文 水银的密度是水的13倍。

例10 Sodium is very active chemically.
译文 钠的化学性质很活泼。

例 11 The blueprint must be <u>dimensionally and proportionally correct</u>.
译文 设计图的<u>尺寸和比例必须正确</u>。

例 12 Coating thicknesses <u>range from</u> one-tenth mm to 2 mm.
译文 涂层的<u>厚度范围</u>为 0.1 毫米—2 毫米。

转译法在科技翻译中有以下三个方面的重要应用：

(一) 名词化结构的转译

在科技英语中，整段文章几乎都是由名词词组另加几个连接名词词组的结构词组成，这形成了科技英语最显著的特点。名词化结构的重要特点是高度浓缩的结构，逻辑关系紧密，在一定的语言环境下，该结构是一个句子结构，常常可以找到主要成分译成句子。

例 13 Television is the transmission and reception of images of moving objects by radio waves.
译文 电视通过无线电发送和接收活动物体的图像。

例 14 Tin has a resistance to corrosion by air or water.
译文 锡能抵抗空气或水的腐蚀。

例 15 The invention of the steam engine by J. Watt started the industrial revolution in the 18th century.
译文 瓦特发明了蒸汽机，自此开创了 18 世纪的工业革命。

例 16 A major innovation was the introduction of an inert gas into the lamp to reduce evaporation from the filament.
译文 一个主要的革新是向灯泡里充入惰性气体来减少灯丝的汽化。

例 17 <u>The establishment of a solid manufacturing and mining industry</u> has kept Victoria's unemployment rate the lowest in the country.
译文 <u>由于建立了实力雄厚的制造业和采矿业</u>，维多利亚的失业率一直是全国最低的。

例 18 <u>A brief discussion of each processor subsystem</u> will resolve additional details.
译文 <u>只要简要地讨论一下每个处理器子系统</u>，就可以解决其他细节问题。

在翻译名词化结构时，注意要增补出蕴含的逻辑关系，如例 17 的因果关系和例 18 的条件关系。

在汉译英中存在着动态、松散的句子结构向名词化结构转换的规律，如下例：

例 19　他们派来的工程师迅速到达，并检查了所有的设备，工厂很快恢复了生产。
译文 1　The engineers sent by them arrived quickly and examined all facilities carefully, thus, the factory restored its production very speedily.
译文 2　The quick arrival of the engineers sent by them and their careful examination of all facilities brought about the very speedy restoration of the factory's population.
分析　例 19 中译文 2 与译文 1 相比，结构更紧凑，英语味道更浓。

（二）被动语态的转换

语言学家王力指出："中国被动句用途之狭，是西洋被动式所比不上的。"科技英语中大量的被动语态体现了英语语言注重区分主语和宾语、及物与不及物、施事与受事的特点，而汉语中的被动语态使用要少得多。因此在英汉翻译的时候要被动变主动，在汉英翻译时要主动变被动。

例 20　Electricity can be transmitted over a long distance.
译文　电能够远距离输送。

例 21　The use of solar energy should be paid attention to.
译文　太阳能的利用问题应给予重视。

例 22　Three-phrase current should be used for large motors.
译文　大型电动机应当使用三相交流电。

例 23　Sand may be carried many miles by the wind.
译文　风可以把沙土吹到数英里之外去。

例 24　At one time, all atoms of the same elements were thought to be exactly alike.
译文　人们曾认为，同种元素的所有原子都是完全相同的。

例 25　Many car engines are cooled by water.
译文　许多汽车发动机都是用水冷却的。

分析　如以上译例所示，英语被动句转换为主动句有多种方法，例 20 省略"被"字，例 21 用"给予"来替代"被"，例 22 宾语和主语置换将被动句换为主动句，例 23 将状语译为主语，例 24 增译"人们"将被动句换为主动句，例 25 将原文译为判断句避开被动表达。

在汉英翻译中,将主动语态转为被动语态时存在翻译陷阱,如下例所示:

例 26 在气候温暖的情况下,只有在冰箱或房屋的地下室才能保持这个温度。
错译 Only fridges or basements can keep up this range of temperature when the weather is warm.
改译 In warm climates, this temperature can be maintained only in a refrigerator or in the underground basement of a house.
分析 汉语以"时间"和"地点"做主语,谓语为及物动词的句子在英译时也可翻译成被动句。此时往往需要将"地点"和"时间"译成状语置于句末。又如"河上又架起了一座桥。"应译为"Another bridge has been built across the river."。

例 27 人们相信,发展海水灌溉农业是增加农田和降低灌溉费用的有效途径。
译文 1 People believe that developing seawater irrigated agriculture is an effective way not only in increasing farmland but also reducing irrigation cost.
译文 2 Developing seawater-irrigated agriculture is believed to be a way to create more farmland and lower irrigation cost.
分析 译文 1 和译文 2 的主要区别在于主语的差异,与译文 1 相比,译文 2 将"发展海水灌溉农业"做主语,焦点更为突出。

鉴于语言服务产业中汉译英需求的增大,翻译专业的师生应加强汉英翻译中主动句转被动句的规律研究。

(三) 非人称主语句的转译

所谓"非人称主语句",即科技英语中的 SVO 句型,其主语是非生命的事物或抽象名词。由于汉语中很少采用非人称主语,因此汉译时应采取转译法,即根据句子的逻辑关系做适当的调整。在科技英语里,主语 S 表示前提、依据、方式、方法、手段,VO 表示动词的活动而使某种结果得以存在的句子十分常用,是揭示事物因果关系的重要修辞形式。

例 28 Methanol fuel cell represents the great hope of many environmentalists to power the first mass-produced electric car.
译文 许多环保主义者对甲醇燃料电池寄予厚望,期待它能为首批大量生产的电动小汽车提供动力。

例 29 The flexibility and versatility of numerical control have led to the development of a new type of machine tool called machining center.
译文 人们利用数控系统的灵活性和多功能,研制成一种新型机床,取名为加工中心。

例 30 From 1970 onwards, <u>advances in large scale integration(LSI)（大规模集成电路）techniques, and availability of inexpensive microprocessors</u> led to the possibility of producing an all digital, self contained real time analyzer（全数字化的自容式实时分析器）.

译文 自 1970 年起，<u>大规模集成电路的发展和廉价的微处理器的出现</u>，使人们能够生产出全数字化的自容式实时分析器。

在汉译英翻译中则应养成将汉语的人称句（包括隐含的人称主语）转为英语的非人称主语句的习惯，如下例所示：

例 31 （你）让身体晒晒太阳有助于克服贫血（anemia）。
译文 <u>Exposure of the body to sunlight</u> helps to overcome anemia.

例 32 （人们）把铝从铝矿（ore）中提炼出来在当时是非常困难的。
译文 <u>The separation of aluminum from its ore</u> was very difficult at that time.

三、增译法

前面探讨了引申法和转译法，虽然在翻译过程中也需要增加词汇，但是把握的笔触主要是针对科技文本语言的特点对原文语法结构进行某种转换，来实现译文的可读性。以下所说的增译主要是在语言层面上通过增词来呈现更为准确、交际性强的译文。

（一）时态、复数的增译

例 33 Air is a mixture of <u>gases</u>.
译文 空气是<u>多种气体</u>的混合物。

例 34 <u>Things</u> in the universe are <u>changing</u> all the time.
译文 宇宙中<u>万物</u>总是在<u>不断</u>变化着。

（二）增补连词

例 35 <u>Confined in a rigid container</u>, gas will expand at some high temperature.
译文 气体<u>即使</u>封闭在刚性容器中，在高温下也会膨胀。

例 36 Heat from the sun stirs up the atmosphere, <u>generating winds</u>.
译文 太阳发出的热能搅动大气，<u>于是产生了风</u>。

（三）增译范畴词

在科技英语翻译中有时需要对抽象名词增加范畴词如"现象、作用、方法、技术、装置、问题、情况、系统"等来使抽象意义具体化。

例 37 The rusting of iron is the slow <u>chemical combination</u> of the elements iron and oxygen in moist atmosphere.

译文 铁生锈的过程就是铁元素和氧元素在潮湿的空气中缓慢氧化的<u>化合过程</u>。

例 38 From the <u>evaporation</u> of water people know that liquid can turn into gases under certain conditions.

译文 从水的<u>蒸发现象</u>人们知道液体在某种条件下可以转化为气体。

需要说明的是,如果是汉译英方向,就需要减译范畴词再译,如下例:

例 39 必须克服<u>技术资料不足的现象</u>。

译文 <u>The lack of technical data</u> must be overcome.

例 40 我想<u>土地沙漠化的问题</u>不能再被忽视了。

译文 <u>The soil desertification</u>, in my view, should not be ignored.

(四) 符合汉语修辞的增补

例 41 Both water waves and electromagnetic waves have <u>the characteristics</u> of velocity, frequency and amplitude.

译文 水波和电磁波都有速度、频率和波幅<u>三个特征</u>。

例 42 <u>The advantages</u> of the recently developed composite materials are energy saving, performance efficient, corrosion resistant, long service time, and without environmental pollution.

译文 最新开发的复合材料具有节能、性能好、抗腐蚀、寿命长和无污染<u>等五大优势</u>。

(五) 逻辑断层的增补

例 43 As the various surroundings become fragments, the remaining animal population crowd into smaller areas, causing further destruction of natural surroundings.

译文 当多种的栖息地<u>被人为地</u>分隔成小块,幸存下来的动物种群挤进一个狭小的空间,它们<u>争夺食物和领地</u>导致了栖息地的进一步破坏。

分析 本句选自的段落其主题是"物种濒危的原因是自然栖息地的人为破坏",因此根据主题对逻辑进行增补,可以起到强调和连贯的作用,增强了译文的逻辑性和译文的意向性。

例 44 <u>But solutions are in sight</u>①. We know where most heat-trapping gases come from: power plants and vehicles. And now we know how to curb their emissions: <u>modern technologies and stronger laws</u>②. By shifting③ the perception of global warming from abstract threat to pressing reality, and promoting online activism. By pressing ④ businesses to use less energy and build more efficient products, and by fighting⑤ for laws that will speed these advances.

机器译文 但解决方案在眼前①。我们知道大多数吸热气体来自哪里：发电厂和车辆。现在，我们知道如何控制排放：现代技术和更强有力的法律②。通过改变对全球变暖的看法，从抽象的威胁转向紧迫的现实，并推动网络激进主义③。通过敦促企业减少能耗和制造更高效的产品④，以及争取能够加快这些进步的法律⑤。

参考译文 但幸运的是，人们已经找到了解决全球暖化问题的办法①：我们知道大多数温室气体来自发电厂和机动车辆，因此我们可以通过采用先进技术手段和制定更为严格的法律来控制温室气体的排放②。具体来说，我们还要举办网络环保活动转变人们的思想，使人们不仅仅意识到全球暖化带来的危机而且感受到它的现实性和急迫性③；我们还要敦促大小公司节约能源，制造更节能的产品④；我们还要为出台相关法律而不懈努力⑤。

分析 相比机器译文，参考译文更多地体现了"交流意向性"的科技翻译特征：如①处"But solutions are in sight"译为"但是幸运的是……"与前一段全球暖化带来的各种生存危机形成转折，很好地译出了 but 的逻辑含义，与前文相连贯。原文"By shifting③… By pressing④… and by fighting⑤"采用了句子片段的语法形式，内含强调和具体做法之意，在这里增补"具体来说"的逻辑，可谓精准之极。此外②处将原文的名词结构增词进行动态转换也保证了译文的可读性。

四、减译法

"减译法"顾名思义是在翻译时把原文中需要、但译文中不需要的词省略。在科技翻译中有如下几个方面的应用：

（一）语法结构的减译

例 45　A horse is a useful animal.
译文　马是一种有用的动物。

例 46　The future is bright while the road ahead is tortuous.
译文　前途是光明的，道路是曲折的。
分析　例 45 减译的是不定冠词，由于英汉语言差异，定冠词和不定冠词在英语表意中发挥重要作用，对冠词的判断体现了译者的基本语言素养。例 46 减译的是连词，更加符合汉语意合而非形合的特点。有时判断是否减译是颇费心思的，如例 47：

例 47　If a door or the tailgate is open or not properly closed, or a card is in the passenger compartment the vehicle will not lock.

有道译文 如果车门或尾门打开或未完全关闭,或卡在乘客车厢内,车辆将无法锁定。

参考译文 如果有一扇车门或后备厢没有关闭,或者有一张卡落在乘客厢内,车辆将无法锁止。

分析 此句来自一款车的使用说明书,原文画线的两处 a door 和 a card 都有不定冠词 a,有道翻译都进行了减译。但考虑到车辆的实际使用情况,均应该翻译出来,如参考译文所示。因此是否减译需要对语用和语义进行仔细分析。

(二) 简洁化表达

鉴于英语是逻辑外显的语言,科技翻译交流的简洁化是英译汉时减译的一个重要理由。

例 48 The temperature needed for this processing is lower than that needed to melt the metal.

译文 这一加工工艺所需的温度低于该金属的熔点。

分析 例 48 中采用规范术语"熔点"取代直译文中的"加工工艺所需要的温度",使译文更加简洁清晰。

例 49 Genetic modifications could lead to an increase disease and pest resistance and to the production of new cultivars with improved pest and disease resistance to promote more environmentally acceptable alternatives for food.

译文 1 基因改造能够导致抗病虫能力的增加以及新的具有较强抗病虫能力的品种的产生,从而为粮食生产提供了更多适应环境的选择。

译文 2 基因改造能够增强作物的抗病虫能力,能够研制出抗病虫能力强的作物新品种,从而为人类提供更为丰富的环保食品。

分析 例 49 中的谓语动词 lead to 是形式连接词,没有实义,在译为汉语时建议删除,试对比译文 1 和译文 2。科技文本中由于主语和宾语(或表语)使用名词化结构的习惯,谓语部分较为薄弱,常行使形式连接的功能,因此在英译汉时需要注意对谓语部分的省略,使译文更为简洁自然。

例 50 At a large terminal railway station, the work of the stationmaster is largely administrative because of the extent of the operations and the staff of which he is in command.

译文 在大的铁路终点站,站长的工作主要是行政管理性的,这是由于车站运营范围广,工作人员多。(方梦之、范武邱,2015:132)

分析 本例中 which he is in command 是英语语言逻辑外显的表现,译为汉语时可以减译,因为信息都已蕴含其中。

(三) 冗余内容的减译

无论是英译汉还是汉译英,在信息处理时不仅要注意分析原文信息翻译的必要性,还

要考虑英汉差异问题,如下例:

例 51 Genetically modified foods (GM foods, or biotech foods) are foods derived from genetically modified organisms.
有道译文 转基因食品(转基因食品或生物技术食品)是从转基因生物中衍生出来的食品。
参考译文 转基因食品(GMF)是源自转基因生物的食品。
分析 有道翻译对原文括号中的信息做了保留,分析发现,将 GM foods 翻译为"转基因食品"与括号外的信息重复,是没有理解原文括号的用意——列出简称;另外将 biotech foods 翻译为"生物技术食品"也是不恰当的,因为汉语中所谓生物技术(biotechnology)是指用活的生物体来改进产品、改良植物和动物,或为特殊用途而培养微生物的技术。通过各种生物技术把现有的食物进行改良,如基因工程、酶工程等使食物获得新的性状,这就是"生物技术食品",显然,它的内涵比"转基因食品"要大。因此建议翻译时删除 biotech foods,如参考译文。

五、重复法

重复是汉语修辞的特点。英译汉时为了明确、强调或生动,往往需要将一些关键性的词加以重复。如下例所示:

例 52 This suggests that matter can be converted into energy, and vice versa.
原译 这表明,物质能够转化为能量,反之亦然。
改译 这表明,物质能够转化为能量,能量也可以转化为物质。

例 53 A study of life processes is really an investigation into the function of cells.
原译 对生命过程的研究事实上是对细胞功能进行调查。
改译 科学家对生命活动的研究事实上是对细胞活动的研究。
需要说明的是,进行科技英汉翻译时重复法的使用难点是在语境中识别英语的同义表达。
汉译英相对应的"减重复"这一问题更具有探讨的价值,如下例:

例 54 按照传统说法,化学已逐步发展成了四大分支:有机化学、无机化学、物理化学和分析化学。
译文 Traditionally, chemistry has evolved into four provinces: organic, inorganic, physical and analytical chemistry.

例 55 材料首先发生弹性变形,然后发生塑性变形。
译文 The material will deform at first elastically and then plastically.

在汉译英中除了"减重复"外,还通过丰富表达的多样性来避免重复,如下例:

例 56　许多人造材料正用来取代<u>天然材料</u>,这是因为<u>天然材料</u>的数量不能满足日益增长的要求。

译文　Many man-made substances are replacing certain <u>natural materials</u> because the quantity of the <u>natural product</u> cannot meet our ever-increasing requirement.

例 57　在这些<u>系统</u>中,MELD 评分<u>系统</u>是最常用的<u>系统</u>。

译文　Among these systems, the MELD scoring <u>system</u> is the most commonly used <u>one</u>.

六、变译法

"变译是非完整性翻译,它是为了满足特定条件下特定读者的特殊需求,所采取的智能活动和符际活动。"(黄忠廉,2012)常见的八种变通手段包括:增、减、编、述、缩、并、改、仿。这八种手段又组织成了十二大变译方法,即摘译、编译、译述、缩译、综述、述评、译评、改译、阐译、译写、参译、仿作(黄忠廉、陈元飞,2016)。以上诸法均适用于科学技术、人文社科等领域,均求"多快好省"地传达原文信息(黄忠廉、李明达,2014)。以下案例来自科普杂志中的新闻特写翻译。

(一) 为寓趣而变译

科普杂志不仅讲求排版生动有趣,也追求文字活泼有趣。我国首届吴大猷科学普及著作奖获得者、时任上海交通大学科学史系主任的江晓原(2006)在谈到"开发科学的娱乐功能"时说:"科学确实可以有娱乐大众的功能,开发这种功能,应该是科学文化传播的重要内容……科学是一种文化资源,要将这一资源转化为公众可以轻松享用的精神佳肴。"译者如何运用变译方法实现"寓趣"的目的?见下例:

例 58　Which Came First, the Feather or the Bird?
A long-cherished view of how and why feathers evolved has now been overturned.

译文　它是恐龙还是鸟?(《科学人》2003/04)
<u>先回答下面三个问题:</u>
<u>1) 有羽毛的动物就是鸟类?</u>
<u>2) 先有鸟才有羽毛?</u>
<u>3) 羽毛是鸟类为了飞行才演化出来的?</u>
<u>答案是:以上皆非!</u> 最近在中国辽宁省发现的许多恐龙化石都有羽毛,使得过去对于鸟类及羽毛的看法全都得推翻!

分析　结合杂志该页的插图是一个似恐龙又似鸟的动物,译者采取了变译策略(改写

+译写),将标题改写为"它是恐龙还是鸟?",抓住了读者的兴趣;又把传统的、普遍接受的观点编成智力游戏,让读者猜测判断,然后给出意想不到的答案。这种变译的做法既传递了知识,又使读者获得了有趣的阅读体验。

例59 ULTIMATE CLOCKS

Atomic clocks are shrinking to microchip size, heading for space—and approaching <u>the limits of useful precision.</u>

译文 终极时钟(《科学人》2002/11)

追求精准的极致,是科学家的梦想:

要让原子钟朝着微晶片的尺寸缩小,飞上太空,并将每秒的精准度<u>推进至0.000000000000000000001 秒</u>。

分析 在导语的翻译中,译者并没有将 the limits of useful precision 直译为"终极可用精度",而是改为以数字的形式来呈现极高的精确度,读者在清点小数点后面 21 个"0"的过程中必然被译者的幽默感逗乐了。

李正伟(2007)曾说:"中国的受众对于各种形式的科学传播甚至包括国外受欢迎的科学传播形式如科学传播作品等都不怎么热衷,一方面原因在于科学本身依然难以充满娱乐性,因此难以为一般公众所接受;另一方面,这也是传统科普在作祟。……公众的需求没有得到科学传播工作者的了解。"在科普杂志翻译中要重视公众的实际需求,这就是要贴近公众需求,要"求近"。

(二) 求近而变译

"科技新闻工作者提供的科学信息必须是与大众相关或者能为他们所接近的,这样科技新闻工作者才架起了科学家和公众之间的桥梁。"(Reinertsen,2016)对于读者来说,内容与读者相关最为重要,这就要求科普新闻要尽量地贴近群众,具体来说,"要努力从时间上贴近读者、从地域上接近读者、还要特别重视心理上的接近性"(刘新,2009)。要实现"求近"之目标,可以借助变译策略,如下例:

例60 DETECTING NUCLEAR SMUGGLING

Radiation monitors at <u>U.S. ports</u> cannot reliably detect highly enriched uranium, which onshore terrorists could assemble into a nuclear bomb.

译文 核武器走私防不胜防(《环球科学》2008/05)

<u>出入境港口</u>的放射性物质监测器无法可靠检测出高浓缩铀。这种材料一旦被偷运入境,就可能被恐怖分子组装成原子弹,后果不堪设想。

分析 译者考虑到问题的普遍性,删除了原文中的"美国港口"(U.S. ports),同时也拉近了新闻事件与中国读者的地域距离。

此外,要实现求近的目的,还可以从建立新闻与本土读者的利益、文化常识和日常生

活的关联性入手,如下例:

例 61 Islands of Genius
Artistic brilliance and a dazzling memory can sometimes accompany autism and other developmental disorders.

译文 孤岛般的雨人天才(《科学人》2002/08)
还记得电影《雨人》中的达斯汀·霍夫曼,那位一眼就可算出地上牙签总数的雷蒙吗?像这样集自闭症与超凡天才于一身,他们的异禀如孤岛一般,漂浮在谜样的大脑之中。这超凡的天才能力是怎么产生的?他们身边的亲人又如何自处?

分析 1988年上演的美国电影《雨人》让华人世界开始了解自闭症,译者使用改写的方法,通过熟知的电影情节来唤起读者对自闭症患者已有的感性认识,拉近读者与主题心理上的距离。

(三) 通俗化而变译

现代科普的目的之一是用公众易于接受的方式来传递科学信息,如《科学人》杂志在创刊号写的"透过最熟悉的语言,阅读以通俗笔调写作的高水平科学报道";又如《环球科学》杂志2007年第三期题为"科学的话语体系"的前言中写道:"将科学家专业严肃的话语体系,翻译成公众的话语体系,通俗、准确地传播科学知识。"无论是《科学人》还是《环球科学》杂志都注意通过编译的方式阐释某一科学概念或者解释原导语中的预设内容,进行内容的通俗化处理,如下例:

例 62 What Birds See
Evolution has endowed birds with a system of color vision that surpasses that of all mammals, including humans.

译文 鸟眼看世界:更缤纷的色彩(《环球科学》2006/08)
人类视觉系统只有3种视锥细胞,因此在缤纷的世界中,即使面对似锦的繁花,我们也可能犹如色盲,常常对一些色彩"视而不见";而鸟类独特的视觉系统,拥有4种视锥细胞,能辨别出更多色彩,看见的世界也更加绚丽多彩,远远超越了人类。

分析 本例开头译者译写了信息,解释人类的视觉系统为什么不及鸟类之科学原委,然后说明鸟眼能看到更缤纷色彩的原因,填补了大众读者的逻辑断层,增强了译文的通俗性。

例 63 THWARTING NUCLEAR TERRORISM
Many civilian research reactors contain highly enriched uranium that terrorists could use to build nuclear bombs.

译文 遏止恐怖组织的核武装(《环球科学》2006/03)

世界各地有许多采用高浓缩铀为燃料的民用核设施,极易成为恐怖组织瞄准的目标:<u>只要搞到一定数量的高浓缩铀,就能制造出威力巨大的简单型核弹,对世界施以核威胁和核恐怖</u>。

分析 译者采用译写阐释了恐怖分子获得铀为什么能带来危险,从而让读者对相关技术有了更清晰的认同和期待。

除了用译写来阐释专业内容外,鉴于标题和导语的简洁性特点,专业概念的删除不译也是《环球科学》和《科学人》译者实现通俗化的常用方法,如下例:

例 64 PLASMA ACCELERATORS

译文 桌面上的加速器(《环球科学》2003/06)

分析 本例编译者删除了"等离子体"这样的专业词汇,增加了"桌面上的",使标题能够为普通读者所接受,降低了读者的阅读难度。

(四) 开启对话而变译

现代科普是科学交流,其与传统科普的重要差异之一是从"单向交流"到"双向交流",因此在科普杂志翻译中,开启与大众读者的对话是重要的变译理由。科普杂志通过使用提问式导语和直呼式导语、在标题中使用设问修辞,或使用第一人称和第二人称代词来开启与读者的对话,如下例:

例 65 New discoveries about the rules governing how genes encode proteins have revealed nature's sophisticated "programming" for protecting life from catastrophic errors while accelerating evolution.

译文 从 DNA 到蛋白质,四种核苷酸对应到 20 种氨基酸,这么多种排列组合,为什么偏偏是现在我们看到的这种配对?是巧合?还是天择的结果?(《科学人》2004/05)

例 66 Random networks of tiny carbon tubes could make possible low-cost, flexible devices such as "electronic paper" and printable solar cells.

译文 你能想象电子数码产品像纸一样便宜吗?制造太阳能电池用复印机批量复印吗?借助无数微小碳管组成的随机网络,这些都将不再是梦想。(《环球科学》2007/06)

分析 对比例 65 和例 66 的原文和译文,可以看到译文中的设问是原文没有的,这正是变译的笔触。通过这些提问式导语的设计,译者实现了与大众读者开启对话的目的。

(五) 引导评价而变译

从 20 世纪 90 年代中期开始的科学传播模式——"情境模式"对科学传播设定了新的目标,即不是把信息传递给无知的大众,而是为大众评判科学技术所带来的伦理的、社会的和政治的意义赋予能力。如何在导语部分增补科学与政治、科学与社会、科学与伦理的内容？此类研究对实现现代科普使命具有现实意义，请看下例：

例 67　Smarter Use of NUCLEAR WASTE
　　Fast-neutron reactors could extract much more energy from recycled nuclear fuel, minimize the risks of weapons proliferation and markedly reduce the time nuclear waste must be isolated.

译文　巧用核废料（《环球科学》2006/01）
　　从再循环核燃料中提取更多能量——恐怖分子无法利用核燃料来制造核武器——对环境持续污染的潜在危险大大减少：<u>新型再循环核燃料及改进型快中子反应堆具有上述三大优点，这项实验型技术已成为世界各国和平利用核能的未来发展趋势，商业前景十分可观。</u>

例 68　The First Human Cloned Embryo
　　Cloned early-stage human embryos — and human embryos generated only from eggs, in a process called parthenogenesis — now put therapeutic cloning within reach.

译文　第一个复制人胎（《科学人》2002/03）
　　<u>2001 年 12 月，一群美国科学家发表了复制人胚胎的研究成果，在国际间引起了相当大的震撼与热烈讨论。</u>这群科学家强调，复制人胚胎可为医疗复制提供源源不断的干细胞；<u>但是，技术上的困难与重重的道德考量，却是复制热潮背后值得我们再三深思的议题。</u>

分析　例 67 通过译写增补了巧用核废料技术的重要社会意义，例 68 的改译并不是增补新技术如何造福人类，而是引导读者辩证地思考技术给人类社会带来的挑战。这种改译不仅启发大众学习知识，并且思考技术之于社会的关系。

（六）政治守门而变译

"政治守门"（Gatekeeping）指的是一个审查过程，这个过程要确定某一信息是否适合传播，采取哪种方式传播？如出版、广播、网络等。政治是作为新闻报道首先要保证的品质，正如章彤（1999）所说："科技新闻记者应具备政治素养，因为科技新闻本身是上层建筑的一部分，与经济、社会、文化等有着千丝万缕的联系。"在翻译过程中科普杂志译者也需要有政治敏感性，如下例：

例 69　Space Wars coming to the sky near you
　　A recent shift in U.S. military strategy and <u>provocative actions by China</u> threaten to ignite a new arms race in space, but would placing weapons in space be in anyone's national interest?

译文 太空武器和太空战争（《环球科学》2008/03）
外太空已成为新的军事"要地"：环绕在地球轨道上的太空武器，不仅能摧毁同处于太空的敌方卫星，还能向地面目标发起致命攻击。以美国为代表的科技大国纷纷研制太空武器，太空军备竞赛一触即发。面对来自太空的武器威胁，我们将如何应对？

分析 原文针对的是美国读者，在导语中有中国威胁论的言辞，而《环球科学》采取删译策略删除了 provocative actions by China。

欧洲翻译研究代表学者吉里·列维（Hermans, 1999）强调：翻译是一个选择的过程；这种选择包括翻译文章的选择、句子结构、词语和标点符号的使用，甚至是拼写，从宏观到微观的一系列内容。译写、改译、改写、减译和删除等变译策略在翻译中发挥重要作用，较直译和意译策略更能够帮助译者选择和完成以受众为中心的传意。

科技文本的体裁多样，除了科普文本，其他如产品手册、产品说明书等文本也不能以信息对等作为唯一翻译标准，需要采用合适的变译策略，如增加信息、删减信息、改写信息、阐释信息等，也有较大程度的摘选组合信息，从而实现译文的使用目的。

第三节　科技文本中的疑难句型

科技文本翻译中的疑难句型常见的有倍数句、否定句、定语从句以及长句等，此四种句型对英汉和汉英两个翻译方向均构成翻译陷阱。对于科技翻译教材来说，这一部分是不可或缺的内容。

一、倍数句

英语和汉语倍数句的表达方式不同，"在表达倍数增加时，英汉两种语言恰好差一倍。英语常见的表示增倍数的句型有 increase N times、increase to N times、increase by N times、increase N fold、increase by a factor of N（傅勇林、唐跃勤，2012：126），这些句型表达的意思都是"增加到 N 倍"，或者"增加了 N—1 倍"。如下例所示：

例1 With the result of automation, productivity has increased by 5 times in that factory.
译文 自动化技术的采用使得该厂产量增加了四倍。

例2 The production of steel has been increased four times as against 1990.
译文 钢的产量与1990年相比增加了三倍。

例3 The speed exceeded the average speed by a factor of 3.2.

译文 该速度超过平均速度 2.2 倍。

例 4 The value of the house has increase four fold since 1990.
译文 房价自 1990 年以来增加了三倍。

例 5 This thermal power plant（热电站）is four times larger than that one.
译文 这个热电站比那个热电站大三倍。

倍数减少的句型主要有"decrease/drop/reduce(to)＋N times；N-fold reduction；N times less than；reduce by a factor of N"，表达的句型多种多样，表达的含义都是"减少到 1/N"。如下例所示：

例 6 The speed of the machine was decreased by a factor of five.
译文 这台机器的转速降低了 80％。

例 7 The voltage has dropped five times.
译文 电压降低了 80％。

例 8 The error probability of the equipment was reduced by 2.5 times through technical innovation.
译文 通过技术革新，该设备的误差概率降低了 60％。

例 9 The hydrogen atom is nearly 16 times as light as oxygen atom.
译文 氢原子的质量大约是氧原子的 1/16。

例 6—8 三个案例中，首先保证数字的准确理解，考虑到汉语的语感是净增的百分数，所以将分数再转为百分数。又如下例：

例 10 The wire is two times thinner than that one.
译文 1 这根导线是那根导线的二分之一细。
译文 2 这根导线的截面积是那根导线的二分之一。

例 11 This metal is three times as light as that one.
译文 1 这种金属比那种金属轻三分之二。
译文 2 这种金属的密度是那种金属的三分之二。
分析 我们可以按照原文理解做出译文 1，然后增补逻辑再润色译文，如译文 2。

注意在翻译过程中,如果增减倍数句型中基数 N 比较大,"N—1"中的"1"可以忽略不计,如下例:

例 12　The sun is 330,000 times more massive and a million times more bulky than the earth.

译文　太阳的质量比地球大 33 万倍,体积比地球大 100 万倍。

二、否定句

英汉否定句的表达存在差异,对于汉语来说,句法中只需要在否定的词前面加上"不是"等否定词即可,如"我要去看电影",要否定句子中的部分只需要将"不"放到要否定的词之前,如"不是我要去看电影""我不是要去看电影""我要去看的不是电影"等,因此否定的表达在中文句法中是比较直观的,而英语语法中的"否定转移"是英语语法的难点之一,在科技翻译中否定概念的翻译是典型的翻译陷阱,以下分为五种结构进行阐释:

(一) 否定句的重点常常在 too、enough 或前缀 over-上

例 13　In doing an experiment, you cannot be careful enough.

译文 1　做实验时怎么仔细也不算过分。

译文 2　做实验时越细心越好。

分析　本例中否定词 not 否定的是句中的 enough,因此原句应理解为"… you can be careful not enough."。

例 14　We cannot emphasize too strongly that the principles of chemistry derive from experiment.

译文　化学原理是从实验中总结出来的,这一点我们怎么强调都不过分。

分析　本例中的否定词 not 否定的是 too strongly,因此原句应理解为"We can emphasize not too strongly that…"。

例 15　The importance of preloading of bolts cannot be overestimated.

译文 1　螺栓预加载荷的重要性不能被过高地估计。

译文 2　螺栓预加载荷的重要性无论怎样估计都不为过。

分析　本例中的否定词 not 否定的位置是 overestimated,因此原句应理解为"The importance of preloading of bolts can be not overestimated"。

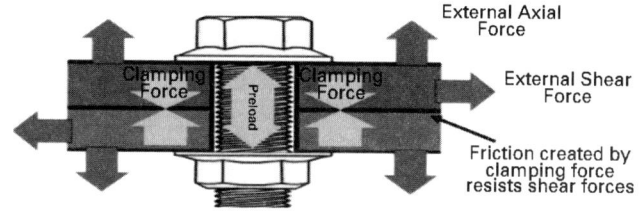

图 4-2　螺栓预加载荷

(二) 形式上否定在主句,实际上否定的重点往往在从句中

例 16 We don't believe that computers can replace man in every field.

译文 我们认为计算机不可能在所有领域代替人。

分析 本例中的否定词 not 否定的位置在从句中,因此原句应理解为"We believe that computers cannot replace man in every field."。

例 17 We don't choose our favorite color as we grow up; we are born with our preference.

译文 我们并非是在成长过程中才选择我们喜爱的颜色,我们对颜色的偏爱是与生俱来的。

分析 本例中的否定词 not 否定的位置在从句中,因此原句应理解为"We choose our favorite color not as we do grow up; we are born with our preference."。

例 18 The absence of air also explains why the stars do not seem to twinkle in space, as they do from the earth.

译文 太空里没有空气,这就是恒星在太空里看起来不像从地球上看上去那样闪烁的原因。

分析 本例中的否定词 not 否定的位置在从句中,因此原文应理解为"...why the stars seem to twinkle in space, not as they do from the earth."。

(三) 表示程度、方式和频度的状语往往是否定的重点

例 19 Most plastics do not conduct heat or electricity readily.

译文 大多数塑料不容易传热或导电。

分析 本例中否定词 not 否定的位置在 readily 前,故原文应理解为"Most plastics conduct heat or electricity not readily."。

例 20 We don't control the circuit with that kind of switch.

译文 我们不用那种开关控制电路。

分析 本例中否定的位置在 with that kind of switch 之前,故原文应理解为"We control the circuit not with that kind of switch."。

例 21 This machine does not run smoothly.

译文 这台机器运转不平稳。

分析 本例中否定的位置在 smoothly 之前,故原文应理解为"This machine runs not smoothly."。

(四) no/none 位于主语或宾语之前时,否定的重心往往是谓语

例 22 None of the inert gases will combine with other substances to form com-

pounds.
译文 惰性气体均不会和其他物质化合生成化合物。

例 23 No ordinary window can withstand so large a force.
译文 普通的玻璃均经受不了这么大的力。

(五) 否定句中的 **all、every** 等往往可能是否定的重点

例 24 All metals are not good conductors.
译文 并非所有的金属都是良导体。

例 25 All these various losses do not in any way contradict the law of conservation of energy.
译文 所有这些形形色色的能量损失都丝毫不违背能量守恒定律。

例 26 In a thermal power plant, all the chemical energy of fuel is not converted into heat.
译文 在热电厂,燃料的化学能并不都转变为热能(C.F. 所有燃料的化学能都不转变为热能)
分析 例 25 和例 26 的结构非常相似,但例 25 是全部否定,而例 26 是部分否定,译者在语法上判断不清时可以根据逻辑意义来辅助判断。

三、定语从句

定语从句的一般做法是翻译成"……的"结构,如下例:

例 27 The electricity, which we use for electric lamp and fans, is produced by generators.
译文 电灯和电扇用的电是由发电机产生的。

例 28 People who live in the areas where earthquakes are a common occurrence should build houses that are resistant to ground movement.
译文 居住在地震多发地区的人们应该建造能够抗震的房屋。

定语从句执行状语功能的用法在科技文本中也很常见,许多译者因为对这种功能不熟悉或者对其中的逻辑关系辨别不清,导致译文信息和逻辑不清楚,无法进行有效的科技交流,如下例:

例 29 Copper, which is used to widely for carrying electricity, offers very little re-

sistance.
译文 铜之所以广泛用于输电,是因为其电阻很小。

例 30 The lungs are subject to several diseases which are treatable by surgery.
译文 肺容易患多种疾病,这些疾病均可以通过手术得到治疗。

例 31 We know that a cat, whose eyes can take in many more rays of light than our eyes, can see clearly in the night.
译文 我们知道由于猫的眼睛比人的眼睛能吸收更多的光线,所以猫在黑夜也有很好的视力。

例 32 The melting point of steel the carbon content of which is lower is higher.
译文 钢的含碳量越低,其熔点就越高。

有时,是翻译成"的……"结构还是逻辑关系,需要根据语义来判断,如下例:

例 33 Einstein, who worked out the famous Theory of Relativity, won the Nobel Prize in 1921.
译文 1 爱因斯坦因为创立了著名的相对论,因此在 1921 年获得诺贝尔奖。
译文 2 爱因斯坦创立了著名的相对论,并于 1921 年获得诺贝尔奖。
分析 此句中的常见错误是因为爱因斯坦的相对论理论比较著名,容易将其获得诺贝尔奖归因于爱因斯坦提出的相对论,而事实上爱因斯坦是凭借其光电理论获得诺贝尔奖的。

在汉译英中使用定语从句表达状语功能,与使用状语从句相比,译句更为紧凑,如下例:

例 34 如果医院里用了计算机,诊断就会更快,更准确。
译文 In hospitals <u>where computers are used</u>, diagnosis becomes quicker and more accurate.

例 35 如果物质只包含相同性质的原子,就称之为元素。
译文 Substances <u>that contain only atoms with same properties</u> are called elements.

四、长句

科技文本英译汉中长句的翻译难点主要在于分译和排序,采用分译法翻译长难句是通常的做法,但是分译后的排序问题更为重要,如下例:

例 36 You must fix in mind the symbols and formulas, definitions and laws of physics, no matter how complex they may be, when you come in contact with them, in order that you may understand the subject better and lay a solid foundation for further study.

译文 为了更好地了解物理学,并为进一步学习打好坚实的基础,当你接触物理学中的符号、公式、定义和定理时,不管它们有多么复杂,你必须将其牢牢记住。

分析 本例可以拆译为4个小句,即"You must fix in mind the symbols and formulas, definitions and laws of physics""no matter how complex they may be" "when you come in contact with them"和"in order that you may understand the subject better and lay a solid foundation for further study";然后按照汉语的内在逻辑——先原因再结果,凭借汉语语感完成译文。

例 37 He flew back a few hours ago from Hawaii where he had spent his vacation on the beach with his wife after the completion of an international conference on environment protection in Tokyo.

译文 他在东京参加了国际环保大会,后去了夏威夷海滩与妻子一起度假,几个小时前才坐飞机回来。

分析 本例可以拆成3个分句,即"He flew back a few hours ago from Hawaii""he had spent his vacation on the beach with his wife"和"the completion of an international conference on environment protection in Tokyo";然后按照汉语的内在逻辑——从过去到现在,完成译文,并用汉语语感检验。

例 38 By filling the antenna cavity with polymer instead of air, <u>we can achieve a flat surface for subsequent processing by standard technology that is amenable to mass production</u>.

有道译文 通过用聚合物代替空气填充天线腔,我们可以获得一个平坦的表面进行后续加工,这是一种适合大规模生产的标准技术。

修改译文 用聚合物代替空气填充天线腔体,可以获得平面结构,便于在后续加工制作时采用标准技术批量进行。

分析 原文画线处由3个小句信息组成——"we can achieve a flat surface"(获得平坦表面)"for subsequent processing by standard technology"(后续采用标准技术加工)和"that is amenable to mass production"(适合批量生产),3个小句在译文中的排列顺序是由彼此间的逻辑关系决定的,即结合制造技术实践,我们知道平坦的表面有利于在标准加工中夹持,而批量加工采用的一般是标准技术,修改逻辑关系后我们可以得到准确的译文。

还有一种拆译后小句的叙述方式是由专业表述习惯决定的,如下例:

例 39　The telephone system can be divided into three networks: the local network, which ties customers to their respective local switching offices; the trunk network, which interconnects the switching offices; and the long-distance network between cities.（谢晓苑用例）

译文 1　电话系统可分为三种网络:将用户与当地中继局相连的局域网,连接各中继电话局的干线网,以及将各个城市相连接的长途网。

译文 2　电话系统可分三种网络:局域网、干线网和长途网。局域网把用户分别和当地的中继局连接起来;干线网把各中继电话局相互连接起来;而长途网则把各城市连接起来。

分析　与译文 1 相比,译文 2 先将并列要素总体说完,再一一描述,这是技术交流中的习惯做法,是更具有专业交流性的译文。

长句的翻译难点还特别体现在汉译英时如何选择焦点信息做主句,并用合适的连接方式附着小句;或将并列结构的汉语长句转译为英语的主从复合句。见下例:

例 40　医学不是一门独立学科。医学是需要学问的职业。它深深地植根于许多学科中。医学的责任是要应用科学知识造福人类。（王大伟用例）

有道译文　Medicine is not an independent discipline. Medicine is a learned profession. It is deeply rooted in many disciplines. The duty of medicine is to apply scientific knowledge for the benefit of mankind.

参考译文　Medicine is not a science but a learned profession deeply rooted in a number of sciences and charged with the obligation to apply them for man's benefit.

分析　译文使用了动词的过去分词和不定式等转化形态,减少了动词的数量,而且还将多个层次的意义巧妙地嵌入了主句中,完成了向英语链式结构的转换。

例 41　汽油是一种神奇的液体,有了它汽车才能够开动,而这种神奇的液体来自石油,因此我们每个人都不难意识到人类生活对石油的依赖程度。

有道译文　Gasoline is the magic liquid that makes cars run, and the magic liquid comes from oil, so it's not hard for any of us to realize how much our lives depend on it.

参考译文　Everyone realizes to what extent the world is dependent on petroleum as the source of that magical fluid, gasoline, which has made the automobile possible to drive.

分析　对于汉语的流水句,机器译文常常是松散的句子群,显然不符合英语句式的习惯。而将汉语句子群转为英语主从复合句，译者面临的困难在于汉语句子间逻辑关系的构建，以及连接成句的恰当方式，最后还有英语语感的检验。显然，相比长句的英译汉，长句的汉译英更为困难。

第四节　科技译者交流能力综合训练

本节将对前文提及的常用翻译方法在科技翻译中的应用进行综合展示。

案例一

Irish dolphins may have a unique dialect

Irish scientists monitoring dolphins living in a river estuary in the southwest of the country believe they may have developed a unique dialect to communicate with each other①.

The Shannon Dolphin and Wildlife Foundation(SDWF) has been studying a group of up to 120 bottle-nose dolphins in the River Shannon using vocalisations collected on a computer in a cow shed near the River Shannon②.

As part of a research project, student Ronan Hickey digitised and analysed a total of 1,882 whistles from the Irish dolphins and those from the Welsh dolphins on a computer and separated them into six fundamental whistle types and 32 different categories. Of the categories, he found most were used by both sets of dolphins—— but eight were only heard from the Irish dolphins.

"We are building up a catalogue of the different whistle types they use and trying to associate them with behaviour like foraging, resting, socialising and the communications of groups with calves③," project leader Simon Berrow said. "Essentially we are building up what is like a dictionary of words they use or sounds they make."

Berrow, a marine biologist, said the dolphins' clicks are used to find their way around and locate prey. The whistles are communications④. "They do a whole range of other sounds like barks, groans and a kind of gunshot," he said. "The gunshot is an intense pulse of sound. Sperm whales use it to stun their prey⑤."

When I first heard it I was surprised as I thought sperm whales were the only species who used it. We can speculate the dolphins are using it for the same reason as the sperm whales," Berrow said.

References in local legend indicate there have been dolphins in the Shannon estuary for generations and they may even have been resident there as far back as the 6th century⑥.

They are regularly seen by passengers on the Shannon ferry and an estimated

25,000 tourists every year take special sightseeing tours on local boats to visit them⑦.

参考译文

说"爱尔兰语"的海豚

爱尔兰科学家对居住在爱尔兰西南河口的一群海豚进行观察,发现它们可能在用一种本水域海豚特有的土语与同伴进行交流①。

香农海豚和野生动物基金组织一直在对香农河口多达 120 只宽吻海豚进行观察,他们在河边的小牛棚里安装了一台计算机,来收集海豚的声音②。作为这个项目的一部分,由一名叫罗南·西基的学生利用计算机对收集到的 1882 种爱尔兰海豚哨音与威尔士海豚的哨音进行了数字化的分析对比,罗南·希基把它们分为六大类 32 小类。分类结果显示大多数哨音是两个水域的海豚所共有的,而有 8 种哨音是爱尔兰海豚特有的。

"我们正在着手创建一份海豚啸声目录,来记录下不同的啸声,并试图将这些啸声与海豚不同的行为,如捕食、休息、交际及亲子等相联系③,"项目的负责人西蒙·贝鲁说,"更确切地说,我们创建的是一本收录海豚的发音和词汇的字典。"

贝鲁本人是一名海洋生物学家,他说海豚发出的咔嗒声是用来识别方向和定位猎物的,而哨音主要用于交流④。"海豚还能发出许多种不同的叫声,如犬吠声、叹息声还有种射击声。射击声是一种猝发脉冲声,巨头鲸发出这种射击声来击昏猎物⑤。"

"当我第一次听到海豚发出这种射击声时,我非常惊讶,因为我一直以为这种声音是巨头鲸的独家本领。我们可以推断海豚发出射击声波与巨头鲸有着相同的作用,"贝鲁说。

根据当地传说,海豚在香农河繁衍生息已有数代,它们早在公元六世纪就是这里的居民。今天香农河上泛舟的游人时常能看到它们的身影,据估计每年有大约两万五千多名游客专程来到这里,一睹它们的芳容,倾听它们神秘的"爱尔兰语"⑥⑦。

句① Irish scientists monitoring dolphins living in a river estuary in the southwest of the country believe they may have developed <u>a unique dialect</u> to communicate with each other.

译文 爱尔兰科学家对居住在爱尔兰西南河口的一群海豚进行观察,发现它们可能在用<u>一种本水域海豚特有的土语</u>与同伴进行交流。

分析 此句是由 3 个小句组成,首先采用分译法拆句,然后根据因果关系译出,画线处的 unique 一词可根据上下文语境,将"独特"之义具体化为"本水域海豚特有的土语"。值得一提的是,具体化引申特别需要译者根据上下文为读者扫清理解障碍。

句② The Shannon Dolphin and Wildlife Foundation (SDWF) has been studying a group of up to 120 bottle-nose dolphins in the River Shannon using vocalisations collected on a computer in a cow shed near the River Shannon.

译文 香农海豚和野生动物基金组织一直在对香农河口多达 120 只宽吻海豚进行观察,他们在河边的小牛棚里安装了一台计算机,来收集海豚的声音。

分析 此句是一个长句,包含数层小句如"The Shannon Dolphin and Wildlife Foundation (SDWF) has been studying a group of up to 120 bottle-nose dolphins in the River Shannon","using vocalisations collected on a computer"和"in a cow shed near the River Shannon",然后按照汉语的习惯组织小句。

句③ We are building up a catalogue of the different whistle types they use and trying to associate them with behaviour like <u>foraging, resting, socialising and the communications of groups with calves</u>.

译文 我们正在着手创建一份海豚啸声目录,来记录下不同的啸声,并试图将这些啸声与海豚不同的行为,如<u>捕食、休息、交际及亲子</u>等相联系。

分析 此句中的难点在于翻译 foraging, resting, socialising and the communications of groups with calves,特别是 the communications of groups with calves,达到科普文生动有趣的交流效果。

句④ Berrow, a marine biologist, said the dolphins' <u>clicks</u> are used to find their way around and locate prey. The <u>whistles</u> are communications.

译文 贝鲁本人是一名海洋生物学家,他说海豚发出的<u>咔嗒声</u>是用来识别方向和定位猎物的,<u>而哨音</u>主要用于交流。

分析 此处的翻译难点在于辨析前后句的关系,以及准确翻译术语 clicks 和 whistles,根据关于海豚的知识,可以判断前后句是对照关系,因此用"而"连接。

句⑤ They do a whole range of other sounds like <u>barks, groans</u> and a kind of gunshot. The gunshot is an <u>intense pulse of sound</u>. Sperm whales use it to stun their prey.

译文 它们(海豚)还能发出许多种不同的叫声,如犬吠声、叹息声还有种射击声。射击声是一种<u>猝发脉冲</u>,巨头鲸发出这种射击声来击昏猎物。

分析 此句的翻译难点在于识别并准确翻译海豚的各种叫声,根据查阅的海豚知识——"海豚发出的声音有哨音、猝发脉冲声、咔嗒声三种,频率从 0.25 千赫兹到 220 千赫兹。由于 20 千赫兹以上非人耳可听,某些频率的<u>猝发脉冲声</u>声波甚至可以把猎物击昏和杀死,因此人类的所谓海豚音实际是归于哨音范围,频率从 5 千赫兹到 15 千赫兹(动物网)"等,可以准确译出 barks、groans 和 intense pulse of sound 等术语,实现较好的交流效果。

句⑥⑦ References in local legend indicate there have been dolphins in the Shannon estuary for generations and they may even have been resident there as far back as the 6th century. They <u>are regularly seen by passengers</u> on the Shannon ferry and an estimated 25,000 tourists every year take special sightseeing tours on local boats to <u>visit them</u>.

译文 根据当地传说,海豚在香农河繁衍生息已有数代,它们早在公元六世纪就是这里的居民。今天,香农河上泛舟的旅人时常能看到它们的身影,据估计每年有大约两万五千名游客专程来到这里,一睹它们的芳容,倾听它们神秘的"爱尔兰语"。

分析 考虑到科普文文学性的一面,译者可以对文中非技术性概念进行修辞性引申,创造译文的文学美,令读者身心愉悦,如原文中画线处分别译为"时常能看到它们的身影"和"一睹它们的芳容,倾听它们神秘的'爱尔兰语'"。为了获得较好的文学性,此处采用了意译和译写的翻译方法。

案例二

Robots in Rail Manufacturing Technology Day

2009-04-24 ABB Robotics will be exploring and demonstrating the key reasons justifying robotic technology investment within the rail industry①.

ABB's dedicated technology and software will be put to the test on the 4th June 2009 in Milton Keynes where ABB will be demonstrating robot solutions to a host of rail manufacturers that are already transforming other businesses across a wide range of industries with new levels of competitiveness and productivity through safe, flexible and speedy robot automation②.

This is an opportunity for the rail industry to share this day with us and experience how robots could have a key role to play in their processes and to demystify the common misconceptions of cost and complexity that may be preventing this sector from realising the massive benefits that using robots can bring③.

● **First hand experience**

A keynote speaker from the metal fabrication industry will be offering 'first hand experience' of how his company has already integrated robot technology into their own manufacturing processes④.

● **Demonstrations and break out sessions**

A comprehensive range of live robot demonstrations covering a multitude of associated applications found within the rail environment will be displayed and discussed.

● **An opportunity to visit all three break out sessions covering:**

• An introduction to 'hands on' training—the basic principles of how to make a robot move.

• An insight into our 3D robotics simulation suite.

• Demonstrating the technology behind monitoring a robot health whilst in production with our Remote Service offering.

The proven benefits

ABB robots are equipped with the latest technology to deal with a wealth of applications such as riveting, welding, assembly, material handling, machine tending, painting, inspection and de-burring amongst others. Manufacturers who have introduced robots to their processes have typically seen a significant increase in productivity and efficiencies, with higher levels of output, product quality and flexibility amongst the improvements reported⑤.

句① ABB Robotics will be exploring and demonstrating the key reasons justifying robotic technology investment within the rail industry.

译文 1 ABB将探讨和展示在铁路工业投资机器人技术的重要理由。

译文 2 铁路制造业是否有必要投资机器人技术,ABB机器人业务部将给出最具说服力的理由。

分析 译文2和译文1相比,具有更鲜明的广告特征,如"给出最具说服力的理由",译文2的信息虽然与原文并不完全对应,但是很好地实现了原文本的目的:作为会议邀请函,吸引相关人士参会。

句② ABB's dedicated technology and software will be put to the test on the 4th June 2009 in Milton Keynes where ABB will be demonstrating robot solutions to a host of rail manufacturers that are already transforming other businesses across a wide range of industries with new levels of competitiveness and productivity through safe, flexible and speedy robot automation.

译文 1 ABB专业软件技术将于2009年6月4日在英国米尔顿·凯恩斯亮相,届时ABB公司将为众多铁路制造商展示各种机器人解决方案,目前这些方案已应用于许多工业领域,并以其安全、灵活、高效的机器人自动化技术全方位地改变着客户的生产力和市场竞争力。

译文 2 2009年6月4日ABB将在英国米尔顿·凯恩斯举办"铁路制造技术日",以丰富多样的专用技术和软件接受广大来宾的检验。届时,众多铁路制造商将亲眼看见各种机器人解决方案的现场演示。以安全性、柔性和速度著称的机器人自动化方案,现已广泛应用于其他诸多行业领域,在增强竞争优势、提高生产效率方面取得了累累硕果。

分析 对照原文,译文1信息完整,语言流畅,却比译文2稍逊一筹,原因在于译文2具有鲜明的交际色彩。如译文增加了"丰富多样的""广大来宾""取得了累累硕果",营造了行业宣传的气氛。

句③ This is an opportunity for the rail industry to share this day with us and experience how robots could have a key role to play in their processes and to demystify the common misconceptions of cost and complexity that may be preventing this sector from realizing the massive benefits that using robots can bring.

译文 1 本次研讨会 ABB 将与轨道交通运营商一起体验和分享机器人技术、展示机器人技术在铁路制造业的重要作用，并为与会者揭开制约该领域实现巨大经济利益在机器人成本和操作复杂性方面的症结。

译文 2 铁路制造业的来宾们将在这一天与 <u>ABB 展开积极互动</u>，一方面近距离体验机器人如何在本行业<u>扮演"生产中坚"的角色</u>；另一方面厘清行业内对机器人的成本及复杂性普遍存在的误解，找到制约机器人技术大规模惠及铁路业的症结。

分析 译文 2 与译文 1 相比，除了实现了信息的完整传递外，还在修辞上通过添加"积极互动""生产中坚"等字眼，实现了得体的修辞风格。

句④ A keynote speaker from the metal fabrication industry will be offering 'first hand experience' of how his company has already integrated robot technology into their own manufacturing processes

译文 1 来自金属制造厂的主题发言人将谈论该厂如何将机器人技术引进生产工业中亲身体验。

译文 2 来自金属加工业的一名主题演讲人将为<u>来宾们</u>带来"第一手资料"，就其公司如何融机器人技术于制造过程，<u>与大家分享宝贵经验</u>。

分析 译文 2 与译文 1 相比，行文更活泼，并关照读者，达到了很好的语用效果。

句⑤ Manufacturers who have introduced robots to their processes have typically seen a significant increase in productivity and efficiencies, <u>with higher levels of output, product quality and flexibility amongst the improvements reported</u>.

译文 1 将机器人技术引入生产工艺后，厂家均增加了产量、提高了质量和生产灵活性，实现了生产力和生产效率的显著提高。

译文 2 率先采用机器人技术的制造商在产能与效率方面都取得了质的飞跃，<u>报告显示其产量、品质、柔性等各项指标均大幅提升</u>。

分析 译文 2 与译文 1 相比，语言更加符合行业风格，且很好地进行分译，可谓佳译。

案例三

Welcoming Speech

Dear Colleagues,

On behalf of the American Society of Gene Therapy, welcome to the ASGT 9th Annual Meeting. We have organized a comprehensive meeting that we believe will be exciting for both the new and experienced scientists interested in gene therapy①.

This year's program features the George Stamatoyannopoulos lecture by C. David Allis, PhD and the Presidential Symposium presentation by Joseph Sodroski, MD. We are providing 14 Education Sessions; 17 Scientific Symposia; 16 Workshops plus oral and poster sessions chosen from submitted abstracts. We have continued the Meet-the-Investigator breakfast/lunch sessions, and included multiple options to attend a new topic—Choosing a Career Path: academia vs. biotech? We have also for the first time initiated an International Symposium, Manufacturing Symposium, and a late breaking scientific plenary session.

The Society's committees have done a great deal of hard work in putting together this superb program and for that, I thank them. Topics that will be covered at this year's meeting include: Cancer Vaccines, Pre-Clinical Issues in Gene Therapy, Stem Cell Gene Therapy, Gene Therapy and Behavior, RNAi based therapies, Gene Therapy for HIV, Ethical Issues in Clinical Trial Design, Nonviral Gene Delivery, and the facts regarding vector induced tumors. This year we have added a symposium on using gene transfer to alter complex behaviors. Many other sessions cover the diverse and exciting developments in the field over the past year.

I would like to thank our exhibitors and industry supporters for their participation and generosity, in addition to our exceptional faculty who kindly share their knowledge, expertise and time. Last but not least, I want to thank all the participants for making this last year such an exciting one while advancing the field of gene therapy.

<u>The ASGT Annual Meeting provides an outstanding forum for sharing the latest developments in the field of gene therapy and networking with our colleagues. I welcome you to Baltimore. Have a great meeting!</u>[②]

Sincerely,

Mark A. Kay, MD, PhD
President, ASGT

例① Dear Colleagues,
On behalf of the American Society of Gene Therapy, welcome to the ASGT 9th Annual Meeting. We have organized a comprehensive meeting that we believe will be exciting for both the new and experienced scientists interested in gene therapy.

译文 1　亲爱的同事们,我代表 ASGT 欢迎各位来参加美国基因治疗协会第九次会议,我相信这次盛会将会使有志于基因技术的新老朋友不虚此行。

译文 2　尊敬的各位专家学者,同志们,朋友们:大家好!首先我代表美国基因治疗协会对各位的到来表示热烈地欢迎!今天在巴尔的摩这个美丽的城市我们迎来了美国基因治疗协会第九次年会,这将是一次内容广泛、信息丰富的盛会,相信各位有志于基因治疗研究的新老朋友一定会不虚此行。

分析 对照原文,译文 2 有明显的改译,如将 Dear Colleagues 改译为"尊敬的各位专家学者,同志们,朋友们",译写了"在巴尔的摩这个美丽的城市我们迎来了……",这些变译的策略使得译文作为会议中文开场白具有更好的交流效果。

例② The ASGT Annual Meeting provides an outstanding forum for <u>sharing the latest developments in the field of gene therapy and networking with our colleagues</u>. I welcome you to Baltimore. Have a great meeting!

译文 2 美国基因治疗协会将一如既往为各位专家学者提供进行学术交流和建立业内联系的平台,各位在此将<u>共享基因治疗领域的最新成就,广结行业人脉</u>。最后再次欢迎大家来到巴尔的摩,预祝大会取得圆满成功!

分析 对照原文,译文 2 采用分析法,运用学术会议的习惯表达,如"共享基因治疗领域的最新成就,广结行业人脉",使得译文具有很好的交际效果。

技能训练

练习 1　翻译下面的科普短文。

HIV seems full of contradictions. It can overwhelm the human immune system, yet the virus itself is fragile. Cold viruses linger on hands, and sometimes for days on doorknobs, but fresh air dries and destabilizes HIV in hours or even minutes. Contact with rubbing alcohol or chlorinated water quickly renders it inactive. Simple bar soap neutralizes HIV by breaking the chemical bonds of its lipids, or fats. And because so few cases of oral transmission have been documented, doctors conclude that the same antiviral compounds in saliva and stomach acids that protect us from a host of germs prove very effective against HIV in low concentrations.

During a period of typically eight to ten years HIV lurks in the body, mutating rapidly and thus avoiding recognition. It reproduces massively, and waits. Finally, at the introduction of a disease than an unimpaired immune system would normally control—tuberculosis or pneumonia, for example—the immune system is overcome by HIV so that it cannot fight, and the disease kills.

练习 2　翻译下面的科普文。

A new, lightweight fuel cell that runs on methanol may one day power your electric car. Sooner still, the new cell may fuel smaller devices such as your lap-top computer or mobile phone.

If they work, methanol fuel cells could be a major breakthrough in energy consumption and conservation. The brave new technology could drastically cut air pollution from auto emissions and other sources.

Whether they are used to run cars and buses or to make electricity for other applications, fuel cells operate by converting hydrogen to electricity without combustion. They are akin to continuously-recharging batteries. Hydrogen and oxygen are fed into a stack of plates that create electricity, with harmless water vapor as the by-product.

These silent, zero-emissions gadgets have long been used in NASA spacecraft. They represent the great hope of many environmentalists to power the first mass-produced electric car.

While batteries alone haven't supplied the performance most drivers want, proponents believe that fuel cells, probably combined with batteries, hold the promise of performance, range and better mileage, compared with today's internal combustion engines.

The size and weight of fuel cells have always been problems. New fuel-cell technology promises to solve those issues. Fuel cells can use various sources of hydrogen, including a simple tank of compressed gas. But methanol, a liquid usually produced from natural gas, is a much more efficient way to store hydrogen. This is why the first wave of fuel cells in cars will likely use an indirect methanol fuel cell, in which the methanol passes through a mechanism called a "reformer", which extracts the hydrogen.

The direct method, which could be available commercially in five or six years, would use different, lighter stacks of plates that eliminate the need for a reformer. Thus, the proposed next generation of fuel cells could be smaller, lighter and more adaptable.

练习3　翻译下文第1—4段。

Robots, becoming an increasingly prevalent adjunct in factories and industrial plants throughout the developed world, are programmed and engineered manipulators designed to perform industrial tasks without human intervention.

Most of today's robots are employed in the automotive industry, where they are programmed to take over such assembly line operations as welding and spray painting automobile and truck bodies. They also load and unload hot heavy metal forms used in machines casting auto and truck frames. In addition, they stall bulbs in instrument panels.

Robots already taking over human tasks in the automotive field, are beginning to be seen, although to a lesser degree in other industries as well. There they build electric motors, small appliances, typewriters, pocket calculators, and even watches. The robot used in nuclear power plants handle the radioactive materials, sparing human personnel exposure to radiation. These are the robots responsible for the reduction in job-related injuries in this new industry.

What makes a robot a robot and not just another kind of automatic machine? Robots differ from automatic machines in that after completion of one specific task, they can be reprogrammed by a computer to do another one. As an example, a robot doing spot welding one month can be reprogrammed and switched to spray painting the next. Automatic machines, on the other hand, are less versatile. They are built to perform only one task. Robots are more flexible and adaptable and usually more transportable than other machines. Future robots will see, touch and think.

The next generation of robots will be able to see objects, will have a sense of touch, and will make critical decisions. Engineers skilled in microelectronics and computer technology are developing artificial vision for robots. With the ability to "see", robots can identify and inspect one specific class of objects out of a stack of different kinds of materials. One robot vision system uses electronic digital cameras containing many rows of light-sensitive materials. When light from an object such as a machine part strikes the camera, the sensitive materials measure the intensity of light and convert the light rays into a range of numbers...

练习 4　翻译下文第 1—4 段。

Spam is an Internet slang for unsolicited email, primarily unsolicited commercial email(UCE). The use of the term "spam"(a trademarked Hormel meat product) is supposedly derived from a Monty Python sketch in which Spam is included in every dish offered at a restaurant. Recipients of spam often consider it to be unwanted intrusion in their mailbox. Internet Service Providers(ISPs), such as America Online, consider spam to be a financial drain and an impediment to Internet access because it can clog an ISP's available bandwidth.

How do spammers find you? Recipients addresses are often obtained by using software programs known as "harvester" that pluck names from websites, newsgroups or other services in which users identify themselves by email address.

Every ISP pays for the right to operate on the Net by purchasing bandwidth, the "space" it uses to transmit over the Internet. As the volume of spam directed through an ISP increases, the bandwidth becomes crowded, often slowing down the user's Internet access. To counter this, the ISP must pay for filtering software(which can also slow access) or pay to increase the amount of bandwidth.

Since most legitimate businesses recognize the public's strong anti-spam sentiment, they avoid using it. You've probably noticed that much of the spam you receive involves deceptive practices. For example, spam for X-rated sites may be disguised with a personal subject header("How come you didn't write back?" or "Here is my new email address") or even as anti-spam("We Can Help Remove You From Spam Lists!"). And you're surely aware that most of the spam that comes in your way is attempting to perpetuate some sort of scam—pyramid schemes, bogus stock offering, pirated software and quack heath remedies.(289 words)

Besides the annoyance and cost of spam, it makes the Web harder and less pleasant to use for all of us. For one, spam can affect access to legitimate email because it can overflow a user's mailbox, especially in cases where email is not reviewed for a period of days. And for Internet newbies, unaware of the nuances of email, spam can be a confusing and off-putting hurdle in the struggle to communicate online.

练习 5　翻译下文画线部分。

Electronic Commerce

<u>Electronic commerce is a revolution that is sweeping across the world, changing the</u>

way we do business, the way we shop and even the way we think. More and more businesses are planning to engage in electronic commerce, more and more schools are adding it into their curriculum, and more and more firms are marketing electronic commerce "solutions". So what is exactly electronic commerce? Will the term still be active in the years to come or will it be just another overused and discarded buzzword?

While there is no one correct definition of electronic commerce, it is generally described as business transactions that take place by telecommunication networks, a process of buying and selling products, services and information over computer networks. The main methods of electronic commerce remain the Internet and World Wide Web, but use of e-mail, fax and telephone orders are still prevalent.

Electronic commerce involves all sizes of transaction bases. As one would expect, electronic commerce requires the digital transmission of transaction information. While transactions are conducted via electronic devices, they may be transported using either traditional physical shipping channels, such as a ground delivery service, or digital mechanisms, such as the download of a product from the Internet.

We have heard of traditional electronic data interchange system(EDI), which is the computer-to-computer exchange of business information using a public standard. Then what are the differences between electronic commerce and EDI?

A primary difference between the two is that electronic commerce encompasses a broader commerce environment than EDI. Traditional EDI systems allow pre-established trading partners to electronically exchange business data. The vast majority of traditional EDI systems are centered on the purchasing function. These EDI systems are generally costly to implement. The high entry cost precluded many small and mid-sized businesses from engaging in EDI. Electronic commerce allows a marketplace to exist where buyers and sellers can "meet" and transact with one another.

The internet and the WWW provide the enabling mechanisms to foster the growth of electronic commerce. The actual and projected growth rates and uses of the Internet indicate that electronic commerce is no passing fad, but rather a fundamental change in the way in which businesses interact with one another and their consumers. One only needs to look at Boeing and General Electric. Prior to its web-based site, only 10 percent of Boeing's customers used its EDI system to order replacement parts. In 1998, Boeing reported that it received $100 million in orders of spare parts through its web site. General Electric Company's 1997 Internet activity clearly demonstrates that electronic commerce can provide tangible benefits to a firm when implemented properly. In 1997, General Electric purchased approximately $1 billion worth of supplies using the Internet. Some benefits that General Electric has realized due to its Internet procurement system are a 50 percent reduction in the purchasing cycle and a 30 percent reduction in processing costs.

Businesses can gain many potential benefits from engaging in electronic commerce. Internet and web-based electronic commerce is more affordable than traditional EDI; it can reach a more geographically dispersed customer base, reduce the costs of purchases, lower sales and marketing costs and better the customer service. However, businesses are not the only beneficiaries of Internet electronic commerce; consumers may also reap benefits using the Internet. <u>They can receive increased choice of vendor and products, convenience from shopping at home or office, greater amounts of information that can be accessed on demand and more competitive prices and increased price comparison capabilities.</u>

All in all, electronic commerce has the promise to be very powerful business channel. Many "traditional" businesses have already implemented successful web-based strategies.

练习 6　将以下四个段落编译为一个简要介绍"湿地种类"的段落。

Generally speaking, a wetland is a marsh, swamp, bog, or similar area. Water is the main factor that determines whether an area will have this designation(称呼). Interacting with other environmental factors, it causes the development of specific kinds of soil, plant life, and animal life.

Marshes are usually flat areas that are most often covered with shallow water. They may be fed by springs, streams, runoff(径流) from surrounding land, rain, or ocean tides. Marsh vegetation consists mostly of soft-stemmed plants such as water lilies, cattails, reeds, and several varieties of hardy grasses. These plants may grow out of the water. Or they may float on it. They may even exist completely submerged.

Although marshes are often covered by standing water(死水), swamps contain moving water. Swamps are usually water logged in winter and early spring. However, they are often quite dry during the summer. Unlike marshes, with their soft-stemmed growths, swamps have a plentiful supply of large trees. Swamps may develop in valleys, beside lakes or ponds, or along the edges, or flood plains, of rivers.

Bogs are wetlands with very poor drainage(排水). They form most often in low, forested areas called kettleholes. Dead plants, as they decay, create a spongy bog soil called peat(酸沼). Some bogs have layers of peat forty feet deep. This soil is so acid that only acid-loving plants can live there.

译理点拨

科技翻译典型翻译症之分析[①]

冷冰冰

translationese 是美国翻译理论家尤金·奈达在其著作 *The theory and practice of translation*(1969)中提出和界定的,其定义为"一个贬义术语,用来指因为明显依赖源语的语言特色而让人觉得不自然、费解甚至可笑的目标语用法(谭载喜,2005:254—255)"。方梦之先生的《译学词典》中将 translationese 译为"翻译症",认为其特征是:文笔拙劣,译出来的东西不自然、不流畅、生硬、晦涩、难懂、费解,甚至不知所云(方梦之,2004:26)。

科技翻译中的翻译症现象非常普遍,主要表现为:语言不专业、逻辑混乱、篇章不连贯等。其在译文中广泛存在、难以梳理,据调查,从 20 世纪 90 年代始研究科技文翻译症的文章屈指可数。笔者认为,从为新译员和科技翻译师生提供借鉴这一角度出发,研究翻译症的典型表现颇具意义。本文将对科技翻译中的典型翻译症从术语、句法、语篇三个层级进行讨论,并提出相应的规避对策以供探讨。

1 术语翻译症

术语的大量使用是科技文本的区别性特征之一。20 世纪 80 年代以来,我国科技术语的汉译方法基本定型,形成包括译义法在内的五种常用方法(石春让等,2010)。而完全直译是译义法的主要手段,如 98% 的信息术语源自英语,在其汉译定名中采用完全直译的约占 88%(王有志,2005)。完全直译具有便于记忆、易于回译的特点,如 powder metallurgy 译为"粉末冶金",press forging 译为"压力机锻造",是达到双语术语最大等值的有效方法。但由于语言使用习惯、术语定名方法和中西方科技发展差异等复杂原因,科技文献中许多术语不能完全直译,对现有译名仍须斟酌使用。以下笔者以焊接术语为例分析术语翻译症的三种典型表现。

1.1 术语译名不规范

例 1 The most important oxyfuel gas welding is oxyacetylene welding.

译文 1 最重要的氧燃料气体焊接是氧乙炔焊。

译文 2 最重要的气焊是氧乙炔焊。

分析 oxyfuel gas welding 不能直译为"氧燃料气体焊接",其正确译名应为"气焊"。所谓"气焊"是"利用可燃气体与助燃气体混合燃烧生成的火焰为热源的一种焊接方法;助燃气体主要为氧气,可燃气体主要采用乙炔、液化石油气等"。"气焊"这一定名没有涵盖"助燃气是氧气"这一概念特征,似乎缺乏科学性。但原因在于:气焊和电焊、电阻焊同属

[①] 本篇选自冷冰冰:《科技翻译典型翻译症之分析》,《中国科技翻译》,2012(3):8—11。

熔焊的常用方法，"气焊"的定名考虑了术语的系统性，即"在一个特定领域中的各个术语，必须处于一个明确的层次结构之中，共同构成一个系统，形成词汇链"（方梦之，2011：47）。而且较"氧燃料气体焊接"而言，"气焊"也体现了"简明性"的术语定名原则。盲目直译是导致译名不规范的主要原因之一。

1.2 同义术语不统一

科技文中的同义术语主要来自术语本身一义对多名及在篇章内使用的临时同义表达（这种临时同义关系脱离篇章后不复存在）。科技译文同义术语不统一现象尤为严重。

例 2 tungsten inert gas welding(TIG)
gas tungsten arc welding(GTAW)

译名 钨极惰性气体保护焊

分析 "钨极惰性气体保护焊"指用不熔化极——钨极来完成焊接的工艺，其焊接区域通常由惰性气体来阻止周围环境空气的有害作用。TIG 和 GTAW 都是其对应英译名，两术语意义完全相同，在上下文语境中可互换使用。但如果译者不懂专业，容易望文生义，将 GTAW 直译为"钨极气体（保护）弧焊"，造成术语概念差错（因为气体保护包括惰性气体保护和活性气体保护两种，对 GTAW 来说，其工艺特征是惰性气体保护），导致同义术语不统一。

例 3 Most of the processes for fusion welding and for solid-state welding are discussed in the present section. Oxyfuel gas welding is the term used to describe the group of fusion operations that burn various fuels mixed with oxygen to perform welding or cutting and separate metal plates and other parts.

译文 1 本节将讨论大多数的熔焊和固相焊。气焊是用来描述一组熔化操作，这些操作燃烧混有氧气的各种气体，从而进行焊接或切割、分离金属板和零部件。

译文 2 本节将讨论大多数的熔焊和固相焊。气焊指的是一组熔焊工艺方法，这些工艺中通过燃烧混有氧气的多种可燃气体，来完成焊接或切割、分离金属板和零部件。

分析 科技文在语篇衔接中使用的基本衔接手段之一是适当使用关键词的同义词。本例通过建立 fusion welding—fusion operations 临时同义词对来实现前后句术语概念的顺承；如译者不能识别这一同义关系，必然导致概念衔接的断裂（如译文1）。篇章临时同义词的不统一是科技译者的典型翻译症。

1.3 术语概念不推敲

术语是术语概念的载体，英汉科技术语的概念有时不完全对应，译者如不仔细甄别，必然造成译名的不准确。

例 4 Typical methods of fastening and joining parts include the use of such items as bolts, nuts, cap screws, setscrews, rivets, locking devices and keys. <u>Parts may also be joined by welding, brazing, or clipping together.</u>

译文 1 零件也可以通过焊接、硬钎焊或是夹紧等方式联结。

译文 2 零件也可以通过熔焊、压焊、硬钎焊或是夹紧等方式联结。

分析 译文1在专业逻辑上是有问题的,因为在汉语中"焊接"通常包括"硬钎焊"。welding 一词在英语中仅指"熔焊和压焊",尤指"熔焊",而汉语中"焊接"则包括了"熔焊、压焊和钎焊",故汉语的"焊接"概念比英语的 welding 概念要大,两个术语概念并不等值。因此译文1是错误译文,可改译为译文2。

例 5 "焊缝"是否总是译为 weld?

在焊接领域,"焊缝"一词常与"焊接接头"混淆,尽管 GB150 中为保持焊接术语的一致,已将过去所称的"焊缝"改为"焊接接头"。但由于术语的约定俗成,在业内"焊缝"仍按两种意义使用:一种是"焊接接头",另一种是"焊接发生熔化和凝固的区域"。持前一概念的"焊缝"可译为 weld 或 welded seam,但后一概念是否如网上讨论(百思论坛——化工机械,http://www.baisi.net/thread1721707-1-1.html)仍译为 weld 呢?答案是否定的。术语在线(www.termonline.cn)"焊接接头"的定义为:两个或两个以上零件用焊接方法连接的接头,包括焊缝、熔合区和热影响区。参考专业信息源,我们发现作为"熔化凝固区"的焊缝(或焊缝金属),其常用术语为 fusion zone(如下图1示),只偶见 weld 的用法。对照两图,还可以发现汉语的"熔合区"英译名为 fusion boundary。

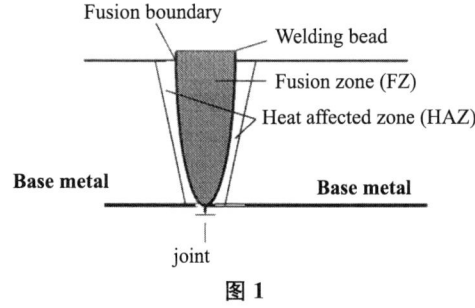

图 1

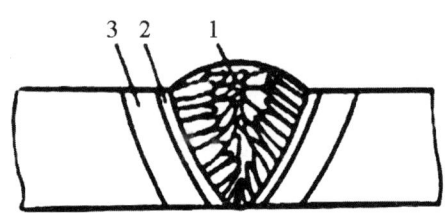

图 2　焊接接头组成示意图
1—焊缝金属　2—熔合区　3—热影响区

焊接术语的5个译例分析显示,术语翻译症的典型表现为:译者不加思考,对术语进行简单直译或拿来就用,导致了译名的不准确、不规范。据笔者多年的教学实践发现,术语翻译因具有专业性和复杂性特点,往往成为译者突破翻译症的最后瓶颈。笔者认为:要规避术语层面的翻译症,译者可利用互联网和权威术语词典全面查找信息源,认真请教专家里手;时常体会术语的定名原则,明辨英汉术语概念差异和强化术语统一意识,正所谓"遵循标准,求同存异;去伪存真,统一译名;置身语境,明辨词义"(胡芳毅,2012)。

2　句法结构翻译症

科技文本作为典型的专业信息文本,除术语的大量使用外,在句法结构上也有鲜明特点。翻译实践发现,长难句的不当处理是最典型、最"纠结"的翻译症表现。

例 6　Roller chains are assembled from pin links and roller links. <u>A pin link consists of two side plates connected by two pins inserted into holes in the side plates</u>①. A roller link consists of two side plates② connected by two press-fitted bushings, on which two hardened steel rollers are free to rotate.

译文 1　销轴连接包括两个插入链板孔中的销轴连接两个链板。

译文 2　销轴连接是指，将两个销轴插入外链板的孔中，来联结销轴和两个外链板。

分析　对照画线部分的两译文发现，译文 1 完全拘泥于原文，行文含混、条理不清。而译文 2 则将原文拆为"A pin link consists of two side plates connected by two pins"和"two pins inserted into holes in the side plates"，译者明了本句描述滚子链的装配过程，参考专业逻辑后，译文准确得体。形合和意合是英汉语言学上最重要的区别（Nida，1982；连淑能，2010），一个合格的译者必须知晓英语"见形不见意"的语言特点，以相关专业知识为依托，才能合理地断句，再现逻辑链条。

在本例中，细心的读者还会发现对于 side plates 这个滚子链基本术语的翻译，译文 1 是"链板"，而译文 2 是"外链板"。根据专业知识，滚子链有内、外两组链板，与销轴连接的是外链板，因此 side plates[①] 应译为"外链板"；而下一处 side plates[②] 则取"内链板"。可见，译者有时还须根据语境调控术语的内涵，一味死译势必导致专业逻辑的混乱。

除复合句的拆译外，科技译者在被动句的转换、定语从句的状语功能判别、增减倍数表达的英汉迥异、名词化结构的拆分等句法难点上也存在着大量的翻译症问题，此前诸多学者已有丰富例证，在此不再赘述。

笔者认为要规避句法层面的翻译症，译者须基于英汉对比知识，恰当运用各种全译技巧，参阅全译策略系统表（黄忠廉、李亚舒，2007：31，60），重视专业逻辑的辅助作用，追求一丝不苟的学习探究精神。

3　语篇修辞翻译症

科技文章语篇类型多样，在修辞上的翻译症主要表现在译文不做文字变通，达不到应有的修辞之美；或译文在阐释信息上过分拘泥原文、不运用翻译技巧，难以完成原文承载的语用目的。

3.1　缺乏科技文章的修辞之美

例 7　Good lubrication keeps the bearings from being damaged.

译文 1　好的轴承润滑能保持轴承不被破坏。

译文 2　良好的润滑能使得轴承免于损伤。

分析　Good lubrication 是译为"好的润滑""恰当润滑""定期润滑"还是"有效润滑"？bearings being damaged 该译为"轴承破坏""轴承损坏"还是"轴承损伤"？看似没有绝对措辞，然而根据专业表述，最得体的译文应分别是"良好的润滑"和"轴承损伤"。逐词死译（如译文 1）无法实现科译译文"专业、规范"的文风，破坏了科技文章的庄重之美。

例 8　In agriculture a relevant aspect is the better adaptation of plants to specific environmental conditions that can be gained using genetic engineering techniques.

译文 1　在农业上一个重要方面是运用基因工程技术改良植物品种，使其更好适应所在的环境条件。

译文 2　基因工程技术在农业上的一个重要应用是改善植物对环境的适应性。

分析 对照原文,译文1和2都做到了语言流畅、内容准确,两者的区别仅在于:译文1是松句,而译文2是紧句。紧句形式整齐严谨,对视觉和听觉产生庄重感和冲击力;松句结构松散、灵活多变,读来轻松悠然。科技文本的一般修辞规律是:在翻译操作手册、使用说明书、工艺流程时可适度使用松句,而在翻译专业性较强的论文、国际会议交流的文章时常用紧句。因此,译者根据文本的类型来调整译文修辞,可更好地实现科技文章的修辞之美。

3.2 难达科技文章的语用之需

例9 A keynote speaker from the metal fabrication industry will be offering "first hand experience" of how his company has already integrated robot technology into their own manufacturing processes.

译文1 来自金属制造厂的主题发言人将谈论该厂如何将机器人技术引进生产工业中亲身体验。

译文2 来自金属加工业的一名主题演讲人将为来宾们带来"第一手资料",就其公司如何融机器人技术于制造过程,与大家分享宝贵经验。

分析 译文2增译了"来宾们"和"分享宝贵经验"等文字,似乎偏离原文。但考虑到原文引自ABB公司机器人展会的邀请函,译文必须体现"邀请函"的修辞特点和语用功能;译文2的增译恰恰达到了召唤受众的功能,更准确地实现了语用之需;而译文1逐词翻译,文字刻板,表现为轻度的翻译症。

例10 Do not use chemical solvents to clean the desk light, it might damage the painted surfaces.

译文1 请不要用化学溶剂擦拭灯具表面,否则灯具可能会变色或损坏。

译文2 请不要用香蕉水等挥发性物质擦拭灯具表面,否则灯具可能会变色或损坏。

分析 在 chemical solvents 一词的翻译上,译文2译写了"香蕉水(常见的腐蚀性喷涂溶剂)",从而更清晰地向使用者澄清了 chemical solvents 的内涵所指,达到了说明书的实用、清晰的语用效果。与译文2相比,译文1在完成语用功能上技逊一筹。

要规避语篇修辞翻译症,译者要建立文体差别意识,加强文字修养,根据翻译目的恰当运用包括变译在内的各种翻译技巧,心中始终装有读者,方能实现科技文体的修辞之美、语用之实。

4 结语

科技文本作为承载一定语用功能的信息类文本,具有术语多、句式层层套嵌、文体跨度大的语言特点。译者翻译症突出表现在:术语译名不规范、同义术语不统一和术语概念不推敲;复合句逻辑不通、表达欧化;语言刻板、无法达到应有的修辞语用效果等。科技译员唯有明确翻译症的典型表现,经常揣摩翻译症的规避对策,才能在翻译实践中不断成长,尽快走入优秀译员的行列。

◎ **推荐读物**

黄忠廉等.翻译方法论[M].北京:中国科学技术出版社,2009.

Jody Byrne. *Scientific and Technical Translation Explained*. London and New York: Routlege, 2012.

Tytti Suojanen, Kaisa Koskinen and Tiina Tuominen. *User-Centered Translation*. London and New York: Routlege, 2015.

第五章 科技译者的策略能力训练

本章导读　本章主要介绍科技译者如何借助语言和非语言信息的分析,借助逻辑判断和批判,以及在线检索等多维手段来解决翻译过程中的翻译困难。科技译者的翻译策略不局限于翻译方法的使用,而是有着极为立体的内涵。本章主要从译者准确解读原文和发挥主观能动性构建译文两个角度,聚焦"借助图片显化逻辑""语言和知识互补判断""语境内外综合判断""主动建构连贯""借助网络情景化译文"和"多做可用性判断"等策略。

西班牙 PACTE 小组的多元能力模型认为,译者的策略能力能够保证译员翻译效率和解决翻译难题,它的主要功能是规划翻译步骤,评估半成品译文,激活不同的翻译能力来补偿不足,识别翻译问题和采取补救方法等(PACTE,2003)。李瑞林(2011)认为,"策略能力是译者的分析综合抉择能力,是控制整个翻译过程的最关键的能力,是译者依托翻译问题求解不断养成高阶思维能力的过程",并指出,"高阶思维具体表现在辨识翻译问题、界定问题性质、选择翻译策略、评价翻译产品、构建认知模型等诸多过程之中。从翻译的认知心理过程来看,高阶思维涉及创新能力、问题求解能力和批判思维能力等"。斯多兹将翻译能力划分为源语理解能力和译语交际能力,认为翻译能力实际上是指"有意识处理文本"的能力,支撑这两种能力的基础是有关语言、文化以及专业领域的程序知识和陈述知识(Lesznyák,2007:179—180)。斯多兹所说的"翻译能力"内涵指的就是策略能力,科技翻译学习者策略能力的养成体现为养成了高阶思维能力,实现了翻译新手到职业译者的思维转型。以下将从"理解原文"和"生成译文"两个翻译阶段对科技译者的策略能力进行举例阐释。

第一节　理解原文的策略能力

一、借助图片显化逻辑

在科技日益发达、专业信息海量传递的时代,笔译工作者不可能对所有的专业门类都能信手拈来,翻译工作中边做边学成为常态。而借助互联网图片搜索能够帮助译者拉近与专业信息的距离,迅速建立所需的专业逻辑。在涉及技术部件的方位和关系的信息时,译者可以积极搜索相关图片,显化逻辑想象。如下例:

例 1 Roller chains are assembled from pin links and roller links. A pin link consists of two side plates connected by two pins inserted into holes in the side plates[1]. A roller link consists of two side plates[2] connected by two press-fitted bushings, on which two hardened steel rollers are free to rotate.

译文 滚子链包括销轴连接和滚子连接。销轴连接是将销轴插入外链板[1]的孔中来连接两个外链板[1]。滚子连接是将两套筒与内链板[2]进行过盈连接,然后将硬化钢滚子套上,滚子可以在套筒上自由转动。(见图 5-1)

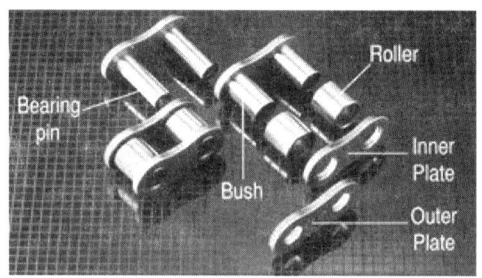

图 5-1 滚子链装配零件图

分析 例 1 是关于滚子链的装配方法,在翻译中如果能够借助图片理解零部件之间的关系,就能规避术语的陷阱,如 side plates[1] 和 side plates[2] 分别译为"外链板"和"内链板";也能拆分出句子内部的逻辑关系,如 two side plates connected by two pins inserted into holes in the side plates 和 two side plates connected by two press-fitted bushings 应分别译为"将销轴插入到外链板的孔中来连接两个外链板""将两套筒与内链板进行过盈连接"。科技翻译需要借助图片启动形象思维来辅助建构逻辑。有时,翻译中常常以图片做辅助,还能避免由于原文的撰写质量问题导致的翻译错误。如下例:

例 2 The use of a filling notch in the inner and outer rings enables a greater number of balls to be inserted, thus increasing the load capacity.

译文 内外圈之间的装填槽可以塞入更多的球体,从而可以增大轴承的承载能力。(见图 5-2)

图 5-2 滚动轴承的装填槽

分析 原文中的 a filling notch in the inner and outer rings 不应译为"内圈和外圈中的装填槽",这里原文出现了错误。根据图片,译者可以了解装填槽是位于内外圈之间的,因此将原文中的 in 改为 between 后再翻译。翻译过程中译者首先要厘清原文逻辑,适当进行图片搜索可以帮助译者走出逻辑困境,准确把握专业信息。

在开始翻译某一技术产品信息时,不妨本着"磨刀不误砍柴工"的做法,多搜索一下相关图片,会对整个翻译过程中的原文解读和译文生成都起到易化的作用。

例3 Researchers from A * STAR's Institute of Microelectronics (IME) have developed the first compact high performance silicon-based cavity-backed slot (CBS) antenna that operates at 135 GHz...
By filling the antenna cavity with polymer instead of air, we can achieve a flat surface for subsequent processing by standard technology that is amenable to mass production.

机器译文 通过用聚合物代替空气填充天线腔,我们可以获得一个平坦的表面进行后续加工,这是一种适合大规模生产的标准技术。

人工译文 用聚合物代替空气填充天线腔体,可以获得平面结构,便于在后续加工制作时采用标准技术批量进行。

分析 在翻译画线部分时,对名词化结构 a flat surface for subsequent processing by standard technology that is amenable to mass production 中的定语从句部分修饰的中心词不好判断,原因在于对"一般的标准机加工技术需要原材料具有平坦表面可以夹持"这一点不熟悉,此外,如果译者能够借助图 5-3 类似图片对 CBS antenna 有一个感性认识,也容易清楚地解读句中的"By filling the antenna cavity with polymer instead of air"(用聚合物代替空气填充天线腔体)。

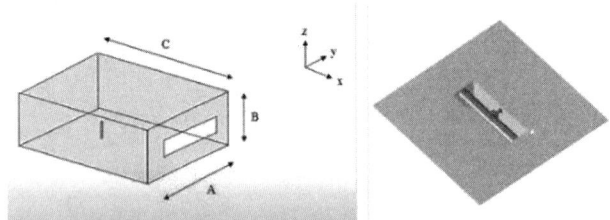

图 5-3 背腔式缝隙天线

二、语言和知识互补判断

科技译者的在线检索工作主要用于语言知识和专业背景知识的查找,在翻译过程中,译者是借助语言知识和专业知识的相辅相成,才能准确地把握原文的信息。特别是在根据语言知识难以判断原文意义时,相关背景知识的查询至关重要,如例4:

例 4 Following hugely successful exploration in the Barmer Basin of Rajasthan where almost 4bn BOE of resources were discovered, the company has made discoveries in the Krishna-Godavari Basin and in Sri Lanka, <u>where two of the first wells drilled in 30 years found hydrocarbons.</u>

译文 1 公司在拉贾斯坦邦的 Barmer 盆地的勘探获得了巨大的成功,探明储量约为 40 亿桶油当量(boe);在此之后公司相继在克里希纳-戈达瓦里盆地和斯里兰卡获得众多油气发现,<u>近 30 年钻探的首批油井中有两口发现了油气资源。</u>

译文 2 公司在拉贾斯坦邦的 Barmer 盆地的勘探获得了巨大的成功,探明储量约为 40 亿桶油当量(boe);在此之后公司相继在克里希纳-戈达瓦里盆地和斯里兰卡获得众多油气发现,<u>其中在斯里兰卡的两口油井是该国 30 年以来首次发现的油气资源。</u>

分析 例 4 的难点在于从语法上我们不能确定画线部分的 where 指的是"斯里兰卡",还是"克里希纳-戈达瓦里盆地和斯里兰卡"? 在调查背景知识后,我们了解到"克里希纳-戈达瓦里盆地"(the Krishna-Godavari Basin)属于印度,而印度并不贫油,而且根据在线检索到的新闻信息(如图 5-4 画线处)CLPL-Dorado-91H/1z 号油井是斯里兰卡近 30 年首次发现油气资源的勘探井,与例 4 信息颇为相似,因此可以判断译文 2 是合理的译文。

- We carry below a release issued by the Indian Oil drilling company - Cairn India Limited
- "Cairn Lanka (Pvt) Limited, a wholly owned subsidiary of Cairn India Limited, has notified the appropriate authorities in the Government of Sri Lanka of a gas discovery in the CLPL-Dorado-91H/1z well, drilled in a water depth of 1,354m, located in the block SL 2007-01-001, Manner Basin, Sri Lanka. Cairn Lanka (Pvt) Limited is the Operator and has a 100% participating interest in the block.
- A gross 25m hydrocarbon column in a sandstone between the depths of 3043.8-3068.7m MD has been interpreted from log and MDT data to be predominantly gas bearing with some additional liquid hydrocarbon potential. Further drilling will be required to establish the commerciality of the discovery.
- <u>The CLPL-Dorado-91H/1z well is the first well to be drilled in Sri Lanka in 30 years and the first well to discover hydrocarbons in the country."</u>

图 5-4 凯恩能源印度公司的产业新闻截图

例 5 Bacterial-feeding nematodes are the most abundant nematode group in agricultural soils. Their abundance closely follows that of bacterial populations, <u>which tend to increase when soil disturbances, such as tillage, increase the availability of readily-decomposable organic matter.</u>

译文 1 在适于耕种的土壤中,食细菌线虫是数量最多的线虫种类,其数量紧随细菌数量的变化而变化。在土壤受到耕作等无理干扰,土壤中易分解的有机质更容易获得时,<u>食细菌线虫</u>的数量就会上升。

译文 2 在适于耕种的土壤中,食细菌线虫是数量最多的线虫种类,其数量紧随细菌数量的变化而变化。在土壤受到耕作等无理干扰,土壤中易分解的有机质更容易获得时,<u>细菌的数量就会上升。</u>

分析 例 5 画线部分是定语从句,困难之处在于判断定语从句的引导词 which 指代的是 bacterial-feeding nematodes' abundance 还是 bacterial populations。这里译者可以用两种办法来判断。第一，可以根据客观事实判断：当土壤中易分解的有机质增多时，是"细菌"还是"食细菌线虫"的数量会受到直接影响？第二，可根据该句的语法结构（如定语从句的就近原则和从句中谓语动词的单复数）来判断。综合上述两种方法可知，这里 which tend...应该指 bacterial populations，因此译文2更为准确。在翻译技术类文献的复杂句时，需要借助语言内部的语言信息和语言外部的知识信息来对原文进行综合语义判断。

例 6　The instructions for making the proteins are passed by the DNA in the nucleus to the surrounding cytoplasm, where the proteins are formed, <u>by means of the nucleic acid "messenger" RNA</u>.

译文 1　制造蛋白质的指令由细胞核中的 DNA 传递到周围的细胞质中，<u>在那里蛋白质通过核酸"信使"RNA 形成</u>。

译文 2　携带遗传信息的 DNA 在细胞核中转录生成信使 RNA，<u>信使 RNA 携带信息到达细胞质来指导蛋白质的合成</u>。

分析　例6的难点在于对画线部分 by means of the nucleic acid "messenger" RNA 的理解，译者清楚的知识是"制造蛋白质的指令是通过信使 RNA 传递给细胞质的"，但不清楚的是"制造蛋白质的指令是 DNA 在细胞核中就复制给信使 RNA，再由信使 RNA 携带遗传指令到达细胞质，指导蛋白质的合成（如图5-5所示）"，因此，与译文1相比，译文2更为准确，不会误导读者。可见解决例6的难点需要译者查找相关背景知识，才能完成对原文语言结构的解读。

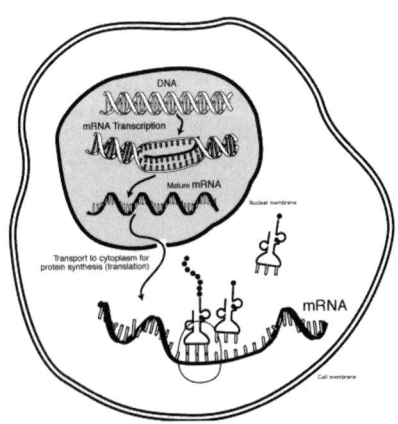

图 5-5　mRNA 指导蛋白质示意图

三、语境内外综合判断

科技译者对原文本的解读需要考虑语言内部要素和语言外部的知识要素，因为科技文本作为信息类文本，译者可以多做"逻辑是否合理？"的判断，如下例：

例 7　The genetic manipulation could lead <u>finally</u> to the utilization of new raw materials: traditional foods often involve consumption of only one or several parts of a plant, for example, fruits, leaves, roots, or stems.

译文 1　<u>最后</u>，基因改造为人们带来了新的食物来源。传统食物，人们通常食用的是一种植物的某一部分或某几部分，如植物的根、茎、叶或果实。

译文 2　<u>此外</u>，基因改造为人们带来了新的食物来源。传统来说，人们通常食用的是一种植物的某一器官/部分或某几部分，如植物的根、茎、叶或果实。

分析　译文 1 和译文 2 的差别在于对 finally 的判断。译文 1 选取了该词最常见的词义"最后"，导致的理解是基因改造的最后益处就是给人们带来新的食物来源，显然这是与客观事实相违背的，因为至今科学家对基因工程技术的应用还走在路上。根据 finally 在原文中的位置——是作者提到的基因工程技术在农业上的最后一个应用，因此建议译为"此外"或者"最后提及的一点"等。

例 8　In agriculture <u>a relevant aspect</u> is the better adaptation of plants to specific environmental conditions that can be gained using genetic engineering techniques.

译文 1　在农业上，运用基因工程技术的一个<u>相关方面</u>是增强作物对环境的耐受性。

译文 2　在农业上，运用基因工程技术的一个<u>重要方面</u>是增强作物对环境的耐受性。

分析　译文 1 和译文 2 的区别在于对 relevant 词义的选择。根据在线词典释义，该词的义项主要有"相关的；切题的；中肯的；有重大关系的；有意义的，目的明确的"等，原文的主题是"基因工程在农业上的应用"，而本句是原文中的第一个句子，聚焦的是"基因工程能够改善作物对环境的耐受性"，考虑到英语行文信息重要性的先后顺序，选择"有重大关系的"这一含义，故译文 2 是恰当的译文。

译者在解读文本时可以充分利用文本的互文特点，前面无法理解的问题往往可以在后文的阅读中得到解决，如例 9：

例 9　Many applications do not require <u>arms with articulated (or revolute) geometries</u>①. Simpler geometries involving prismatic or sliding joints are often adequate. Prismatic and revolute joints represent the opposite extremes of a universal screw. In a revolute joint, the screw pitch is zero, constraining the joint to pure rotation. In a prismatic joint, the pitch is infinite, constraining the joint to pure sliding motion. Revolute joints are often preferred because of the strength, low friction and reliability of ball bearings. Joints that allow a combination of translation and rotation (such as lead screws) are not normally used to join the links of robot arms. Manipulators are grouped into classes according to the combination of joints used in their construction. A <u>Cartesian geometry arm</u>② (sometimes called a gantry crane) uses only prismatic joints, and can reach any position in its rectangular workspace by Cartesian motions of the links. By replacing the waist joint of a Cartesian arm with a revolute joint, a <u>cylindrical geometry arm</u>③ is formed.

分析 例9选自一篇介绍机器人类型的原版教材,前文"多关节机械手"使用的术语是 articulated arms,因此当原作者换成 arms with articulated (or revolute) geometries 时,很容易将其译为"具有关节(或回转)几何形状的机械手";但是译者再往下翻译的过程中会遇到笛卡尔坐标式机械手 Cartesian geometry arm②和圆柱坐标机械手 cylindrical geometry arm③,就会明白这是术语变体的不同使用,arms with articulated geometries 也写作 articulated geometry arms,指的就是多关节型机械手 articulated arms。译者在翻译过程中,常常是一边译一边学,从第一个词到最后一个词,原文表达的信息和文风会逐渐明朗起来,因此在理解环节需要用上下回看的方式来解读原文,思考译文。

第二节 生成译文的策略能力

一、主动建构连贯

"连贯"不仅仅是文本的特点,也是信息接收者大脑所发生的认知结果。如果读者能够解码语表的相关性,即衔接,能够明白概念的关联性,也就能够理解译文。因此,译者在生成译文环节要充分发挥译者的主体性,构建连贯的语篇。

例1 <u>We are familiar with the properties of hard, brittle rock on the surface of the earth.</u> Within the earth, however, under extreme conditions of high pressures and temperatures, rock properties are very different.

机器译文 <u>我们熟悉地球表面坚硬易碎的岩石的特性。</u>然而,在地球内部,在高压和高温的极端条件下,岩石的性质是非常不同的。

人工译文 <u>在地球表面,我们所熟悉的岩石,其特性是坚硬易碎的</u>;然而在地球的内部,由于极端高温高压的条件,岩石表现出来的特性与前者却迥然不同。

分析 译者在翻译过程中,对翻译单位的选择也很重要,单句的翻译有时比较随意,但是在句群中,单句的含义则需要符合整个句群的共同含义,如机器翻译将"We are familiar with the properties of hard, brittle rock on the surface of the earth"处理为"我们熟悉地球表面坚硬易碎的岩石的特性",无法与后面的句子构成连贯的整体,因此译者应主动将前一句调整表意重心为"在地球表面,我们所熟悉的岩石,其特性是坚硬易碎的",从而与后一句"然而在地球的内部,由于极端高温高压的条件,岩石表现出来的特性与前者却迥然不同"构成连贯的语义流。

例 2 <u>Robots, becoming an increasingly prevalent adjunct in factories and industrial plants throughout the developed world, are programmed and engineered manipulators designed to perform industrial tasks without human intervention.</u> Most of today's robots are employed in the automotive industry, where they are programmed to take over such assembly line operations as welding and spray painting automobile and truck bodies. They also load and unload hot heavy metal forms used in machines casting auto and truck frames. In addition, they stall bulbs in instrument panels.

机器译文 <u>机器人在发达国家的工厂和工业工厂中越来越普遍</u>,它们是经过编程和工程设计的机械手,可以在没有人工干预的情况下执行工业任务。

人工译文 机器人是可重复编程设计的操作机,能够通过自动控制来完成各种工业任务。<u>今天机器人在许多发达国家广泛应用,逐渐成为工厂车间的得力助手</u>。

分析 本例中的"becoming an increasingly prevalent adjunct in factories and industrial plants throughout the developed world"在句中是插入语,在语法上可以放在句首、句中或者句末。考虑到下一段的内容是机器人在汽车行业中的应用,为了让一二段之间能够保持语义连贯无中断,可以将这一部分移到后面翻译(可对比机器译文和人工译文)。译者在翻译中是积极的语义构建者。

例 3 The techniques necessary for placing concrete depend on the type of member to be cast: that is, whether it is a column, a beam, a wall, a slab, a foundation, a mass column, or an extension of previously placed and hardened concrete. <u>For beams, columns, and walls, the forms should be well oiled after cleaning them, and the reinforcement should be cleared of rust and other harmful materials. In foundations, the earth should be compacted and thoroughly moistened to about 6 inches in depth to avoid absorption of the moisture present in the wet concrete.</u>

机器译文 <u>梁、柱、墙的模板清洗后应充分涂油</u>,钢筋应清除锈迹和其他有害物质。<u>在地基中</u>,泥土应压实并充分湿润至约 6 英寸深,以避免吸收湿混凝土中的水分。

人工译文 <u>在浇筑梁时</u>,柱、墙和板应清理后上油,钢筋应当清除锈和其他有害材料;<u>浇筑基础时</u>,应将底部土壤压实并充分浸湿 6 英寸,以免底部土壤从新浇筑的混凝土中吸收水分。

分析 在段落翻译时译者默认每个段落是自成一体的表意单位,段落中各句之间彼此关联;构建译文时应充分发挥译者的主体性,才能生成可读性好的意义整体。例 3 中,在认定句子前后连贯的前提下,因为第一句可理解为"混凝土浇筑的技术主要取决于浇筑构件的类型:是梁、柱、墙、板、大体积柱还是延伸已经浇筑完并硬化的构件",后面两句"for beams..."和"in foundations..."则理解为分别对这两种混凝土构件进行介绍,所以例

3译为"在浇筑梁时……;在浇筑基础时……"。与机器译文相比,人工译文的连贯性更好、表意更清晰。

译者要特别注意的是,译文的连贯除了表现为文字之间(如词与词之间、句与句之间、段与段之间等)的连贯,还表现为文字与图片之间的连贯,因为科技文本中的图片也常常执行表意功能。

例 4　The common industrial manipulator is often referred to as a robot arm, with links and joints described in similar terms. Manipulators which emulate the characteristics of a human arm are called articulated arms. All their joints are rotary (or revolute). <u>A representative articulated manipulators is the ASEA robot</u>.

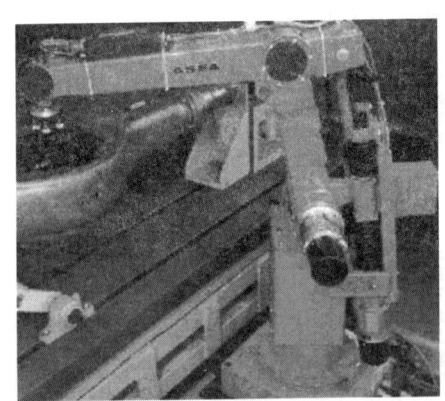

ASEA robot performing a mechanical assembly task
图 5-6　正在执行生产线操作的 ASEA 机器人

机器译文　常见的工业机械手通常被称为机械臂,具有连杆和关节,用类似的术语描述。模仿人类手臂特征的机械手称为铰接式手臂。它们的所有关节都是旋转的(或转动的)。<u>典型的铰接式机器人是 ASEA 机器人</u>。

人工译文　常见的工业机械手常称为机械手臂,其连杆和关节也是用人体名称来命名的。模仿人类手臂特征的机械手称为多关节机械手,其所有关节都是旋转(或是回转)的。<u>如图所示的 ASEA 机器人就是典型的多关节机械手</u>。

分析　如前所述,译者在重构译文时默认原文信息是一个相对完整的表意整体,上下句之间、段落和段落之间都应主动构建连贯,这一规则同样应用于文字和图片之间,因为图片在科技文本中是一个不可或缺的表意单位,常常配合文字共同传意。如本例,译者的连贯构建应包括原文下面的图片(见图 5-6),因此"A representative articulated manipulators is the ASEA robot"应译为"下图所示的 ASEA 机器人就是典型的多关节机械手"。

译者可以通过图片提供的信息确定正确的译语,如例 5。

例 5 请翻译以下图片中的文字。

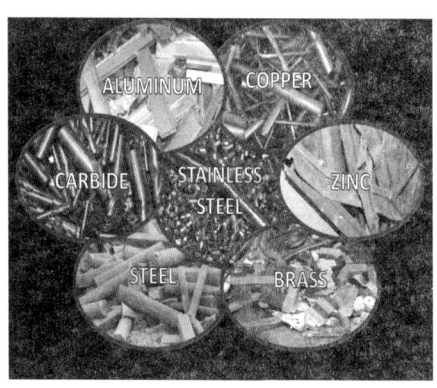

图 5-7 工程材料及用途截图

分析 图 5-7 中的 aluminum、copper、stainless steel、zinc、brass 和 steel 分别译为"铝""铜""不锈钢""锌""黄铜"和"钢",比较容易,但是如何翻译 carbide 一词呢?借助 CNKI 翻译助手我们可以查到这个词主要有"碳化物""硬质合金"和"碳化"等三个义项,译者应当如何选择?因为"硬质合金广泛用作刀具材料,如车刀、铣刀、刨刀、钻头、镗刀等",根据图片提示,CARBIDE 用于刀具材料,因此我们选择了"硬质合金"的含义。可见做出某一翻译抉择,是融合在线检索、语境分析等多种方法为一体的思维抉择。

二、借助网络语境化译文

在译文生成环节,科技译者除了需要完成文从字顺的译文之外,很重要的一环是对译语进行语境化处理,才能实现译文的交流目的。即使具备丰富知识的译者也不可能熟知每个专业领域、每种文本类型的表述方式,这时候借助网络查询平行文本是重要的翻译策略。

例 6 To do this artificially may require transferring genes as part of an attenuated virus genome or physically inserting the extra DNA into the nucleus of the intended host using a microsyringe, or <u>as a coating on gold nanoparticles fired from a gene gun.</u>

机器译文 要人工地做到这一点,可能需要转移基因作为减毒病毒基因组的一部分,<u>或使用微注射器将额外的 DNA 物理地插入目标宿主的细胞核</u>,<u>或作为基因枪发射的金纳米颗粒的涂层</u>。

人工译文 而如果要人为地进行水平基因转移,要求把基因转移为减弱病毒基因组的一部分,<u>或使用物理的方法,用显微注射器将外源 DNA 注射到靶细胞的核内</u>,<u>或将外源 DNA 附着在金纳米粒表面,使用基因枪将金粒射入靶细胞核内</u>。

分析 在此例中,基因工程技术的细节知识需要译者检索相关背景知识辅助表达,如术语 extra DNA、the intended host、microsyringe 等,而结构方面也需要借助背景知识厘清,如 as a coating on gold nanoparticles fired from a gene gun 应理解为将基因作为涂层附着在金纳米粒子表面,再通过基因枪射出(如人工译文)。科技译文技术交流的有效性非常重要,需要译者在重构原文时借助网络信息学习相关专业表述,才能使译文准确得体。

例 7 The key tools used by the company are <u>seismic data</u>, including novel acquisition; processing and interpretation techniques; integrated geological evaluation; <u>basin modelling to predict hydrocarbon generation, migration and charge distribution</u>; and petrophysical evaluation of well data.

机器译文 公司使用的主要工具是<u>地震数据</u>,包括新型采集;<u>处理和解释技术</u>;综合地质评价;<u>盆地模型预测油气生成、运移和装药分布</u>;以及井资料的岩石物理评价。

人工译文 公司使用的主要工具<u>涵盖地震数据采集、处理和解释一体化新技术</u>,地质环境综合评估技术,<u>预测油气的生成、运移和聚散的盆地模拟技术</u>;以及岩石物理测井评价技术。

分析 本例来自一份产品手册,产品手册需要在传递信息时将市场营销的理念融在译文中,因此如何将这家公司的技术以一种宣传的口吻在译文中呈现出来,又能确保技术信息的准确,是对译者的挑战。译者需要借助平行文本来核查和辅助译文构建,可以使用诱导词法,将"地震数据 采集 处理和解释 技术"等关键词输入,我们可以看到"……一体化技术"这样的表达(见图 5-8),既能清晰表达又能营造技术专业而先进的效果。此外,我们通过搜索和了解"盆地模拟"这一专业概念,获得"盆地模拟是基于物理化学的地质机理,在时间和空间上由计算机定量模拟含油气盆地的形成和演化、烃类的生成、运移和聚集,以揭示盆地油气规律本质"这样的描述信息。与原文核对,可以初步将 basin modelling to predict hydrocarbon generation, migration and charge distribution 译为"预测碳氢化合物产生、运移和电荷分布的盆地模拟技术";因为"电荷分布"(charge distribution)属于微观概念,逻辑让人生疑,通过查找"盆地模拟 烃类聚散"这一相关参考源,我们修改译文为如例 7 的人工译文。

图 5-8 "地震数据采集、处理和解释技术"检索截图

例 8　<u>Drainage of wetlands</u>, cutting and clearing of forests, growth of cities, and highway and dam construction have seriously reduced available natural habitats.

机器译文　<u>湿地的排水</u>、森林的砍伐和清除、城市的发展、公路和水坝的建设都严重减少了可用的自然栖息地。

人工译文　<u>湿地的排水疏干</u>、森林的滥砍滥伐、城市的扩建、公路和大坝的修建都使得自然栖息地严重萎缩。

分析　此例是关于自然栖息地的话题,根据词典释义,draingage 是“排水”的意思,是与“湿地”(wetlands)搭配是否得体?借助网络查询背景知识发现“排水疏干”这一概念则更为符合本例的语境(见图 5 - 9),所谓“排水疏干”是指“在沼泽湿地挖排水沟的同时,修建截水工程,彻底断绝沼泽湿地的水源补给,进一步加速沼泽湿地的疏干和退化等”。对比原文语境,将 drainage of wetlands 改译为“湿地的疏干”或者“湿地的排水疏干”。通过借助网络获取恰当的表达方式,能够构建更符合语境、更具有专业交流性的译文。

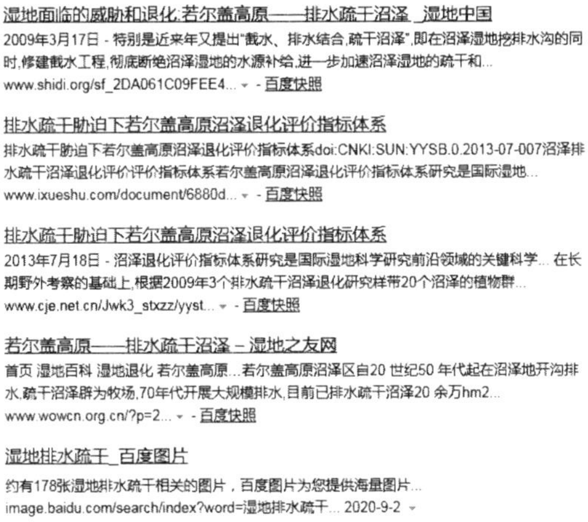
湿地面临的威胁和退化:若尔盖高原——排水疏干沼泽_湿地中国
2009年3月17日 - 特别是近来年又提出"截水、排水结合,疏干沼泽",即在沼泽湿地挖排水沟的同时,修建截水工程,彻底断绝沼泽湿地的水源补给,进一步加速沼泽湿地的疏干和...
www.shidi.org/sf_2DA061C09FEE4... - 百度快照

排水疏干胁迫下若尔盖高原沼泽退化评价指标体系
排水疏干胁迫下若尔盖高原沼泽退化评价指标体系doi:CNKI:SUN:YYSB.0.2013-07-007沼泽排水疏干沼泽退化评价评价指标体系若尔盖高原沼泽退化评价指标体系研究是国际湿地...
www.ixueshu.com/document/6880d... - 百度快照

排水疏干胁迫下若尔盖高原沼泽退化评价指标体系
2013年7月18日 - 沼泽退化评价指标体系研究是国际湿地科学研究前沿领域的关键科学... 在长期野外考察的基础上,根据2009年3个排水疏干沼泽退化研究样带20个沼泽的植物群...
www.cje.net.cn/Jwk3_stxzz/yyst... - 百度快照

若尔盖高原——排水疏干沼泽 - 湿地之友网
首页 湿地百科 湿地退化 若尔盖高原...若尔盖高原沼泽区自20 世纪50 年代起在沼泽地开沟排水,疏干沼泽辟为牧场,70年代开展大规模排水,目前已排水疏干沼泽20 余万hm2...
www.wowcn.org.cn/?p=2... - 百度快照

湿地排水疏干_百度图片
约有178张湿地排水疏干相关的图片,百度图片为您提供海量图片...
image.baidu.com/search/index?word=湿地排水疏干... 2020-9-2

图 5 - 9　“湿地排水疏干”检索截图

三、多做可用性判断

国际标准化组织将“可用性”(usability)定义为“某系统、产品或服务能够为特定使用者在特定环境下所使用的有效性(effectiveness)、高效性(efficiency)和满意度(satisfaction)”(British Standards Institution, 2010)。就翻译产品而言,“有效性”(effectiveness)指的是“准确度”和“完整度”;“高效性”(efficiency)指的是“简洁、一致和可读性;而“满意度”(satisfaction)则是读者的阅读体验,也涉及“可读性”。译者是翻译产品的第一个读者,在译文生成环节,译者应多做译文可用性判断,对提高翻译质量大有裨益。

例 9　Endangered species are <u>plants and animals</u> that are in immediate danger of extinction.

机器译文　濒危物种是指面临灭绝危险的<u>动植物</u>。

人工译文 濒危物种是指面临灭绝危险的<u>野生动植物</u>。

分析 机器译文和人工译文的区别在于人工译文增补了"野生"两个字。按照原文直译我们可以得到"濒危物种是指面临灭绝危险的动植物"的译文,但根据"濒危物种"的实际定义,"野生动植物"才是濒危物种,因此增补了"野生"两个字。译者在构建译文时要充分考虑译文的准确性和交流效果。

例 10 The <u>characterisation</u> of a new composite material system, particularly for application to fields such as aerospace structures, is a time-consuming process costing potentially millions of dollars.

机器译文 要了解一种新的复合材料的<u>特性</u>,尤其是将其用于航空结构件等领域时,需要耗费大量的时间,而且很可能要斥资数百万美元。

人工译文 要了解一种新的复合材料的<u>表征</u>,尤其是用于航空结构件领域的材料,需要耗费大量的时间,而且很可能要斥资数百万美元。

分析 机器翻译引擎未能识别 characterisation 的术语性质,将其译为"特性",在人工翻译时译者要保持对术语的敏感性。所谓材料的"表征"是"在材料分析的基础上进行的一种主观抽象思维,用文字、图示、模型等解释和说明材料中隐含的内在结构和特性",具有丰富的专业内涵,机器译文疏忽了术语的翻译,造成译文无法使用。

例 11 Some private and government efforts have been organized to save declining species. Laws were made in some countries in the early 1900s to protect wild animals from commercial trade and killing. International endeavors are shown in the Convention on International Trade in Endangered Species, <u>approved by 51 nations</u>.

机器译文 已经组织了一些私人和政府的努力来拯救濒临灭绝的物种。20 世纪初,一些国家制定了法律,以保护野生动物免受商业贸易和杀戮。<u>由 51 个国家批准的</u>《濒危物种国际贸易公约》体现了国际社会的努力。

人工译文 现今,一些私人团体和政府组织已经行动起来拯救濒危的物种。最初<u>由 21 个国家签署</u>的《濒危野生动植物种国际贸易公约》,其章程也体现了来自国际方面的共同努力。

分析 本例中原文 approved by 51 nations 应译为"由 51 个国家签署批准的",然而在查阅平行文本时发现,《濒危物种国际贸易公约》是 1973 年 3 月 3 日由 21 个国家在华盛顿签署的,成为濒危物种保护工作的里程碑。因此译文信息显然是不准确的,译者应该修改原文信息,确保译文准确无争议。

例 12 The newly fabricated replacement units were then craned in sections into the building via the roof, which had to be opened up especially for the task. This was an extremely delicate operation, as at times there were only inches to spare, as the vessels were manoeuvred past internal beams and structures.

机器译文 新组装的替换单元然后通过屋顶被分成几部分运入大楼,屋顶必须特别为这项任务而打开。这是一项极其精细的工作,因为当船只通过内部梁和结构时,有时只剩下几英寸的空间。

人工译文 为完成这项任务,只能强行打开建筑物顶部,分批把新制造的组件从顶部吊入。该操作的精细度要求极高,有时当吊斗通过内部的横梁与设备时,回旋的空间只有区区几英寸。

分析 本例是关于工程队更换湿式化学洗涤塔的,这些洗涤塔封闭在庞大的门式钢架建筑中,进入难度系数极高。vessels 一词在词典中的义项主要是"血管""船舱""容器"等,根据语境我们知道"容器"是较为合理的含义。但选择了这一义项后还需要进行语境化,否则译文连贯性较差,在此建议将其译为"吊斗",可以与前文的"吊入"(be craned)相对应。

例 13 In low-priced bearings the separator is sometimes omitted, but it has the important function of separating the elements so that rubbing contact will not occur.

机器译文 在低价轴承中,分离器有时被省略,但它有分离元件的重要功能,这样就不会发生摩擦接触。

人工译文 有些造价低的轴承是不带保持架的,但保持架的作用是将滚动体均匀隔开,防止其工作时相互摩擦和碰撞。

分析 本例是关于轴承安装的,机器译文将 separating the elements 译为"分离元件",将 rubbing contact will not occur 译为"不会发生摩擦接触",虽然语言是准确转换了,但是交流效果并不好,译者应该搜索轴承安装的背景知识,进行适当的增译(见人工译文),实现较好的技术交流效果。

本章从解读原文和生成译文两个角度探讨了"借助图片显化逻辑""语言和知识互补判断""语境内外综合判断""主动建构连贯""借助网络情景化译文""多做可用性判断"等六种译者策略,但科技翻译中的译者策略却是无法穷尽的,如译前分析客户要求,做翻译质量保证清单能够为整个翻译过程提供明确的翻译标准,又如制定术语表可以针对术语密集的文本统一术语之用等。如前所述,翻译策略能力可以包括认知思维能力、向专家求助、适时使用 CAT 工具的能力等,总结和分享翻译策略对科技译者培训具有重要意义。

技能训练

练习　请根据原文对机器译文做出修改。

1　Extinction is actually a normal process in the course of evolution. Since the formation of the earth, many more species have become extinct than those exist today. These species slowly disappeared because of change of climate and their failure to adapt to such conditions as competition and predation. Since the 1600s, however, the process of extinction has greatly accelerated as a result of both human population growth and technological encroachment on natural ecology systems.

机器译文　灭绝实际上是进化过程中的一个正常过程。自从地球形成以来,灭绝的物种比今天存在的物种要多得多。这些物种慢慢消失了,因为气候变化及其失败等条件适应竞争和捕食(捕食)。然而,自 1600 年代以来,灭绝的过程大大加速由于人口增长和技术侵犯在自然生态系统中。

修改译文　_____
_____
_____
_____

2　The secret of the moon remained unveiled until the latter half of the twentieth century due to the lack of lunar space carrier, for a series of questions concerning fuel, material, safe landing, propelling mechanism and particularly electronic computation etc. were too intricate to solve under the technical conditions early in this century, which have since been undergoing profound change and greatly improving.

机器译文　月亮的秘密仍然公布,直到二十世纪下半叶由于缺少月球空间载体,一系列关于燃料的问题,材料,安全着陆,推动机制,特别是电子计算等技术条件下过于复杂的解决在本世纪早期,这已经发生深刻变化,极大地改善。

修改译文　_____
_____
_____

3　With each scrubber capable of treating over 62,000 m^3/hr of odorous air, the refurbished odour control system is now operating with an H_2S removal efficiency of $>99\%$, thereby helping reduce the impact of odours in this sensitive urban location near a popular tourist location and close to the beach.

机器译文 每个洗涤器能够处理超过62000立方米/小时的恶臭空气,翻新后的气味控制系统目前运行的H_2S去除效率为>99%,从而帮助减少气味对这个敏感的城市位置的影响,它靠近一个受欢迎的旅游景点和海滩。

修改译文 _____

4 The American Society of Gene Therapy, under the presidency of Mark Kay, held its annual meeting in Baltimore, MD, USA this year. This meeting was well received by academics and industry alike in order to promote research, development and application of gene therapy. Exchange of information, promotion of education and development of clinical translation have been the main aims of this society.

机器译文 美国基因治疗学会在马克·凯的领导下,于今年在美国马里兰州的巴尔的摩举行了年会。为促进基因治疗的研究、发展和应用,这次会议受到学术界和业界的热烈欢迎。信息交流、教育促进和临床翻译的发展是这个社会的主要目标。

修改译文 _____

5 Contact with rubbing alcohol or chlorinated water quickly renders it inactive. Simple bar soap neutralizes HIV by breaking the chemical bonds of its lipids, or fats. And because so few cases of oral transmission have been documented, doctors conclude that the same antiviral compounds in saliva and stomach acids that protect us from a host of germs prove very effective against HIV in low concentrations.

机器译文 与外用酒精或氯化水接触会使其迅速失去活性。简单的肥皂通过破坏其脂质或脂肪的化学键来中和艾滋病毒。因为很少有通过口腔传播的病例被记录下来,所以医生们得出结论,唾液和胃酸中保护我们免受细菌侵害的抗病毒化合物,在低浓度的情况下被证明是非常有效的。

修改译文 _____

译理点拨

译者的翻译策略选择机制与翻译教学[①]

桑仲刚

与翻译学的其他分支相比,应用翻译研究尤其是翻译教学研究"更是一个年轻领域"(Nord,2006:109)。如库斯茂(Kussmaul,1995:5)、穆雷(1999:207—208)所言,翻译教学法须基于系统的翻译理论和翻译能力研究之上。尽管国内外学者(Kiraly,1995;Wilss,1996;PACTE,1996;苗菊,2007)对翻译能力的概念及其构成作了广泛研究,然而对翻译能力的核心要素即策略能力(发现和解决翻译问题的能力)的研究未有突破。翻译策略能力的探究需要以解释译者策略选择的翻译理论为依据,但目前各流派翻译理论之间缺少足够的连接,即缺少整体的理论连贯性,无法构建一个统一的解释性框架(Chesterman,2005:198)。

如凯拉里(Kiraly,2000)所言,翻译教学首先需培养学生对翻译过程中制约策略选择的各种因素的"意识"(awareness),帮助其在学习和体验翻译活动的过程中形成"自我概念"(self-concept),掌握翻译工具,获得分析、解决翻译问题的认知技能(2000:3,50)。为了帮助学生认识制约翻译过程中的诸因素,就需以一定的翻译理论为依据,然而在翻译教学的初始阶段向学生教授多种翻译理论是不现实的,故此是否需要教授翻译理论或选用何种理论的问题有待解决。

策略能力是翻译能力的核心部分,培养学生译者的翻译策略能力是翻译教学的主要目标,而翻译策略选择机制的探究是界定和归类翻译问题、量化测评译者分析翻译问题并制定策略方案能力的前提。凯拉里(Kiraly,2000:49—50)指出,学生翻译能力的培养主要指通过学习和体验翻译活动,使其形成可生性(viable)"认知模式",获得可以不断完善的分析、解决问题的认知技能即翻译策略能力。"策略选择机制"是一个关于翻译过程中分析、统筹翻译问题、制定"可能性解决方案"(possible solutions)的解释性框架,故此可作为帮助学生获得"可生性认知模式"的一种理论手段。

其次,该机制能为译者在诸因素制约下的策略选择提供"最简化"解释,为此可作为学生认识、理解翻译过程的一个工具,同时也能为理解不同流派翻译理论间的关系提供参照,有助于学生从整体上掌握翻译理论。

[①] 本篇节选自桑仲刚:《论译者的翻译策略选择机制》,《中国外语》,2013(2):103.

◎ **推荐读物**

张梅岗,余菁,李玮星.科技英语修辞[M].北京:国防工业出版社,2008.

Krisztina Károly. *Aspects of Cohesion and Coherence in Translation*. Amsterdam/Philadelphia:John Benjamins Publishing Company,2017.

第六章 科技译者的文本能力训练

本章导读

凯瑟琳·韦(Catherine Way)(2012:135)指出:在专业翻译课程结束时,学生应该具有的四个能力之首就是"识别某一专业领域的文本类型的能力";体裁特征的积累对译文的生成至关重要。本章从第一节到第五节依次介绍了产品说明书、产品手册、企业新闻、专利文献以及科普文本的翻译策略,并进行案例分析,侧重阐释不同文本的文风特点和相应的翻译标准。

科技文本体裁广泛,《英语科技文本:范式与翻译》(方梦之,2011)一书将科技文体区分为普通科技文体和专业科技文体;而普通科技文体又分为科普读物、科技新闻、产品说明书、可行性报告、实验报告和备忘录等;专用科技文体则有专利说明书、技术标准、学术论文、文摘和报告等。《科技翻译》(傅勇林、唐跃勤,2012)专门就合同、招投标文件、产品说明书和专利文献四种科技文体进行阐述。英国曼彻斯特翻译与跨文化中心的梅芙·奥罗汉(Maeve Olohan)的《科技翻译》(*Scientific and Technical Translation*)(2016)一书重点就产品说明书、产品手册、专利文献、学术论文和摘要,以及科普文本等进行阐述。正如方梦之(2019:720)所说:

> 物理学、化学、医学、经济和贸易等学科的专业内容虽然不同,但它们在进行信息交流时所使用的专业文件的类型、作用和格式是大致相同的,主要包括通信(包括广告单、电子邮件、备忘录和信件)、营销(包括经营管理文件和推销促销材料)、操作和使用说明书、建议书和报告书等。对这些专业文件进行语言学的比较分析,可以发现它们在目的、内容、写作方法和对象的选择方面具有一些共同的特点。

科技类文本类型多样,本章将对产品说明书、产品手册、科技新闻、专利文献和科普杂志等五种文本类型的翻译进行案例展示和分析,以强调其文本特征和相应的翻译标准。

第一节 产品说明书的翻译

方梦之(2011:174)阐述了产品说明书的结构、描写性和简约性特点,如多用祈使句,多用短句等。傅勇林、唐跃勤(2012:235—251)阐述了产品说明书的词汇特征,如使用普通词汇、使用专业术语；产品说明书的句法特征，如使用简单句、祈使句、不定式、if 从句、名词性短语和省略句等。奥罗汉（2016）阐述了产品说明书的"可用性"（usability），即"某一系统、产品或服务能让客户使用的有效性、高效性和满意度"（British Standards Institution，2010）；产品说明书的"可读性"（readability），即产品说明书需要在词汇、句式方面简洁、清晰等。产品说明书同时要具有"信息功能"和"推销功能"（promotional function）。以上内容皆对产品说明书翻译质量标准的制定具有重要的启发意义。以下将通过两个案例讨论产品说明书的基本文体特征和翻译质量标准。

案例一①

原文

Performance features

Select models include Intel® Pentium® 4 processors with Hyper-Threading Technology to help accomplish more tasks at once with improved processor performance and system responsiveness. Models also may include integrated Intel Extreme Graphics 2 with an upgradable 8X AGP slot, USB 2.0 ports, 1394 ports, a range of optional optical devices, external stereo speakers and a choice of optional ABC monitors.（Para.1）

One-button recovery and restore solution

The Rapid Restore software, installed on your hard drive, offers a hassle-free one-button recovery solution that lets you restore your previously saved data, applications and operating system with a touch of the F11 key. This technology can help reduce stress and frustration and get you back to work faster.（Para.2）

An efficient migration solution

Most users spend hours making their new PC look "like their old one. With the downloadable System Migration Assistant, you can migrate data, application settings and personal setting easily and quickly.（Para.3）

See the world with ABC monitors

ABC offers a full line of optional monitors, including space-saving flat panel monitors and CRTs with some of the latest technology to address a wide range of applications.（Para.4）

译文

系统性能技术特性

系统采用具备超线程技术的高效英特尔奔腾 4 处理器，能够提高运行效率和系统响应速度。其他技术特性包括集成 Intel Extreme 图形加速卡、可升级的 8X AGP 插槽、USB 2.0 端口的扩展功能、1394 端口、多种光驱选件、外置立体声音箱及可选 ABC 显示器等。（段1）

单键恢复和复原解决方案

---

① 本案例参考 http://www.doc88.com/p-3167114659765.html.

我们在您的系统硬盘驱动器中预装了 Rapid Restore 软件,它提供了轻松的单键(F11键)恢复解决方案,使您单键即可恢复以前保存的数据应用程序和操作系统。该项技术可以帮助您减轻 IT 技术支持的压力和复杂工作,使您的工作运转更快速。(段 2)

高效的系统移植解决方案
大部分用户都需要花费数个小时使新的 PCz 系统"看起来"与旧的系统类似。采用可下载的系统移植助理软件,您可以轻松、迅速地移植数据、应用程序设置和个性化设置等。(段 3)

ABC 显示器带给您全新的视觉世界
ABC 提供全系列显示器选件,包括节约空间设计的平面液晶显示器和融合有最新技术的 CRT 显示器以满足多种应用程序的使用需要。(段 4)

分析 这是一款计算机软件说明书的节选段落。在原文段 1 中有大量产品相关术语,如"Intel® Pentium® 4 processors"、"Hyper-Threading Technology"、"system responsiveness"、"integrated Intel Extreme Graphics 2"、"upgradable 8X AGP slot"、"USB 2.0 ports"、"1394 ports"、"stereo speakers"和"ABC monitors",在翻译时要注意译名的准确性,否则说明书的使用者无法找到对应的设备部件。

原文段 2、段 3 和段 4 都体现了产品说明书的宣传笔触,如"hassle-free one-button recovery solution"、"This technology can help reduce stress and frustration and get you back to work faster"、"With… you can migrate data, application settings and personal setting easily and quickly"和"ABC offers a full line of optional monitors"等。在应对产品说明书的广告宣传目的时,译者要心中装着读者,本着为客户服务的口吻,表达该产品能为顾客带来的收益。可对比分析以下例句:

句 1 The Rapid Restore software, installed on your hard drive, offers a <u>hassle-free one-button recovery solution</u> that lets you restore your previously saved data, applications and operating system with a touch of the F11 key.

译文 我们在您的系统硬盘驱动器中预装了 Rapid Restore 软件,它提供了<u>轻松的单键(F11 键)</u>恢复解决方案,<u>使您单键即可恢复</u>以前保存的数据应用程序和操作系统。

句 2 This technology can help reduce stress and frustration and get you back to work faster.

译文 该项技术可以<u>帮助您减轻</u> IT 技术支持的<u>压力和复杂工作</u>,使您的<u>工作运转更快速</u>。

句 3 With the downloadable System Migration Assistant, you can migrate data, application settings and personal setting easily and quickly.

译文 采用可下载的系统移植助理软件,您可以轻松、迅速地移植数据、应用程序设置和个性化设置等。

句 4　See the world with ABC monitors(副标题)

译文　ABC 显示器带给您全新的视觉世界

产品说明书翻译时首先要保证专业信息的准确性,同时也要实现产品的宣传效果。另外,本着用户至上的原则还要保证读者阅读译文的愉悦感。

案例二

RENAULT "HANDS-FREE" CARD: use (1/3)

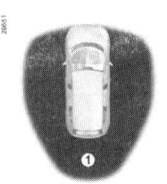 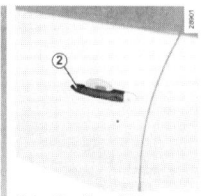 

Use
On equipped vehicles, in addition to the functions of the remote control RENAULT card, it can be used to lock and unlock without using the RENAULT card, when it is in access zone *1*.
Note: ensure that the RENAULT card is not in contact with other electronic equipment (computer, PDA, phone, etc.) as this could hinder its operation.

Unlocking the vehicle
With the RENAULT card in zone *1*, place your hand on a door handle *2*: the vehicle will unlock (in some cases, you may need to pull door handle *2* twice to unlock the vehicle and open the door).
Pressing the button *3* also unlocks all the doors and the tailgate.
The hazard warning lights **flash once** to indicate that the doors have been unlocked.

RENAULT "HANDS-FREE" CARD: use (2/3)

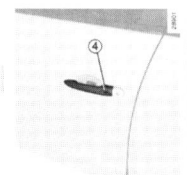 

Locking the vehicle
There are three ways to lock the vehicle: remotely, using button *4*, or using the RENAULT card.
Remote locking
With the RENAULT card on you, and doors and tailgate closed, move away from the vehicle; it will lock automatically once you have left zone *1*.
Note: the distance at which the vehicle locks depends on the surroundings.

The hazard warning lights **flash twice** and a beep sounds to indicate that the doors have been locked.
The beep may be switched off. Consult an approved Dealer.
If a door or the tailgate is open or not properly closed, or a card is in the passenger compartment (or the card reader) the vehicle will not lock. In this situation, **no beep sounds and the hazard warning lights do not flash**.

Locking using button 4
If you want to lock your vehicle, the card must be nearby (garage adjacent etc.), with the door and tailgate closed, press button *4* on the handle of the driver's door. The vehicle will lock. If a door or the tailgate is open or not properly closed, the vehicle will quickly lock/unlock.
Note: a RENAULT card must be within the vehicle's access zone (zone *1*) to be able to lock the vehicle using the button.
Special note
If you wish to check that the doors are locked after locking using button *4*, you have approximately **three** seconds to try the door handles without unlocking them.
After this delay, the hands-free mode is activated once again and any movement of a handle will unlock the vehicle.

RENAULT "HANDS-FREE" CARD: use (3/3)

Locking using the RENAULT card
With the doors and luggage compartment closed, press button *5*: the vehicle will lock.
The hazard warning lights **flash twice** to indicate that the doors have locked.
Note: the maximum distance at which the vehicle locks depends on the surroundings.

Special features
The vehicle will not lock if:
– a door or the tailgate is open or not properly closed;
– a card is still in zone *6* (or in the card reader) and no other card is in the external detection zone.

With the engine running, if after having opened and closed a door the card is no longer in the passenger compartment, the message Keycard not detected (accompanied by a beep when the speed exceeds a certain level) warns you that the card is no longer in the vehicle. This prevents you driving away after having dropped off a passenger who has the card, for example.
The warning disappears when the card is detected again.

After locking/unlocking the vehicle or the tailgate only using the buttons on the RENAULT card, remote locking and unlocking in hands-free mode are deactivated. To reactivate the hands-free mode, restart the vehicle.

图 6-1　雷诺智能钥匙的使用

案例二是雷诺车使用说明书中"雷诺智能钥匙卡的使用"部分(见图 6-1)。译者首先使用 Trados 排版,然后进行翻译。以下按照"雷诺免提卡:使用(1/3)""雷诺免提卡:使用(2/3)"和"雷诺免提卡:使用(3/3)"顺序就疑难句子分析如下:

"雷诺免提卡:使用(1/3)"部分:

段 1　On equipped vehicles, in addition to the functions of <u>the remote control RENAULT card</u>①, it can be used to lock and unlock without using the RENAULT card, when it is in <u>access zone 1</u>②.

机器译文　在配备的车辆上,除了<u>遥控雷诺卡</u>①的功能外,当车辆在进入<u>区域 1</u>②时,还可以不使用雷诺卡进行锁定和解锁。

人工译文　在配备的车辆上,除了<u>雷诺遥控卡</u>①的功能外,当雷诺卡位于<u>区域①</u>②时,可以不持有雷诺卡片就可以对车辆进行上锁和解锁。

分析　机器译文中将"remote control RENAULT card①"译为"遥控雷诺卡"是不恰当的,建议译为"雷诺遥控卡",与"雷诺免持卡"(RENAULT 'HAND-FREE' card)相一致,因为说明书中"雷诺免提卡:使用(1/3)"部分的前一页介绍的是"REMOTE CONTROL RENAULT CARD:use",是雷诺车的另一种卡,主要功能是遥控解锁车辆和开启车辆。机器译文中将"access zone 1②"译为"区域 1",看似与原文一致,但译者应从说明书使用的角度来判断译文的可用性,因为该页面配图中标记的是"①",故"access zone 1"应译为"区域①"求得与原图一致。产品说明书文本通常图文并茂,译者在翻译时特别要注意文字中的符号和图片上的标记具有一致性。

"雷诺免提卡:使用(2/3)"部分:

句 1　There are three ways to lock the vehicle: <u>remotely</u>, <u>using button 4</u>, or using <u>the RENAULT card</u>.

机器译文　有三种方法来锁定车辆:<u>远程</u>,<u>使用按钮 4</u>,或<u>使用雷诺卡</u>。

人工译文　有三种方法来锁定车辆:<u>遥控锁车</u>,<u>使用按钮④锁车</u>,或<u>持雷诺卡片锁车</u>。

分析　机器译文将原文中 remotely 译为"远程"是不清晰的,下文标题是"Remote Locking",而且根据前文信息,remotely 应译为"遥控锁车";同样考虑到文字中的符号和图片中符号的一致性,"using button 4"应译为"使用按钮④锁车";此外,using the RENAULT card 若如机器译文译为"使用雷诺卡",会让读者误以为"遥控锁车"和"使用按钮④锁车"不是雷诺卡的功能,这里须根据雷诺卡片使用的实际情况,建议译为"持雷诺卡片锁车"。

句 2　If <u>a door</u> or the tailgate is open or not properly closed, the vehicle will quickly <u>lock/unlock</u>.

机器译文　如果<u>车门</u>或后备厢打开或关闭不当,车辆将快速<u>锁定/解锁</u>。

人工译文　如果有<u>扇车门</u>或后备厢打开或没有正确关闭,车辆将快速<u>上锁然后解锁</u>。

分析　根据车辆的使用实际,句中的 a door 应译为"一扇车门",因为日常使用中,所有车门都打开或没有关好的情况并不常见。此外,lock/unlock 在机器译文中译为"锁定/解锁",让使用者迷惑车辆到底是锁上了还是没锁上。经过网上查找汽车发烧友的交流信息,了解到正确的理解应为"车辆快速上锁后然后解锁"。

"雷诺免提卡:使用(3/3)"部分:

句3 With the engine running, if after having opened and closed a door the card is no longer in the passenger compartment, the message Keycard not detected(accompanied by a beep when the speed exceeds a certain level) warns you that the card is no longer in the vehicle.

机器译文 当引擎运行时,如果在打开和关闭车门后,卡已不在乘客车厢内,则未检测到消息密钥卡(当速度超过某一水平时伴随着嘟嘟声),警告您卡已不在车内。

人工译文 在发动机发动时,如果在打开和关闭一扇门后,卡片已不在乘客车厢内,在这种情况下,就会检测到信息"主卡未检测到"(当车速超过一定范围还会发出蜂鸣声),警示您钥匙卡已经不在车内。

分析 原文 the message Keycard not detected 没有使用引号或斜体,因此译者需要仔细识别,信息的内容是"主卡未检测到"(Keycard not detected)。但是这里还需要考虑车上的这条信息在国内的雷诺车中是以英文显示还是中文显示,如果这条信息在雷诺车上仍然使用的是英文,则无须翻译。这一点译者需要通过项目经理与客户进行确认。此外,原文中的 a beep 不宜译为"嘟嘟声",因为 beep 也有拟声词"哔哔"的意思,使用者的雷诺车型到底发出哪种声音译者并不知道,所以建议译为"蜂鸣声"以适合各款雷诺车,或者也可以与客户确认。

第二节 产品手册的翻译

产品手册(technical brochures)是企业宣传产品的重要工具,通常比技术参数表 TDS(Technical Data Sheets)有更长的篇幅,一般包括对企业和产品系列做总体描述,然后对产品的技术信息进行描述(见图 6-2 和 6-3)。产品手册对企业的宣传力度较技术参数表来说更大。产品手册的撰写既需要传递技术参数表的技术信息,也要使用修辞手段来推销产品,赢得客户。因此译者既要善于准确翻译技术信息,又要把握营销的广告语气(Olohan,2016:108)。汉森(Hansen,2012:197)认为,产品手册的翻译需要译者懂得技术信息、文本特征知识,具有市场营销的知识和跨文化知识。从语言服务行业的质量保证承诺中我们也可以了解到产品手册翻译对译员的能力要求——既能准确地翻译专业信息,又能运用恰当的修辞策略达到对产品宣传的效果;而因为产品手册常常使用的是图文并茂的文本特征,因此要交付高质量的译文,需要运用排版技术。本节将通过两个综合案例阐释产品手册的翻译策略。

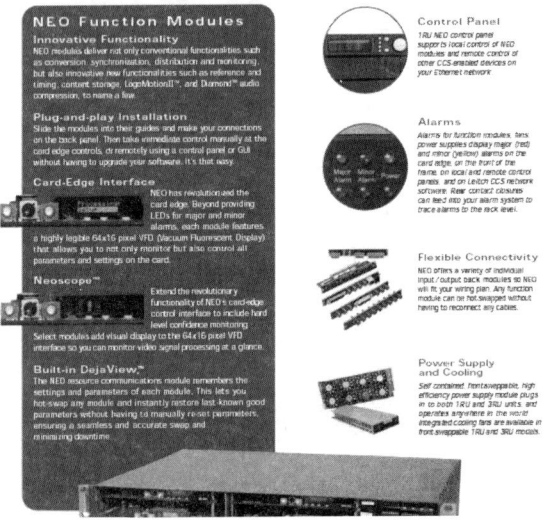

图 6-2 产品手册样例

图 6-3 技术参数表(TDS)样例

案例一

Zeltwanger AUTOMATION①

Comprehensive automation solutions

Work with the professionals②

ZELTWANGER AUTOMATION GmbH is a system vendor that offers its customers a truly comprehensive range of services. We cover the entire value-added chain: from mechanical and electrical engineering through assembly and software to initial operation of the new system③.

We design and develop customized systems for manufacturing automation.

Our main areas of focus are assembly systems for the automobile and medical industries.

We can handle virtually any customer requirement—from individual manual workstations to fully automated production lines④.

Comprehensive solutions from start to finish

ZELTWANGER Automation GmbH has completed countless assembly and testing systems for its customers. In addition to project execution, we provide advisory services even before our customers make the decision to invest. Once a system is in place, we support it throughout its lifecycle⑤.

We have the experience necessary to provide an objective comparison of individual assembly concepts, whether the customer is interested in manual one-piece flow or fully automated assembly lines⑥.

The security of high quality⑦

Another important field for ZELTWANGER AUTOMATION GmbH is the production of systems for leak testing and specialty requirements. When testing systems are required, we turn to our sister company ZELTWANGER DICHTHEITS-UND FUNKTIONSPRÜFSYSTEME GmbH. This gives us a wide range of opportunities in the field of air-based leak testing, such as inspection of cast parts, control instruments, and cylinder heads. In these situations, ZELTWANGER utilizes a process measurement computer. In addition to testing processes with air, it can also be used for other tasks such as flow testing or force-displacement recordings⑧.

ZELTWANGER DICHTHEITS-UND FUNKTIONSPRÜFSYSTEME

ZELTWANGER Automation GmbH

Maltschachstrasse 32

72144 Dusslingen

Telephone+49 (0) 70 72/ 92897-701

Fax+49 (0) 70 72/ 92897-777

automation@zeltwanger.de

www.zeltwanger.de

0908 The right to make changes in the interest of technical progress is reserved; no liability for errors in content and printing.

翻译分析：

① Zeltwanger AUTOMATION

译文 Zeltwanger 自动化技术

分析 基于对英语产品手册撰写惯例的了解，这个标题作为该文本的第一句应为整个产品手册的 logo，表明本产品手册的产品系列，所以建议对抽象名词 AUTOMATION 补足范畴词，译为"Zeltwanger 自动化技术"。

② Work with the professionals

译文 您与专家携手工作

分析 在翻译本标题时，应该融入"市场营销，客户至上"的笔触，这里的 the professionals（专业人士）意指"Zeltwanger 的专业人员"，因此可译为"您与专家携手工作"。

③ We cover the entire value-added chain: from mechanical and electrical engineering through assembly and software to initial operation of the new system.

译文 我们的服务将覆盖整个增值链：从机械工程和电气工程装配，到软件编程，再到新系统的初始安装。

分析 如前文所述，在产品手册翻译时译者需要胜任技术信息的准确翻译任务，这里基于对语法结构"…from…through…to…"的识别以及制造业自动化的理解，才能准确翻译——整个增值链应为机械工程装配、电气工程、软件编程、新系统初始运行。

④ We can handle virtually any customer requirement—from individual manual workstations to fully automated production lines.

译文 我公司能够满足客户的各种要求：从手工操作台到全自动生产线。

分析 在本句翻译时要注意从保护自身商业利益入手，不宜翻译为"我们能够满足客户的任一要求……"。

⑤ ZELTWANGER Automation GmbH <u>has completed</u> countless assembly and testing systems for its customers. <u>In addition to project execution</u>, we provide advisory services even before our customers make the decision to invest. <u>Once a system is in place, we support it throughout its lifecycle</u>

译文 ZELTWANGER 自动化股份有限公司<u>已经</u>无数次为客户<u>成功完成</u>各种装配

系统和测试系统。<u>除了履行应有的职责外</u>,我们还为客户提供咨询服务,包括尚未与我们正式确立合作关系的客户。<u>一旦您选择了我们的自动化方案,我们将为您提供全程技术支持</u>。

分析　在翻译 has completed 时,可以按照汉语修辞的特点,增加"成功"一词强化广告宣传效果。此外,正如汉森(Hansen,2012:197)所说"翻译产品手册时信息的对等不是唯一的翻译标准",在翻译 In addition to project execution 和 Once a system is in place 时无须直译,可以考虑将实化虚,如译为"除了履行应有的职责"以及"一旦您选择了我们的自动化方案",这样更容易形成具有亲和力的宣传文风。

⑥ We have the experience necessary to provide an objective comparison of individual assembly concepts, whether the customer is interested in manual one-piece flow or fully automated assembly lines.

译文　无论您选择手工单件流还是全自动生产线,我公司都拥有丰富的<u>经验为您提供不同组装方案的实用效果对比</u>。

分析　在翻译画线部分时我们不能将其直译为"我公司有足够的经验为客户提供单一装配概念的客观对比",这样的译文不知所云,原因是 concept 一词在这个语境下应选取"设计方案"的意思,而 objective comparison 中的 objective 则应采用引申的方法,在这个语境中琢磨一个合适的措辞,可以译为"我公司都拥有丰富的经验为您提供不同组装方案的实用效果对比"。可见,译文的可读性很重要。

⑦ The security of high quality

译文　高品质有保障

分析　这里要将市场营销的口吻融入译文中,可译为"高品质有保障"或"产品优质安全无忧"等。

⑧ This gives us a wide range of opportunities in the field of <u>air-based leak testing</u>, such as inspection of cast parts, control instruments, and cylinder heads. In these situations, ZELTWANGER utilizes a process measurement computer. In addition to <u>testing processes with air</u>, it can also be used for other tasks such as <u>flow testing</u> or <u>force-displacement recordings</u>.

译文　我公司在<u>空气气密性检测</u>领域能涉及广泛的服务领域,我们可以对配件进行检测,例如:铸件,控制仪表和汽缸盖等。检测工作中,公司利用过程测量计算机技术;除<u>空气气密性检测</u>外,该技术还可以完成其他任务,如用来<u>测试流量或记录力—位移数据</u>。

分析　在这个句段的翻译中,需要准确识别和翻译专业术语。在信息查找中,我们需要对气密性泄漏检测领域有一个大致的了解———一些行业如制冷业,需要对部件和系统进行气密性测试,泄漏的三个基本功能测试是确定是否有泄漏、测量泄漏率以及确定泄漏的位置。最常用的气密性检测方法是水下气泡试验、泡沫肥皂泡或者检漏液、压力和真空、示踪剂气体等。这些方法中有的用空气进行检测,如气泡试验通常用干燥空气或氮气。ZELTWANGER 公司的泄漏检测是基于空气的检测,我们从 air-based leak testing 和 testing processes with air 两处可以确定,译为"空气气密性检测"。其他画线处也要根据领域知识,译为"测试流量"和"记录力—位移数据"。

案例二

CAIRN INDIA LIMITED

Cairn India is one of <u>the largest independent oil and gas exploration and production companies</u>① in India ② with a market capitalisation of ～US$ 10 billion and the fastest-growing energy company in the world as adjudged by <u>the Platts</u>③ 2012 and 2013 Rankings. Cairn India operates more than 25 per cent of India's domestic crude oil production.

Through its <u>affiliates</u>④, Cairn India has been operating for more than 15 years playing an active role in developing India's oil and gas resources. To date, Cairn India has opened 4 <u>frontier basins</u>⑤ with over 40 <u>discoveries</u>⑥, 28 in Rajasthan alone.

The Mangala field in Barmer, Rajasthan, discovered in January 2004, is the largest onshore oil discovery in India in more than two decades. Mangala, Bhagyam and Aishwariya fields – major discoveries in Rajasthan block—have <u>gross ultimate oil recovery</u>⑦ of over 1 billion barrels from <u>primary, secondary and enhanced oil recovery (EOR) methods</u>⑧.

Cairn India has a portfolio of 9 blocks—one block in Rajasthan, two on the west coast and four on the east coast of India, and one each in Sri Lanka and South Africa. Oil and gas is currently being produced from Barmer, Ravva and Camba.

段 1:

机器译文 凯恩印度是最大的<u>独立石油和天然气勘探和生产公司</u>①。<u>在印度</u>②的市值 100 亿美元,是世界上增长最快的能源公司判定的<u>普氏</u>③2012 年和 2013 年的排名。凯恩印度公司经营着印度 25% 以上的国内原油生产。

人工译文 凯恩能源印度公司是<u>印度境内</u>②最大的<u>独立油气勘探生产(E&P)公司</u>①之一,其市值约为 100 亿美元。2012 和 2013 年公司连续被<u>全球领先的能源、石化和钢铁信息提供商普氏能源咨询</u>③评为全球发展最快的能源公司。凯恩能源印度公司控制着印度国内 25% 以上的原油生产量。

分析 这篇文本属于产品手册,在翻译过程中需要信息的准确,如本段中"the largest independent oil and gas exploration and production companies①"不能译为"独立的油气勘探和生产公司",而要译为"独立油气勘探生产(E&P)公司",因为这是公司类型,有固定表达,通常还会加上"(E&P)"。如前文所述,译名要具有交流性,需要是相关领域中的常用表达。"in India②"看似简单,译为"印度(最大的)……",但是这种译法产生的歧义是"凯恩能源印度公司是印度的公司",而根据了解的背景信息"凯恩能源印度公司是一家英国公司的分公司",为避免歧义,"in India②"可译为"印度境内(最大的)……"。本段中"the Platts③"若直译为"普氏能源咨询",可能因为并非所有读者都了解该咨询机构的权威性,而削弱了产品手册的市场宣传效果,建议增译普氏能源咨询的权威性描述——"全球领先的能源、石化和钢铁信息提供商"。

段 2:

机器译文 通过其<u>附属公司</u>④,凯恩印度公司已经经营了 15 年以上,在开发印度的石油和天然气资源方面发挥了积极作用。迄今为止,凯恩印度公司已开发了 4 个<u>边界盆地</u>⑤,<u>发现</u>⑥了 40 多个,仅拉贾斯坦邦就有 28 个。

人工译文 通过其<u>关联公司</u>④,凯恩印度公司已经经营了 15 年以上,在开发印度的石油和天然气资源方面发挥了积极作用。迄今为止,凯恩印度公司已开发了 4 个<u>边缘盆地</u>⑤,获得 40 多个<u>油气发现</u>⑥,仅拉贾斯坦邦就有 28 个。

分析 段 2 的译点④⑤⑥均为术语的翻译,"affiliates④"在有道词典中译为"附属公司",CNKI 翻译助手译为"子公司",但是通过在网页查证发现"affiliate"含义较广,主要特征是参股,直接或间接拥有 5% 或以上具有表决权的股份,不为母公司控股的公司,即我们所称的"联姻公司"或"横向联合版分公司";其也可指与另一公司有联系的公司,即"关联公司",此时其既可指母公司,也可指子公司,或者姊妹公司(sister corporation);而 subsidiary(也称为 subsidiary corporation)与母公司联系较紧密,多受母公司控股,是严格意义上的子公司。因此"affiliates④"应译为"关联公司"更为准确。"frontier basins⑤"译为"边缘盆地"更为准确,"边界盆地"是伪术语。根据网页查证,"discoveries⑥"译为"油气发现"更具行业交流性。

段 3:

机器译文 2004 年 1 月在拉贾斯坦邦巴尔默发现的曼加拉油田,是印度 20 多年来最大的陆上石油发现。Mangala、Bhagyam 和 Aishwariya 油田是拉贾斯坦邦区块的主要油田,其<u>初级、次级和提高采收率(EOR)方法</u>⑦的<u>最终总采收率</u>⑧超过 10 亿桶。

人工译文 2004 年 1 月在拉贾斯坦邦 Barmer 发现的 Mangala 油田是二十多年来印度境内发现的最大的陆上油田。这个区块的 Mangala、Bhagyam 和 Aishwariya 三个油田,通过采用<u>一次、二次和三次采油技术</u>⑦,<u>最终采收总额</u>⑧突破 10 亿桶。

分析 段 3 有⑦⑧两个译点,"gross ultimate oil recovery⑦"机器译文为"最终总采收率",有道词典释义为"总最终采收率",recovery 在 CNKI 翻译助手中显示石油天然气领域的义项有"回收""回收率"和"采收率";而 ultimate recovery 是一个固定术语,意思是"最终采收率",考虑到英语修饰词与中心名词的修饰位置与汉语的差异,翻译成汉语时可以译为"最终总采收率",如有道机器译文。但是在原文搭配的是"10 亿桶"而不是百分数,因此,应改译为"最终采收总额"。译点"primary, secondary and enhanced oil recovery (EOR) methods⑧"有道译为"初级、次级和提高采收率(EOR)方法",看似与原文信息完全符合,但是在中文石油天然气领域是缺乏交流性的,因为以上三种油气采收方法在中文中称为"一次采油、二次采油和三次采油";"一次采油"(primary oil recovery)是指依靠天然能量采油,"二次采油"(secondary oil recovery)是指"用注水或注气的方法来弥补采油的亏空体积、补充地层能量进行采油的方法",而"三次采油或 EOR 采油"(enhanced oil recovery)是向地层中注入其他能量的方法,即物理化学热力采油,国内称之为"三次采油"是出于更为便捷的原因,也称 EOR 采油。如前所述,科技译文除了信息准确外,还需要有行业交流性,这一点是很重要的。

第三节 企业新闻的翻译

企业新闻(press release)是企业向业界和客户发布的企业动态近况,包括产品发售、产品介绍、重大活动赛事、高层人事变迁等内容,借此推广产品、塑造公司形象。由于其及时性、目的性和塑造品牌形象等功能,企业新闻成为公关和营销的重要手段,极大地提升了企业的行业影响力和竞争力。在经济全球化日益加深和世界市场紧密联系的大趋势下,企业跨国经营成为必然,通过发布企业新闻,可以快速提高品牌影响力,提升营销效果,塑造企业形象。因此,企业新闻稿翻译的重要性不言而喻(王芳舒,2018)。

宣传营销色彩是企业新闻语言风格上最明显的特征,也是翻译时的一个难点所在。出于提升行业影响力和开拓海外市场的需要,企业新闻往往最大限度地宣传产品服务和品牌形象,提升认可度和亲和力,拉近与客户之间的距离,促使客户认可并购买产品和服务。意大利翻译理论家伊拉·多蕾茜(Ira Torresi)(2014:23)在其著作《促销和广告文本翻译》(*Translating Promotional and Advertising Texts*)中提出,在促销类文本中,"忠实"这一概念并非针对文本中的文字而言,也非针对原文内容或信息,而是针对预期功能的忠实。而在企业新闻中,这种促销目的决定了语言风格需要具备一定的宣传营销色彩,因为过于平实和保守不易引起读者注意。翻译时应发挥想象力和创造性,营造客户至上的交流氛围,突显产品和服务的优势卖点和企业在业界的领先地位。因此翻译实践过程中的难点主要体现在如何发挥创造性思维,在合理的范围内妥善遣词造句,通过词语的适当选取和表述来体现宣传性,营造适当的语言氛围,传递预期的表达效果,达成企业的宣传目的(王芳舒,2018)。

案例:

Smallest Antenna Can Increase Wi-Fi Speed 200 Times

Science Daily (Aug. 28, 2012)—Researchers from A*STAR's Institute of Microelectronics(IME) have developed the first compact high performance a silicon-based cavity-backed slot (CBS) antenna that operates at 135 GHz①. The antenna demonstrated 30 times stronger signal transmission over on-chip antennas at 135 GHz. At just 1.6mm x 1.2mm, approximately the size of a sesame seed, it is the smallest silicon-based CBS antenna reported to date for ready integration with active circuits.

IME's innovation will help realise a wireless communication system with very small form factor and almost two-thirds cheaper than a conventional CBS antenna. The antenna, in combination with other millimetre-wave building blocks, can support wireless speed of 20 Gbps—more than 200 times faster than present day Wi-Fi, to allow ultra fast point-to-point access to rich media content, relevant to online learning and entertainment②.

On the research breakthrough, Dr Hu Sanming, a key researcher from IME leading the antenna project, said, "The novel use of polymer filling enables >70% antenna size shrinkage and a record high gain of 5.68 dBi at 135 GHz③. By filling the antenna cavity with polymer instead of air, we can achieve a flat surface for subsequent processing by standard technology that is amenable to mass production④."

"The team has also designed a three-dimensional (3D) architecture to integrate the antenna with active circuits to form a fully integrated wireless millimetre-wave system-in-package solution with high performance, reduced footprint and low electromagnetic interference," commented Dr Je Minkyu, Principal Investigator of the Integrated Circuits and Systems Laboratory at IME.

(选自:http://www.sciencedaily.com/releases/2012/08/120829112230.htm)

案例分析

句① Researchers from A*STAR's Institute of Microelectronics(IME) have developed the first compact high performance a silicon-based cavity-backed slot (CBS) antenna that operates at 135 GHz.

译文 1 新加坡科技研究局微电子研究院的研究人员开发出第一款紧凑、高性能硅基背腔式缝隙天线(CBS),工作频宽可达 135 GHz。

译文 2 新加坡科技研究局微电子研究院的研究人员开发出第一款硅基背腔式缝隙天线(CBS),其结构紧凑、性能高、工作频宽可达 135 GHz。

分析 本句的翻译难点在于宾语位置的名词化结构,中心词为 antenna,前后皆有修饰,如果直译如译文 1,问题在于交流的意向性不鲜明,因为企业新闻的广告宣传的特点,建议用拆译的方法,将 compact、high performance 等词拆出来,放到句末以示强调,同时起到宣传的效果。

句② The antenna, in combination with other millimetre-wave building blocks, can support wireless speed of 20 Gbps—more than 200 times faster than present day Wi-Fi, to allow ultra fast point-to-point access to rich media content, relevant to online learning and entertainment.

译文 1　与其他毫米波积木块配合,该天线可以实现高达 20 Gbps 的无线速度——是目前使用的 Wi-Fi 网络传输速度 200 倍,<u>允许超快速点到点接入来获得在线学习和娱乐活动的多媒体内容</u>。

译文 2　与其他毫米波积木块配合,该天线可以实现高达 20 Gbps 的无线速度,超出目前使用的 Wi-Fi 网络传输速度 200 倍之多。因此,<u>该技术有望实现超快速点到点接入,获取丰富的在线媒体,获得倍爽的学习娱乐体验</u>。

分析　直译画线部分的信息,如译文 1 画线处,但译者应牢记企业新闻的宣传目的,体会原文作者用 ultra fast 和 rich 的宣传用意,采用短句的方式强调信息,并渲染学习娱乐体验,如译文 2,才能达到较好的企业新闻交流效果。

句③　The novel use of polymer filling enables >70% antenna size shrinkage and <u>a record high gain of 5.68 dBi at 135 GHz</u>.

译文 1　聚合物填充天线腔体的新方法使天线尺寸缩小 70%,<u>在 135 GHz 工作频宽下获得创纪录的 5.68 dBi 增益</u>。

译文 2　聚合物填充天线腔体的新方法使天线尺寸缩小 70%,<u>在 135 GHz 工作频宽下获得 5.68 dBi 增益,创下业界新纪录</u>。

分析　在翻译企业新闻时对一些具有宣传字眼的捕捉很重要,如句 3 中 a record high gain of 5.68 dBi 建议拆出 record high 一词放到句末进行强调,如译为"……获得 5.68 dBi 增益,创下业界新纪录"。在此特别强调的是译者切勿使用国家公布的一些广告禁用词,如"最新、最先进、最优、最专业的、第一、顶级、国家级产品、国际一流"等,以免将客户置于做虚假广告的不利处境。

句④　By filling the antenna cavity with polymer instead of air, we can achieve <u>a flat surface for subsequent processing by standard technology that is amenable to mass production</u>.

译文 1　用聚合物代替空气填充天线腔体,<u>采用适合大规模生产的标准技术进行后续处理,使天线表面平坦</u>。

译文 2　用聚合物代替空气填充天线腔体,<u>可以获得平面结构,便于在后续加工制作时采用标准技术批量进行</u>。

分析　企业新闻除了其宣传广告的语用目的外,由于其行业信息的专业性特点,译者在翻译中不可避免地要处理专业信息,如句④中的名词化结构"a flat surface for subsequent processing by standard technology that is amenable to mass production",蕴含三层小句信息,即 a flat surface(平面结构)、for subsequent processing by standard technology(用于后续采用标准技术)以及 that is amenable to mass production(适用于批量生产),如何排列这三层信息则需要遵循行业实际,如译文 2 所示。

第四节 专利文献的翻译

根据世界知识产权组织(WIPO,1988)的定义,专利文献是"包含已经申请或被确认为发现、发明、实用新型和工业品外观设计的研究、设计、开发和试验成果的有关资料,以及保护发明人、专利所有人及工业品外观设计和实用新型注册证书持有人权利的有关资料的已出版和未出版的文件(或其摘要)的总称"。专利翻译在语言服务行业中有着巨大需求,"要想在中国获得专利保护,就要在中国申请专利。《中华人民共和国专利法实施细则》第 4 条规定,专利申请文件应当使用汉语,外国人在中国的专利申请自然要译成汉语"(庄一方,2008:2)。近年来随着中国经济走向世界,汉译外方向的专利翻译也有着越来越多的市场需求。庄一方(2008:4)提出成为合格的专利笔译员的标准如下:

① 能读懂专利文献中的技术内容;② 能用清楚、准确的汉语正确表达出原文的内容;③ 熟悉专利文献中的常用语言;④ 了解权利要求书和说明书各部分间的对应关系,如权利要求书与说明书之间的关系;⑤ 了解权利要求书、说明书及摘要的不同作用及语言特点;⑥ 改正原文中明显的书写错误,如单词拼写问题、某个零件标号明显引用错误等,并通知专利代理人;⑦ 向专利代理人提出原文中明显不合逻辑之处。⑧ 如果专利笔译员具有一定的专利知识,可以修改原文中明显不符合专利法规定之处,并通知专利代理人。如将权利要求中的引用部分中出现的"The method according to the claim 2 and 3"改为"The method according to claim 2 or 3"。⑨ 即使具备专利知识,在翻译专利文献时,未经翻译委托人的授权,一般不应对涉及专利实质的部分进行修改,如认为权利要求是使用了 high、low、about 等含义不确定词,而对其进行修改或删除等。

以下将从"读懂技术内容""清楚准确表达出原文""了解专利语言的特点"和"了解专利各部分的关系"等基本要求方面,通过翻译案例来进行说明。

第一,读懂技术内容

例1 一种稻虾生态养殖的方法

译文 Ecological aquaculture method of Procambarus clarkii in paddy field

分析 在翻译"稻虾的生态养殖方法"时,要知道"稻虾"不是某类虾的品种名,而是在水稻田里养殖虾的养殖模式,此时不可唐突地将"虾"译为 shrimp。常用的 shrimp 指"海虾",这里生长在水稻田中的一定不是海虾,根据下文可知此处的"虾"指的是"小龙虾",而"小龙虾"只是异名,其正名是"克氏原螯虾",其拉丁文学名为 Procambarus clarkii。所以"稻虾"应译为 Procambarus clarkii in paddy field。

例 2　A cover piece is configured to be attached to the retainer bushing for covering the lock slot of the lock when the lock is in the locked position.（庄一方用例）

译文　覆盖件被配置成附接到保持器衬套,用于在锁定件处于锁定位置时覆盖锁的锁槽。

分析　量词 piece 一词在机械领域作为专业术语,有"块""只""部分""柱头""垫片"等含义,但该词在该专利中均以 cover piece 出现,应译为"覆盖件",所以 piece 在此文中取义为"件"。

例 3　一种卜辣椒的制作方法

译文　Production method of white pepper

分析　"卜辣椒"是专利申请人使用了术语俗称的情形。经查证,"卜辣椒"是"白辣椒"的俗称。"白辣椒",又叫"卜辣椒""蒲辣椒""扑辣椒",后三种叫法是根据湖南各地方言衍生的。洗净的辣椒在飞水后,经晒干、风干逐渐褪色,变为一种颜色偏白或者偏黄的干辣椒,称之为"白辣椒",故其译名为 white pepper。我国食品种类丰富,方言众多,专利申请人使用术语俗称的情况在食品领域尤其多见。

例 4　主要环节有:备料、糖粉浆、干粉、加色液、裹皮、风干、烘烤、加色、包装。（徐沛文,2020）

机器译文　The main links are: material preparation, sugar pulp, dry powder, adding color liquid, wrapping, air drying, baking, adding color, packaging.

人工译文　Key link including: preparation of sugar slurry and drying powder, adding color liquid, skin wrapping, air-drying, baking, color-adding, and packaging.

分析　此例来自名为"一种鱼皮巴旦木及其加工方法"的申请材料。人工译文和机器译文主要在"备料、糖浆粉、干粉"处有不同,造成译员不同理解的原因是原文表述不清晰。原文将"糖浆粉"和"干粉"与"备料""加色液""裹皮"等并列陈述,对译员理解原文逻辑造成了困难。仔细分析原文本可以发现,这句话是在陈述"主要环节",句中也大多是描述生产环节的动词短语,唯独"糖浆粉"和"干粉"是原材料名称。译员结合对"鱼皮巴旦木"生产流程的了解,在"糖浆粉"和"干粉"之前的步骤是"备料",可以合理推测,原材料"糖粉浆、干粉"就是"备料"这一生产准备过程中需要用到的"料"。

第二,清楚准确表达出原文信息

例 5　There has been a keen desire for performing finish rolling continuously in a hot strip mill for metal plates so as to improve productivity and quality as well as to realize automated operation.

原译 很希望能在一个带钢热轧机中对金属板进行连续的抛光轧制以便来提高生产率和质量以及实现自动化操作。

改译 长期以来,人们一直希望能在热轧带钢机中连续精轧金属板,在实现自动化的同时,增加产量提高质量。(庄一方用例,2008:34)

分析 专利文献中最常用的时态是一般现在时,这主要是由于专利文献是对结构、过程等的客观描述,这些客观性的内容通常是没有时间性的,在这种情况下使用一般现在时(庄一方,2008:34)。但是对已经发生的事以及将要发生的事,还是要准确传达申请书的原文含义。

例 6 The present invention provides for simple reliable misfire detection in a two-stroke cycle internal combustion engine.

原译 本发明在一二冲程内燃机中提供了简单可靠的缺火检测装置。

分析 "一二冲程内燃机"的表述不清楚,建议改为"一个(或一种)二冲程内燃机"或简单译为"二冲程内燃机"。(庄一方,2008:93)。

专利翻译采用的基本方法是直译,但译者要注意让译文清晰明了,不产生误解。在专利文献中小词的翻译特别要注意,如下例中的 and:

例 7 A fly wheel stores energy <u>and</u> evens out fluctuations in the speed of the engine.

原译 飞轮可储存能量并使发动机的速度波动平稳下来。

改译 飞轮可储存能量,因此能使发动机的速度波动平稳下来。(庄一方用例)

例 8 The tires should be inspected for wear <u>and</u> replace them if necessary.

原译 如有必要,轮胎应检查是否磨损并更换。

改译 检查轮胎是否磨损,以便及时更换。(庄一方用例)

在专利申请书中,小词的使用非常频繁,而小词的含义也很灵活,译者需要根据逻辑进行判断,切勿仅凭词典义项不加思考和选择。

例 9 There are two specimens, a liquid and a solid. This is a metal; that is a non-metal.

原译 有两份样本,一份是液体,一份是固体。这是金属,那是非金属。

分析 在汉语译文中,"这"和"那"的意义非常不明确。在这句英语中,指示代词 this 用来指与讲话者距离较近的事物,指代的是 a solid,应译为"后者";而 that 则指与讲话者距离较远的事物,指代的是 a liquid,应译为"前者"。因此,这句话应译为"有两份样本,一份是液体,一份是固体。前者为非金属,后者为金属。"(庄一方。2008:113)

第三,熟悉专利文献的语言特点

专利文献是一种具有法律效力的科技文献,因此在语言上具有鲜明的个性。

例 10

WHAT IS CLAIMED IS:

1. A device for preventing an emergency call (eCall) system backup battery for a vehicle from discharging, the device comprising①:

a global positioning system (GPS) configured to provide current position information of the vehicle in which an eCall system is mounted②;

a sales area information storage configured to form and store the GPS information on all sales areas as a sales area information database;

a microcomputer configured to determine whether the vehicle is located within a sales area which is a final destination by using the information acquired from the GPS and the sales area information storage and to control whether the backup battery operates depending on the determination result; and

a power supply manager configured to select and manage any one of a main battery and the backup battery to supply power to the eCall system by a control of the microcomputer.

2. The device of claim 1, wherein when the vehicle is located within the sales area which is the final destination, the microcomputer controls the backup battery of the eCall system to be in an operable state③.

3. The device of claim 1, wherein when the vehicle is not located within the sales area which is the final destination, the microcomputer maintains the backup battery of the eCall system to be in an inoperable state even though the main battery is in an operable state.

译文

1. <u>一种用于防止车辆的紧急呼叫(eCall)系统备用电池放电的装置,所述装置包括</u>①;全球定位系统(GPS),被配置为提供安装了紧急呼叫系统的所述车辆的当前位置信息②;销售区域信息存储器,被配置为形成并存储关于所有销售区域的 GPS 信息作为销售区域信息数据库;微型计算机,被配置为通过使用从所述 GPS 和所述销售区域信息存储器获取的信息来判定所述车辆是否位于作为最终目的地的销售区域内,并依据所述判定结果控制所述备用电池是否工作;以及电源管理器,被配置为通过控制所述微型计算机来选择并管理主电池和所述备用电池中的任一个向所述紧急呼叫系统供电。

2. <u>根据权利要求1所述的装置,其中,当所述车辆位于作为最终目的地的所述销售区域内时,所述微型计算机控制所述紧急呼叫系统的所述备用电池处于工作状态</u>③。

3. 根据权利要求1所述的装置,其中,当所述车辆没有位于作为最终目的地的所述销售区域内时,即使所述主电池处于工作状态,所述微型计算机也使所述紧急呼叫系统的所述备用电池保持在非工作状态。

分析 本例来自一个车辆紧急呼叫系统备用电池放电装置申请书的权利要求书部分，句①译为"一种用于防止车辆的紧急呼叫（eCall）系统备用电池放电的装置，所述装置包括"。此句中使用了典型的专利申请书套话"一种用于……的装置，所述装置包括……"；又如句③译为"根据权利要求1所述的装置，其中，当所述车辆位于作为最终目的地的所述销售区域内时，所述微型计算机控制所述紧急呼叫系统的所述备用电池处于工作状态"。这些句子的翻译方法都是按照专利申请书权利要求部分的特定句式来翻译的。同时，权利要求书中的定冠词 the 需要译为"所述的"，体现了法律文本的严密性。而在说明书部分和摘要部分，则不必遵守这一规定。

另外，句②"a global positioning system (GPS) configured to provide current position information of the vehicle in which an eCall system is mounted"作为装置的组成之一，按照一般书写规则，首先提出中心词"全球定位系统（GPS）"，再将修饰限定部分补足"被配置为提供安装了紧急呼叫系统的所述车辆的当前位置信息"。这种写法同样适用于本例的其他组成部分——"销售区域信息存储器""微型计算机"和"电源管理器"等。

此外，在翻译专利权利要求书时，特别注意标点符号的使用，这个专利权利要求书包括一个独立权利要求和几个从属权利要求，在翻译独立权利要求时句号只能有一个。

专利申请书含有技术文献的特质，技术文献中常包含对规范流程和步骤的描述，对步骤和流程的表述在业内一般有相对固定的模式。如例11对专利申请书摘要部分的分析。

例11 一种自动化智能鞋柜

<u>本发明涉及</u>智能家具<u>领域</u>，<u>公开了</u>一种自动化智能鞋柜，<u>包括</u>柜体和安装于柜体内部的智能控制系统，所述柜体旁设置连通柜体的护理柜，其中，所述智能检测系统包括中央处理系统、运输模块和护理模块；所述中央处理模块分别电性连接运输模块和护理模块，其中，所述护理模块设置在所述护理柜中，护理模块为加热模块或者杀菌除臭模块，运输模块具有将鞋子运输到柜体内的功能，<u>本发明具有</u>使鞋柜具有独立护理清洁鞋子的<u>功能</u>以及自动收纳鞋子的<u>功能</u>。

译文 Automatic intelligent shoe chest

<u>The present invention relates to</u> intelligent furniture field, <u>discloses</u> an automatic intelligent shoe chest, <u>including</u> cabinet and the intelligent control system being installed inside the cabinet, nursing cabinet connected to the cabinet is provided beside the cabinet, the intelligent inspection system including central processing system, transportation module and nursing module; the central processing module is electrically connected to the transportation module and the nursing module respectively, the nursing module is arranged in the nursing cabinet, nursing cabinet is heating module or sterilization deodorization module, transportation module has the function of transporting shoes into cabinet, <u>the present invention has the function of</u> making

shoe chest independently nursing and cleaning shoes and automatically receiving shoes.(徐沛文,2020)

分析 专利摘要主要由"标题""所属领域""发明内容""具体实施方式""有益效果"几个部分构成。例 11 来自智能家居领域,"主体部分"(即标题除外的所有段落)的首句一般包含标题内容;所属技术领域;再者是具体发明内容及具体制备方法或工艺,食品领域常先列出原材料明细及其用量,再叙述其加工过程;通常以"有益效果"结尾。每个部分都有其常用表述结构,如专利摘要标题常用的固定表达有"具有""采用""可……的某物"等,在翻译过程中将遇到的近似表达总结归纳起来,制成表格,利于译员自身知识学习积累,积累到一定量后也能加快翻译速度。专利摘要中,"有益效果"部分叙述了所申请专利的功效、适用人群等内容。在翻译此部分的时候,要求"有益效果"尽量用名词性短语表达,这是译员容易忽略的地方。

例 12 ……具有提神、驱蚊、止痛、调理胃肠不适、缓解伤风鼻塞等功效。(徐沛文,2020)

译文 …has the effect of refreshing spirit, repelling mosquitoes, relieving pain, regulating gastrointestinal upset, and relieving common cold and nasal obstruction.

分析 上例中,has the effect of 后的有益效果应为名词性短语而非形容词,译员要牢记此条规范,切勿如原译中混用形容词和名词性短语,造成语法错误。

当有益效果表述不能保持完全的形式一致时,要补足助动词,以保持语法准确性。

例 13 本发明中的高保湿卸妆液具有卸妆效果好、温和不刺激的优点。(徐沛文,2020)

译文 …has the advantage of good makeup removing effect, and being gentle and inirritative

又如在专利摘要翻译中,植物名(包括中药材名称)需以拉丁文书写,因为拉丁文表述精准,能在最大程度上减少误译。

例 14 迷迭香与薰衣草

译文 Rosmarinus officinalis and Lavandula angustifolia Mill

分析 译员不可直接将"迷迭香"和"薰衣草"译为 rosemary 和 lavender,需查出其对应拉丁学名 Rosmarinus officinalis 和 Lavandula angustifolia Mill。

第四,了解专利各部分的关系

英汉专利文献各部分的排列顺序不同,翻译应该从内容最直观、具体的部分开始。庄一方(2008:40—68)认为,可以将翻译顺序安排为"附图说明—具体实施方式—发明名称—技术领域—背景技术—发明内容—说明书摘要",原因如下:

第一,"附图说明"出现的词汇较为简单,句子简短易懂,还可以参考图解;Jane(2012)认为"对文本的理解固然重要,但是非文本因素也应考虑在内,如附图、公式、数学符号等此类因素的理解不容忽视,是理解任何语言文本的重要工具"。因此附图说明最先翻译并不代表这不重要,只是因为容易帮助译员理解后续的内容;第二,"具体实施方式"以一种接近技术人员的表述方式来描述技术方案,比较容易理解和翻译;第三,"发明名称"的关键词是重要的信息来源;第四,"技术领域"通常只有一句话,"The present invention relates generally to…and specifically to…",一般译为"本发明涉及……,特别是……",格式简单,容易理解;第五,"背景技术"部分通常会有书籍、专利文献等引用文献,先把这些文献译出的话更方便译者和读者查找资料;第六,"发明内容"包括目的和方案,目的通常使用"提高""节省""简化""操作""控制"或"使用"这类抽象词汇,译者应尽力将其明确表述出来;第七,在译完前面的内容后,翻译摘要就容易很多,而且摘要不具有法律上的限定作用,所用语言更接近技术方案,比较容易翻译(高洁,2017)。

正如专利领域资深译者庄一方(2008:168)所说:"专利翻译是一项对译者的综合能力要求很高的工作,译者应从开始接触的第一天起就不断地积累相关知识,提高语言表达能力和逻辑思维能力。"

第五节 科普文本的翻译

现代科普的传意目的是通过一定的策略方法来实现读者对科学知识的"意识"(Awareness)"愉悦"(Enjoyment)"兴趣"(Interest)"形成观点"(Opinion-forming)"理解"(Understanding)(简称 AEIOU)的个体反应;其交流方式为文理融合,教化与娱乐兼具,开启对话,重视人文关怀等。"当代科普翻译已经逐渐成为独具特色的交流模式,而不再是知识的简单传达。"(Myers,2003:265—279)

"科普文是大众语篇的一类,由于不同的社会文化语境和动机,对科普新闻进行重构的研究空间很大,译者也同时参与了这一语篇重构的活动。"(Olohan,2016:186)在科普杂志翻译中,译者如何发挥主观能动性?周领顺(2014a:26)提出,译者在翻译活动中可以扮演各种社会角色,如译者、广告策划者、推销员、编剧、演员等,称为译者的角色化,是译者在翻译活动中借翻译实现务实性社会目标而进行的不断迎合社会、调整和改变自己社会人角色的过程。谭载喜(2011:116—123)说过:"当面对社会这一市场时,即使作为表达型的文学翻译文本,也和突出使用的应用翻译文本命运一样,变成被'处置'的对象(如简译本),而译者进行的'改译''写译''拟译''节译''选译''摘译'等各种类别的译文和译法,其实就是译者以各种角色身份工作的产物。"以下本节将以美国经典科普杂志 *Scientific America* 的两个知名中文版——简体中文版《环球科学》和繁体中文版《科学人》为例,展示科普文本翻译时译者借助变译策略来扮演的交流角色。

社会评论家

"评论家"的工作是从事评论工作,有各种评论家,如体育评论家、军事评论家、股市评论家等,而社会评论家显然有自己的意识形态倾向。《环球科学》和《科学人》都执行着社会评论家的角色,通过这一角色,来赋予大众评判科学技术带来的伦理的、社会和政治意义的能力,见下例:

例1 Interventions available today could lead to decisive gains in prevention and treatment—if only the world would apply them.

译文1 现有的医疗方式,已经可以预防与治疗疟疾,现在只剩下我们是否愿意提供这些协助。(《科学人》2006/04)

译文2 <u>疟疾,在中国已经是比较陌生的名词,但在整个世界,这个古老的病魔每年仍然夺取上百万人的生命</u>。只要全世界都行动起来,利用所有可以利用的武器,在预防和治疗疟疾方面就可以取得决定性的胜利。<u>传染疟疾的蚊子叮咬人体之后,就开始了疟疾的致命周期,这种疾病每年使一两百万人丧命,主要为撒哈拉以南的非洲大陆的儿童</u>。(《环球科学》2006/04)

例2 New Dawn for ELECTRIC ROCKETS
Efficient electric plasma engines are propelling the next generation of space probes to the outer solar system

译文1 电浆火箭发射!(《科学人》2009/04)
就让高效率的电浆引擎把新一代太空船推往太阳系之外吧!

译文2 电火箭畅游外太阳系(《环球科学》2009/03)
<u>或许你依然对神七飞船发射升空的瞬间记忆犹新:长征火箭尾部喷出的熊熊烈焰,托起巨大的箭体和神七飞船,奔向茫茫太空。然而,如果我们的目的地不是近地轨道,而是遥远的外行星,这种常规化学火箭就无能为力了——除非它们只带燃料而不带其他任何东西</u>。用电磁场加速等离子体产生推力的电火箭,能够以更高的速度喷射气体,大大降低了燃料消耗,让远距离行星际旅行成为可能。

分析 在例1和例2中,《科学人》都使用了直译的翻译策略,而《环球科学》进行了编译(如画线部分),联系民众福祉、洋溢民族自豪,从中展现了译者浓厚的政治色彩。

例3 DISMANTLING NUCLEAR REACTORS
Taking apart a nuclear power plant that has reached the end of its life is a complicated task. But not for the reasons you might expect.

译文 核电厂除役拆厂(《科学人》2003/04)
台湾的核能问题,是条紧绷的神经,一旦抽动就会牵引学界、政界、民众激辩难休。不管政府最终的能源政策为何,台湾目前运转中的三座核电厂总有一天要面对停役、除役的问题,届时清除的工作要怎么做?美国缅因洋基核电厂率先除役拆厂,它的经验值得我们参考。

例 4 China's Great Leap Upward

By boosting astronauts into orbit, China hopes to become the newest superpower in space.

译文 1 中国大飞跃(《环球科学》2003/10)

中国成功将航天员送入太空,成为太空领域新的超级力量。

译文 2 神舟五号蓄势待发(《科学人》2003/10)

(导语删除)

分析 例3《科学人》译者采取编译的方法告知读者台湾核电厂也有拆除的问题,从而建立了读者与新闻主题的关联,并引导读者来了解台湾核电厂清除的技术问题同时也是社会问题。例 4 由于台湾和大陆的敏感关系,《科学人》译者没有直译原文信息,而是删除了对中国航空能力积极的评价(导语部分),改写了原来的标题,体现了其鲜明的政治立场。

科普教师

科普教师的角色是新闻体科普文的核心社会角色,在《环球科学》和《科学人》杂志中为改善科学普及效果而扮演"科普教师"角色进行编译的案例均不胜枚举。

例 5 The Enigma of Huntington's Disease

Nearly 10 years after scientists isolated the gene responsible for Huntington's, they are still searching for how it wreaks its devastation.

译文 谜样的舞蹈症

<u>病况悲惨的家族遗传疾病杭丁顿氏症,患者通常正值盛年,却开始不由自主地手舞足蹈,慢慢变得忧郁、暴躁、疯狂、失智,甚至被误以为是酗酒或精神病患</u>,无法自行正常生活,最后因并发症死亡。早在 10 年前,杭丁顿氏症就由全球科学家合作找到致病基因,过程感人至深。目前也有近百位研究人员组成跨国研究联盟,继续寻找这种谜样疾病的治疗方法,希望能终止病患家族的惊恐与绝望。(《科学人》2003/02)

例 6 With nanobatteries, power sources finally shrink with the rest of electronics.

译文 <u>与传统的普通电池相比,纳米电池颇具革命性:微小、环保、未使用时不会丧失电能。</u>有了纳米电池,电池最终能与其他电子元件一起微型化,添加到各种设备的芯片上。预计在 2—3 年内,纳米电池将送到首批使用者手中。(《环球科学》2006/03)

分析 例5和例6的译文都进行了编译,编译者增加了原文信息,目的就是向大众读者解读核心信息——"舞蹈症"和"纳米电池的优势",两杂志译者均充当了科普教师的角色,可见"科普知识教化"是其编译目的之一。

科技倡导者

从接受科学知识普及到自觉将科学新知识运用到生产生活中去是科普活动的意义所在,在科普译文中译者扮演"科技倡导者"的角色,是为了更直接地倡议大众参与到科技革新的践行中去。如下例:

例7 The Science of Bad Breath
The age-old condition of bad breath is coming under new scientific scrutiny, leading to insights into diagnostic approaches and possible solutions

译文 嗅出口臭的源头(《科学人》2002/06)
口臭,每个人都可能发生,许多人更是长年受此困扰。其实要保持清新好口气并不难,不过你得先知道口臭如何发生、引发口臭的细菌藏身何处、如何用口臭仪侦测口臭,以及如何治疗和预防。跟着口臭专家进行"消灭口臭、还我清新"大作战!

例8 Cheap, plentiful coal is expected to fuel power plants for the foreseeable future, but can we keep it from devastating the environment?

译文 在清洁能源普遍应用之前,世界仍然需要煤。可我们不能眼睁睁地看着燃煤排放的二氧化碳充斥大气。应该立即行动起来,围剿煤电厂,拘捕二氧化碳,将它埋葬在地底。(《环球科学》2006/10)

分析 对照原文,例7和例8的译者都采用了编译,或改译或译写,其目的在于将肩负的社会使命融入译文中,两杂志都扮演了科技倡导者的角色。

科技产品推销员

科技发展的直接产物是新产品,科技产品具有什么优势能够便捷大众日常生活?这是新闻体科普文承载的重要信息。陶丹梅(1993:31)在《浅谈科技报道的推销意识》一文中写道:"广告的作用在于激发消费者的情绪、诱发欲望,达到促成消费的目的,是给产品作'嫁衣';而科技报道在这一点上与广告似乎有相同之处,是完成科研成果的'出嫁'使命。"如下例分析:

例9 A new method of particle acceleration in which the particles "surf" on a wave of plasmapromises to unleash a wealth of applications.

译文 用等离子体加速器加速粒子的新技术,将在10年—20年内走向成熟。其中最令人振奋的是,一种结构极为紧凑的 GeV 级桌面型加速器的问世也指日可待，说不定哪一天，这种袖珍等离子体加速器会走进你的办公室，任由你使用；它将在材料科学、结构生物学、核医学和食物消毒等诸多方面大有用武之地。(《环球科学》2006/03)

例10 EXTREME LIGHT

Focusing light with the power of 1,000 HOOVER DAMS onto a point the size of A CELL NUCLEUS accelerates electrons to the speed of light in a femtosecond.

译文 史上最强雷射(《科学人》2002/07)

镜子与量子力学通力合作，把相当于超大型水库发电量1000倍的光，聚焦在细胞核那么小的点上，终于造出史上功率最强、价格不贵的超级雷射，不但可用于核融合发电，还可用来侦测最细微的初期癌症肿瘤细胞，前景一片看好！

分析 如例9所示，《环球科学》的译者采用编译的策略译写了这款等离子体加速器的新技术，它有很多美好的用途，即将走入大众的生活，值得期待。例10《科学人》杂志的译者增译了这种超级激光的技术前景，也是即将造福人类的技术进步。

文学家

诗人指的是诗歌创作者，小说家指的是小说创作者，散文家指的散文创作者，而文学家则指在诗歌、小说、散文、戏剧等方面都有一定成就的创作者[①]。因为在翻译中编译者可能将原文编译为一首诗或是一篇散文，所以本文选择"文学家"作为各种文体都能胜任的角色称谓。"文理交融是现代科普的趋势"(李芳，2011：89—93)，李志雄、周辉(2003：91)认为，"科技新闻的人文追求，体现了自然科学与社会科学的汇流发展，这一现象已经成为21世纪世界科学的潮流"。

例11 A single black hole, smaller than the solar system, can control the destiny of an entire cluster of galaxies.

译文 所有落向黑洞的物体都会被它无情吞噬吗？不对！高速旋转的黑洞在大快朵颐的同时，会将一部分"食物"高速抛射出去，形成笔直穿行数十万光年的喷流，加热广袤宇宙空间中的气体，进而影响整个星系团的演化历程——就像一颗小小的樱桃能撼动整个地球一样！(《环球科学》2007/04)

---

① http://baike.baidu.com/item/%E6%96%87%E5%AD%A6%E5%AE%B6/1211248?fr=aladdi

例 12

图 6-4 Scientific American 一则新闻的导语

译文　宇宙浩瀚变幻多
　　　　恒星相撞非奇事
　　　　欲知天体演化史
　　　　银河夜空待深究(《科学人》2003/01)

例 13　REAL TIME

　　The pace of living quickens continuously, yet a full understanding of things temporal still eludes us.

译文　问，时间为何物？(《科学人》2002/11)

　　人的生活步调越来越快，时间感也不断改变，但我们对"时间"仍是一知半解。物理学家最热中这个问题了，他们忙着研究时间的本质、最精准的计时器、时光机器；生物学家研究生物时钟，其中基因和蛋白质取代了振荡器与发条；以时间为饭碗的钟表制造者，发明了日晷、机械钟与电子表；一般人则想知道，光阴似箭、人生如白驹过隙，到底是什么意思？说了这么多，你是不是要问：时间，到底是什么？

分析　例 11 中，《环球科学》的译者为了让读者了解原文的含义，用文学的神来之笔改写了整个原文信息，描绘的是一个壮观而神奇的画面，用"樱桃"来比喻"黑洞"，整个画面生动，让人耳边也似乎回响着译者的天籁之音。例 12《科学人》的译者"化身"为诗人，将背景文字转换成一首七言古诗，揭示宇宙的深邃与古老。例 13 的译者为了让读者更好地了解"时间"对人们的影响，增译了各行各业的人们在做着与时间相关的工作，再加上对标题的改写——"问，时间为何物？"增加了整个译文的戏剧舞台效果，译者俨然成为一名"话剧演员"。

例 14　Parallel Universes

　　Not just a staple of science fiction, other universes are a direct implication of cosmological observations

译文　平行宇宙(《科学人》2003/06)

　　想想看，会不会有另一个你，现在也正在看这篇文章呢？这个非你的你，会不会也生活在一颗名叫地球的行星上？那颗行星上不但有雾霭笼罩的群山、肥沃的平原与星罗棋布的城市,而且它所在的太阳系,也还有其他的八颗行星呢!这个人在各方面的生活经历,都和你的一模一样。不过,也许他此刻决定放下文章不看了,而你却继续往下读。

例 15 Questioning the Delphic Oracle

When science meets religion at this ancient Greek site, the two turn out to be on better terms than scholars had originally thought.

译文 地质诉说古老的神谕(《科学人》2003/09)

一股蒸汽从德菲尔的地底升起,古希腊的女祭司开始恍惚,吟咏出阿波罗神的意旨。如今地质学家发现,是断层活动释放出乙烯气体,让女祭司产生轻微的麻醉;所导致的出神状态与吸胶者若有所似。

分析 例 14 和例 15 分别对原文抽象的表述"a direct implication of cosmological observations"和"be on better terms than scholars had originally thought"进行解读,译者扮演了小说家的角色,描绘了故事般的场景,并不惜笔墨将场景描写的惟妙惟肖,让读者深深地为故事所吸引,也从而明白了原文的抽象含义。

寓趣者

"寓趣者"指的是"寓趣于教者",就是将教育融于乐趣中。现代科普,即科学传播(SciCom)定义就是"使用恰当的方法、媒介、活动和对话来引发人们对科学的下述一种或多种反应——意识、愉悦、兴趣、形成观点,以及理解"。而通过"寓趣者"这一角色,译文能够引起读者的兴趣,让读者得到愉悦。举例如下:

例 16 Which Came First, the Feather or the Bird?

A long-cherished view of how and why feathers evolved has now been overturned.

译文 它是恐龙还是鸟?(《科学人》2003/04)

先回答下面三个问题:

1) 有羽毛的动物就是鸟类?
2) 先有鸟才有羽毛?
3) 羽毛是鸟类为了飞行才演化出来的?

答案是:以上皆非!

最近在中国辽宁省发现的许多恐龙化石都有羽毛,使得过去对于鸟类及羽毛的看法全都得推翻!

分析 《科学人》译者并没有直译原文导语信息如"长期以来对羽毛是如何演化的和为什么进行演化的看法现在要完全推翻了",而是设计了三个竞猜问题,让读者参与进去,然后让读者自己去发现原来自己持有的传统观念由于新的科学发现要重新认识。在阅读导语的过程中,读者不仅获取了知识,还得到了身心的愉悦。

例 17　THAT MYSTERIOUS FLOW

　　From the fixed past to the tangible present to the undecided future, it feels as though time flows inexorably on. But that is an illusion.

译文　神秘的时间流(《科学人》2002/11)

　　从不变的过去到真实的现在乃至不确定的未来,时间好似无情地一直流动流动流动流动流动流动……①

　　但在物理的地图里,时间却是一幅尽收眼底的风景画。没有任何东西消逝成为过去,②

　　也没有任何东西从未来向你逼近;川流不息的时间流,其实,只是幻象。③

分析　在这篇导语的译文中,《科学人》编译者通过摆弄文字和符号来制造让读者愉悦的效果,见图 6-5。首先,将原文 inexorably on 译为"一直流动流动流动流动流动流动……",让人感受到汩汩流动的水;此外,①—③三行文字设计了水流一样的词形排列,让人感受到"时间似水"的理念,生动而有趣。

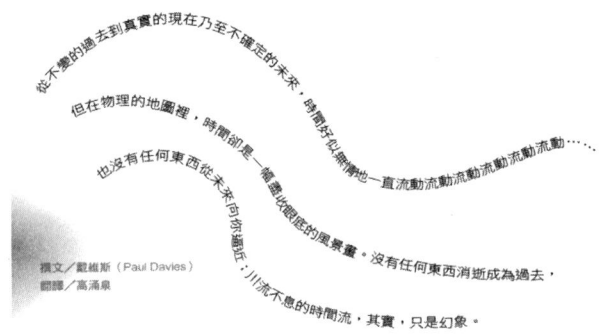

图 6-5　《科学人》编译者配图展示

例 18　ULTIMATE CLOCKS

　　Atomic clocks are shrinking to microchip size, heading for space —and approaching the limits of useful precision.

译文　终极时钟(《科学人》2002/11)

　　追求精准的极致,是科学家的梦想:

　　要让原子钟朝着微晶片的尺寸缩小,飞上太空,并将每秒的精准度推进至 0.000000000000000000001秒。

分析　在导语的翻译中,译者并没有将 the limits of useful precision 直译为"终极可用精度",而是以数字的形式来阐释极高的精确度,读者在清点小数点后面 21 个"0"的过程中必然被编译者的幽默感逗乐了。

例 19　Why Good Thoughts Block Better Ones

While we are working through a problem, the brain's tendency to stick with familiar ideas can literally blind us to superior solutions.

译文 1 大脑抗拒创新(《环球科学》2014/04)

在解决问题时,我们往往喜欢借鉴以往行之有效的方法,而不是另辟蹊径——这种倾向,与我们的大脑有关。

译文 2 高手盲点(《科学人》2014/06)

是"老狗变不出新把戏",或是"旧爱还是最美"? 原来是大脑对熟悉方法的偏执,让我们看不见其他可能的选择。

分析 对比译文 1 和译文 2,发现两译文的差别不是信息的差别,而是传意方式的差别,译文 1 选择的是直译,而译文 2 译者追加了"寓趣"的意图,将原文信息写入"俗不可耐"的通俗文字中,这是译者在扮演"寓趣者"这一角色。

例 20 Brainy Bird

Chickens are smart, and they understand their world, which raises troubling questions about how they are treated on factory farms.

译文 1 家鸡:高智商动物(《环球科学》2014/03)

最新研究发现,家鸡是一种充满智慧的动物,会采取很多人类也会用到的策略。于是,这引发了一系列伦理问题:既然家鸡如此聪慧,我们还能像以前那样对待这些智慧生物吗?

译文 2 傻鸡不笨(《科学人》2014/05)

呆呆笨笨、动作滑稽又聒噪,这是多数人对鸡的既定印象,事实上,它们的一举一动和叫声都在传达着:"不要小看我!"

分析 对比译文 1 和译文 2 发现,译文 1 采取的是直译的方式,准确地传递了原文信息,而译文 2 另辟蹊径,采取改译的策略描绘了家鸡憨蠢的模样,让人读来忍俊不禁。

因为《环球科学》和《科学人》分属不同的出版机构,有着不同的翻译规范,译者首先应当根据其所服务的机构要求采用规定的翻译策略,但是科技译者应当知晓现代科普的交流特征——文理融合,教化与娱乐兼具,开启对话,重视人文关怀等,积极发挥译者的主观能动性,巧妙地利用变译策略达到科学传播目的。

技能训练

练习 1 找出"飞利浦台灯说明书"原文和译文的差异,并分析原因。

Thank you for your purchase of a Philips desk light!

Operation Instructions

This desk light is not waterproof and is only suitable for indoor usage.

No alternations of any kind should be carried out on this desk light.

Do not use any voltage exceeding a 10% margin of the specified standard.

Do not touch the lamp inside or the lamp shade when the power is switched on.

Do not place flammable material near the desk light.

In case of operation failure, please switch off the desk light, unplug the power cord and contact your nearest Philips dealer.

Installation

Take out the desk light body, base and clip.

To use the desk light with the base, insert the stem onto the base plate and tighten the fixing screw.

To use the desk light with the clip, mount the clip onto the desired surface and tighten the fixing screw, then insert the stem onto the clip.

The supplied clip is not suitable for use on tubes.

Maintenance

In order to ensure optimum performance, we recommend you to clean the desk light twice a year. When cleaning the desk light take care to use soft cotton clothes only.

Do not use chemical solvents to clean the desk light, it might damage the painted surfaces.

Caution:Please turn off the power and unplug the desk light before replacing the lamp!

译文:

感谢您购买飞利浦台灯!

使用操作说明

此台灯为不防水型,只适合在室内使用。

不可随意更改产品结构。

所有电源勿超过额定电压的 10%。

台灯通电时,请不要触摸光源和灯罩。

请不要将高温易燃物品放在灯具附近,以避免发生火灾、触电。

在保修期内灯具电缆如有损坏,请务必交于临近飞利浦销售商更换。

安装步骤

取出灯具、底座、灯夹。

若使用底座,须将灯杆插入底座安装孔,拧紧固定螺丝。

若使用灯夹,须将灯夹固定在安装面的边缘,旋紧固定螺丝,灯杆插入灯夹的安装孔。所提供的灯夹不适合在圆管上安装。

保养方法

为了保持灯具明亮效果,请定期(半年一次)进行清洁。

灯具擦拭时,请用柔软布料沾肥皂水拧干后擦拭,再用干布擦净。

请不要用香蕉水等挥发性物质擦拭灯具表面,请不要对灯具喷洒任何化学药剂,否则灯具可能会变色或损坏。

注意:更换光源时,请务必先关闭电源。

练习2　翻译以下产品手册。

Cairn India follows an entrepreneurial strategy of creative thinking and implementing appropriate technology to search for commercial hydrocarbons by drilling high-risk but high-reward wells on prospective structures in India and in geographically geologically related plays. Following hugely successful exploration in the Barmer Basin of Rajasthan where almost 4bn BOE of resources were discovered, the company has made discoveries in the Krishna-Godavari Basin and in Sri Lanka, where two of the first wells drilled in 30 years found hydrocarbons. While the company retains an exploration focus in India and around the Indian Ocean, it has recently entered South Africa with both onshore and offshore exploration activities.

The key tools used by the company are seismic data, including novel acquisition; processing and interpretation techniques; integrated geological evaluation; basin modelling to predict hydrocarbon generation, migration and charge distribution; and petrophysical evaluation of well data. The company invests extensively in developing high quality in-house technical capabilities; building expert knowledge; and implementing new technology. Additionally, Cairn India has a sharp focus on the best Health, Safety and Environmental (HSE) practice, ensuring the safety of employees; the integrity of the business; and the environment in which we work.

Purpose-built, mobile, low cost drilling rig exploring in the desert of Rajasthan

练习3　翻译波音公司的公司简介。

Boeing is the world's leading aerospace company and the largest manufacturer of commercial jetliners and military aircraft combined. Additionally, Boeing designs and manufactures rotorcraft, electronic and defense systems, missiles, satellites, launch vehicles and advanced information and communication systems. As a major service provider to NASA, Boeing operates the Space Shuttle and International Space Station. The company also provides numerous military and commercial airline support services. Boeing has customers in more than 90 countries around the world and is one of the largest U.S. exporters in terms of sales.

Boeing has a long tradition of aerospace leadership and innovation. The company continues to expand its product line and services to meet emerging customer needs. The broad range of capabilities includes creating new, more efficient members of its commercial airplane family; integrating military platforms, defense systems and the warfighter through network-centric operations; creating advanced technology solutions; and arranging innovative customer-financing solutions.

Headquartered in Chicago, Boeing employs more than 158,000 people across the United States and in 70 countries. This represents one of the most diverse, talented and innovative workforces anywhere. More than 90,000 of our people hold college degrees—including nearly 29,000 advanced degrees—in virtually every business and technical field from approximately 2,700 colleges and universities worldwide.

练习4　翻译以下产品说明书。

METHODS OF RESTRAINT IN ADDITION TO THE FRONT SEAT BELTS (1/4)

Depending on the vehicle, they are composed of:
- seat belt inertia reel pretensioners;
- lap belt pretensioners;
- chest-level load limiter;
- air bags for driver and front passenger.

These systems are designed to act independently or together when the vehicle is subjected to a frontal impact.

Depending on the severity of the impact, the system can trigger:
- seat belt locking;
- the seat belt inertia reel pretensioner (which engages to correct seat belt slack);
- the low volume front air bag;
- the lap belt pretensioners to hold the occupant in his seat;
- the large volume front air bag.

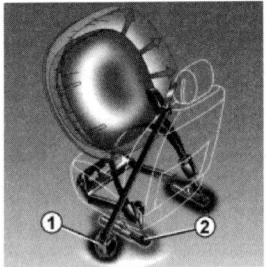

Pretensioners

The pretensioners hold the seat belt against the body, holding the occupant more securely against the seat, thus increasing the seat belt's efficiency.

In the event of a severe frontal impact and if the ignition is switched on, the system may engage the following depending on the force of the impact:
- the seat belt inertia reel pretensioner **1** which instantly retracts the seat belt;
- the lap pretensioner **2** on the front seats.

- Have the entire restraint system checked following an accident.
- No operation whatsoever is permitted on any part of the system (pretensioners, air bags, computers, wiring) and the system components must not be reused on any other vehicle, even if identical.
- To avoid incorrect triggering of the system which may cause injury, only qualified personnel from an approved Dealer may work on the pretensioner and air bag system.
- The electric trigger system may only be tested by a specially trained technician using special equipment.
- When the vehicle is scrapped, contact an approved Dealer for disposal of the pretensioner and air bag gas generators.

METHODS OF RESTRAINT IN ADDITION TO THE FRONT SEAT BELTS (2/4)

Load limiter

Above a certain severity of impact, this mechanism is used to limit the force of the belt against the body so that it is at an acceptable level.

Air bags for driver and front passenger

Fitted to the driver and passenger side.

Depending on the vehicle, the presence of this equipment is indicated by the word "air bag" on the steering wheel and dashboard (air bag zone **A**) and a symbol on the lower section of the windscreen.

Each air bag system consists of:
– an air bag and gas generator fitted on the steering wheel for the driver and in the dashboard for the front passenger;
– an electronic unit for system monitoring which controls the gas generator electrical trigger system;
– remote sensors;
– a single warning light on the instrument panel.

⚠ The air bag system uses pyrotechnic principles. This explains why, when the air bag inflates, it will generate heat, produce smoke (this does not mean that a fire is about to start) and make a noise upon detonation. In a situation where an air bag is required, it will inflate immediately and this may cause some minor, superficial grazing to the skin or other problems.

1.25

METHODS OF RESTRAINT IN ADDITION TO THE FRONT SEAT BELTS (3/4)

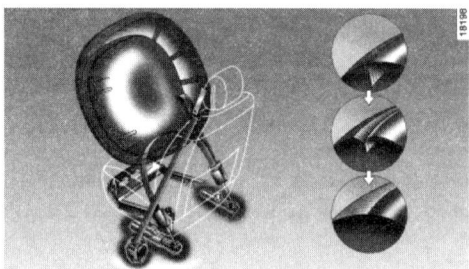

Operation

This system is only operational when the ignition is switched on.

In a severe frontal impact, the air bags inflate rapidly, cushioning the impact of the driver's head and chest against the steering wheel and of the front passenger against the dashboard. The air bags then deflate immediately so that the passengers are not in any way hindered from leaving the vehicle.

Special feature of the front air bag

After a violent impact, it has two deployment volumes and integrates a ventilation system:
– low volume air bag, this is the first stage of operation;
– large volume air bag, the air bag seams rip so that a larger volume of gas is released into the bag (for the most severe impacts).

练习 5　请翻译下面专利的权利要求书部分。

ABSTRACT OF THE DISCLOSURE

A device for preventing an eCall system backup battery for a vehicle from discharging is provided. The device includes a GPS configured to provide current position information of the vehicle in which an eCall system is mounted. A sales area information storage is configured to form and store the GPS information on all sales areas as a sales area information database. A microcomputer is configured to determine whether the vehicle is located within a sales area which is a final destination by using the information acquired from the GPS module and the sales area information storage and to control whether the backup battery operates depending on the determination result. A power supply manager is configured to select and manage any one of a main battery and the backup battery as supply power of the eCall system by a control of the microcomputer.

译理点拨

文体的形成①

方梦之

"无论哪种文体,都是一种社会现象,一种社会的意识形态,是与一定的社会历史背景、生产水平以及人们的表达需要相适应的。这就是说,文体是特定历史时期和社会生活的产物。"(王宏喜,1992:5)

一种文体的形成,有一个漫长的过程,例如,"新闻"作为一种文体,知识在报刊出现以后才慢慢定型,实际上,它的雏形早在孕育之中了。据传,在报纸问世之前,英国有人把每日发生的新鲜事写在纸片上,张贴在公共场所的专栏里,专栏设有四个栏目,分别标有 N、E、W、S,代表北、东、西、南,合起来就是 NEWS,表示"新闻"来自四面八方。任何纪实的笔记和新事态的记录,都可视为新闻,这种文体早就存在,只是没有以报刊的形式传播罢了。报刊出现后,新闻文体又逐渐发展,有了许多门类,除了消息之外,还有通讯、社论、评论、特写等。

科技文体也是随着科学技术的进步逐渐发展起来的。科技文体是表述科技内容的不同体裁的总和,只有当多种科技体裁逐步确立,期间显示出一定的文体共性,科技文体才逐渐被人们所认识。英语的各种科技体裁都有其形成过程。

专利说明书的形成就有一段漫长的历史。13 世纪初,英王在授予他的庶民某些特权时,一般都要颁发由其亲自签署并盖御玺的证书,证书用敞口信的形式送交本人,信的内容对任何人都公开,所以有人称它为 letters patent(公开证书)。其中,英语 patent 一词,源于拉丁语,原意为"开启的"或"公开的"(open)。随着工业技术的发展,这种证书专门授予有发明的人,这样,patent 成了发明者和国家之间的一种法律契约。国家保护有关的发明创造,发明者对他的发明享有一定期限的独占权,所以 patent 一词不再称为"公开证书",而改称为"专利证书"(或译为"专利""专利权")了。至今,各国专利说明书的体例大同小异,正朝着国际化的方向发展。

从古希腊到现代的西方,论文写作的历史源远流长。不同时期的科技论文,反映了不同时期的科学发展水平。在近代史上,出现了不少英文科学巨著,如牛顿的《自然哲学的数学原理》(1687),确立了力学三大定律和万有引力定律;麦克斯韦的《电磁场的动力学理论》(1865),建立了经典动力学的基本运动方程——麦克斯韦方程组;1808 年—1827 年,英国化学家道尔顿的《化学哲学的新系统》陆续出版;1859 年,达尔文写成名著《物种起源》;1905 年爱因斯坦发表有划时代意义的论文《论运动物体中的电动力学》,创立了"狭

---

① 本篇节选自方梦之:《英语科技文体:范式与翻译》,国防工业出版社,2011:4—6。

义相对论"。这些论著对科技发展和社会进步起了重要作用,而且它自身也渐趋成熟,形成了具有一定风格特征的论文体裁。

产品标准、技术标准的历史可追溯到古代个体作坊对生产产品的技术要求和规格。到了近代的大规模生产,特别是到了第二次世界大战以后的现代化生产,标准化已成为重要的组织和管理手段。但是技术标准体裁的定型化还是在1947年国际标准化组织(International Standardization Organization,ISO)成立之后。ISO的目的是:在世界范围内促进标准化工作的制定以增进国际间商品与设备的交流,扩大国际间在知识、科学、技术以及经济活动中的相互协作。ISO是专门制定国际标准的组织,每年要定数百个。此外,许多英语国家还制定本国的国家标准。技术标准有一定的内容范围和行文格式,甚至规定了纸张幅面的尺寸,这样就形成了其独特的体裁。

技术合同在一般性契约的基础上规定了一定的项目内容,沿用了一些法律性的措辞,也有大致固定的格式,形成了另一种体裁。

总之,英文科技文体是历史的产物,它随着科学技术的发展而发展,而且其发展方向具有国际化的特点,对各国文字的科技文体带来或大或小的影响。

◎ 推荐读物

方梦之. 英语科技文体:范式与翻译[M]. 北京:国防工业出版社,2011.

庄一方. 专利文献的英汉翻译[M]. 北京:中国水利水电出版社,2008.

冷冰冰. 科普杂志翻译规范研究[M]. 上海:上海交通大学出版社,2018.

Maeve Olohan. *Scientific and Technical Translation*. London and New York:Routledge,2016.

Ira Torresi. *Translating Promotional and Advertising Texts*. London and New York:Routledge,2010.

Anna Trosborg. *Text Typology and Translation*. Amsterdam/Philadelphia:John Benjamins Publishing Company,1997.

第七章 科技译者的工具能力训练

本章导读　人工智能时代,科技译者须学习了解、精准选择和正确使用流行的计算机辅助翻译软件、机器翻译系统、翻译云平台及译后编辑等工具。技术帮助译者优化译前、译中、译后整个翻译流程,工具能力是职业译者不可或缺的翻译能力。本章第一节介绍重要的CAT工具使用,第二节和第三节介绍机器翻译工具的使用;第四节介绍译后编辑工具的使用;第五节从翻译流程角度总结科技译者如何使用翻译辅助工具。

第一节　CAT工具案例训练

计算机辅助翻译(Computer-Aided Translation)工具,简称CAT工具。在国内外,众多学者为厘清这一概念做了大量研究,归结起来,对于计算机辅助翻译技术的理解和定义,可大致分为狭义和广义两类。

狭义的计算机辅助翻译技术通常是指利用翻译记忆的匹配技术提高翻译效率的翻译技术,它实际起了辅助翻译的作用,所以称为计算机辅助翻译。它利用计算机模拟人脑记忆功能的机制,将译者从机械性的工作中解放出来,全力关注翻译活动本身。翻译记忆的工作原理是:译者利用已有的原文和译文,建立起一个或多个翻译记忆数据库(简称"记忆库")。在翻译过程中,系统自动搜索记忆库中相同或相似的翻译资源(如句子、段落),并给出参考译文,使译者避免无谓的重复劳动,只需专注于翻译新内容。与此同时,记忆库能自动储存新译文,变得越来越智能,效率越来越高。

广义的计算机辅助翻译范畴则可指在翻译过程中应用到的多种技术,可包括内容管理系统、写作技术、桌面排版、文字处理、翻译管理系统、翻译记忆工具和计算机辅助翻译、质量保证工具、修订工具、本地化工具、机器翻译、术语管理系统、项目管理软件、语音-文本识别以及其他现有的和未来将要出现的多种翻译技术。

主流计算机辅助翻译工具有国外的 SDL Trados、Déjà Vu、Wordfast、memoQ、STAR Transit,国内的雅信 CAT、雪人 CAT、优译 Transmate 等。本节将聚焦 CAT 工具软件 Déjà Vu X3 的系统介绍,并引入案例对该工具的实操步骤进行较详细的说明。通过这一 CAT 工具的使用训练,科技译者不仅可以提升实际项目中的翻译技能,还可以体验使用 CAT 工具从项目管理到翻译过程带来的效率提升,掌握不断创造与优化自己语言资产的方法。

一、Déjà Vu X3 简介

Déjà Vu 始于 1993 年,是法国 ATRIL 公司全球首个基于 Windows 平台开发的计算机辅助翻译工具。Déjà Vu 有"似曾相识"之意,可理解为翻译记忆的复现,中文音译的"迪佳悟"便源于此。在语言服务需求方和自由译者群体中,Déjà Vu 市场占有率名列全球前三,目前最新版本为 Déjà Vu X3 9.0.746,分为 Déjà Vu X3 Free、Déjà Vu X3 Professional(如图 7-1)、Déjà Vu X3 Workgroup 和 Déjà Vu X3 TEAMserver。

Déjà Vu X3 是 ATRIL 最新版本的计算机辅助翻译软件桌面级产品,它提供了非常灵活的导出功能,导出双语 Word 时,可以直接导出锁定句段、重复句段以及完全匹配句段,且在导出时可以去掉所有格式标记;集成了 9 款世界主流的机器翻译引擎接口,包括谷歌机器翻译引擎、My Memory 机器翻译引擎、微软机器翻译引擎、百度机器翻译引擎、亚洲在线语言工作室、SYSTRAN 企业服务器、Ubiqus BMT、Pangea MT、DeepL 和 PROMT 翻译服务器,能提供高效的机器翻译译后编辑环境;具备翻译、审校和项目管理需求的集成环境;带有高级项目浏览器,能分级浏览计算机本地和当前项目的文件夹和多格式文件结构,为大型翻译项目(尤其是本地化翻译项目)中的文档管理提供了极大的便利;具备资源压缩工具,能对翻译项目、翻译记忆库、术语库和筛选器进行压缩,以回收项目、翻译记忆库、术语库和筛选器中不再使用的空间,提高项目、翻译记忆库和术语库的性能;具备资源修复工具,能修复已损坏的项目、翻译记忆库和术语库文件,以避免不必要的数据损坏和丢失;具有模糊匹配修复(Fuzzy Match Repair)、深度挖掘统计提取(Deep Miner Statistical Extraction)、片段汇编(Assemble)等特色功能。

此外,在保证上下文中字段信息匹配和对模糊匹配进行修复时,可选择项目翻译记忆库的顺序,使用机器翻译或者使用 DeepMiner 统计提取;术语库选项中最低分数为"75 分",而且匹配顺序是按照项目术语库的顺序,可以保证翻译项目的基本质量,为一审二审

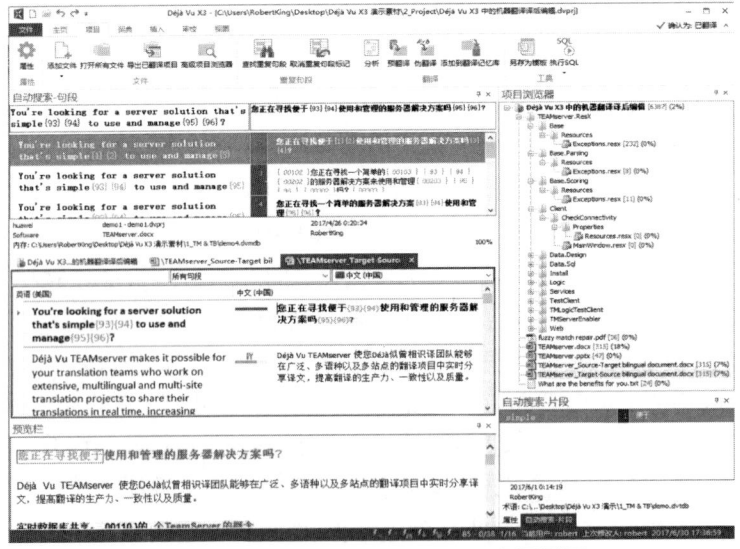

图 7-1 Déjà Vu X3 Professional 翻译界面

等审校工作做好准备。为了保证译文的质量,Déjà Vu X3 软件中有自动转换结尾标点符号、允许大小写和十进制转换等功能,并且使用词典、术语库、翻译记忆库以及检查数字的一致性等资源。如今,Déjà Vu X3 还开发了个人客户端和工作组客户端,"教师版"和"学生版"客户端,不同人群都可以匹配自身需要下载和使用客户端。

二、工具实操

本节主要介绍 Déjà Vu X3 在翻译实践中的翻译项目创建、记忆库和术语库创建和添加、项目翻译、译文质量检查和译文导出外部审校等方面的工具操作。在整个翻译项目开始之前,考虑到整个过程中涉及创建和添加多个文档文库,为了避免项目进行中出现误差或错误,在项目创建之前做好准备工作成为有效方式。其中,行之有效的文档管理尤为重要。善于管理文档,尤其是各种翻译记忆文档和术语文档,才能逐步积累起大量的语料,形成自己的语言资产,为日后的翻译实践或研究提供宝贵的第一手资料。

(一) 案例引入

原文案例节选自白宫政府网站。政府网站资讯官方权威,是独立自主学习外文科技政策信息和提高翻译能力的重要素材。此案例为"美国人民的人工智能",其中包括:1. 人工智能行政命令,主要介绍了美国从 2019 年到 2020 年,利用行政命令推行国家人工智能战略和计划;2. 美国创新的人工智能,主要阐述了美国数十年进行人工智能研发,促进人民生活水平的改善;3. 人工智能的理念和实践创新推动着美国工业的发展;4. 人工智能促进技术革新,不断改变着美国劳动力市场情况;5. 人工智能促使美国人民的价值观发生巨大改变。其中,案例为 Word 文档,格式为.docx,源语言为英语,语言翻译方向为英文-中文。

(二) 项目翻译实操

在本节的项目实操中,主要涉及项目准备至译文导出等阶段的内容,因此不对 Déjà Vu X3 软件的下载安装、激活及运行等实际操作另做赘述。

1. 翻译项目准备

(1) 文档管理

在 Déjà Vu X3 的实际翻译操作中,项目创建和记忆库、术语库创建并添加到项目中有多种方式,本节只对其中一种进行介绍,即在翻译项目创建之前,首先创建好术语库、记忆库和对齐文件并保存到本地文件,便于翻译项目顺利推进。此处主要创建了一个 DVX3 项目翻译实操主文件夹和 9 个子文件夹:

表格 7 - 1 项目文件夹

00_Existing Databases	用以存放供项目参与者参考使用的双语文件、词汇表等现有数据库
01_Source Files	用以存放客户提供的原始文档,包括扫描书籍形成的图片或 PDF 文件,以及其他格式的电子文档等源文件
02_Projects	用以存放 Déjà Vu X3 建立项目时建立的项目文件、子项目文件及对齐项目文件等

续　表

03_TM & TB	用以存放供项目参与者参考使用的翻译记忆库和术语库
04_Analysis Reports	用以存放供项目参与者参考使用的项目分析报告
05_External Review	用以存放导出供外部审校的 XLIFF、RTF 等文件
6_Proofreading 1	用以存放一审的文档
7_Proofreading 2	用以存放二审的文档
8_Final	用以存放最终定稿的文档

（2）创建记忆库

点击"文件"＞"新建"＞"翻译记忆库"＞"浏览"，选择记忆库保存位置；

图 7-2　Déjà Vu X3 记忆库保存至本地

点击"打开"＞"保存"，关闭页面，术语库创建成功，如图 7-2。

（3）创建术语库

点击"文件"＞"新建"＞"翻译术语库"＞"浏览"，选择记忆库保存位置；

图 7-3　Déjà Vu X3 术语库保存至本地

点击"打开"＞"保存"，添加模板，如图 7-3。

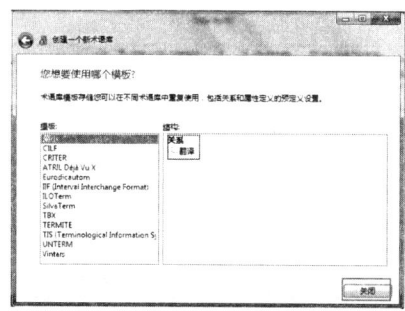

图 7-4　Déjà Vu X3 创建术语库模板

创建好术语库模板后,点击"关闭",术语库创建成功,如图 7-4。

在翻译记忆库和翻译术语库创建好后,便完成翻译准备工作,准备创建翻译项目。

2. 创建翻译项目

点击选择"文件"菜单,点击"新建">"翻译项目">"项目",如图 7-5。

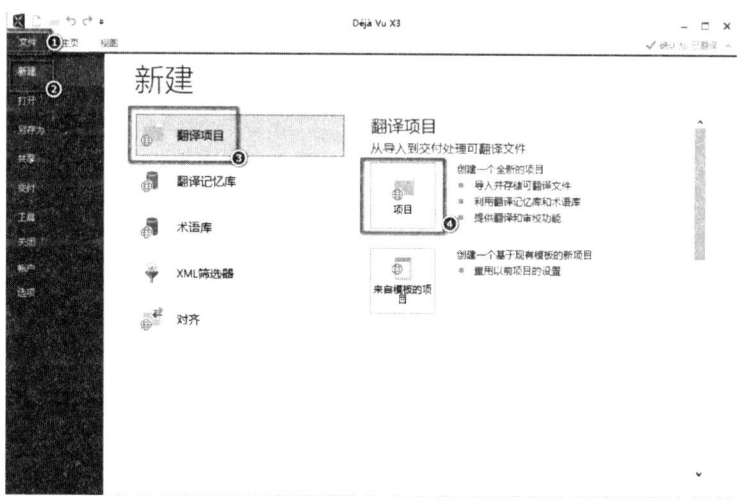

图 7-5　Déjà Vu X3 新建项目对话框

指定新建项目存放位置,点击"浏览"之后,点击"下一步",如图 7-6。

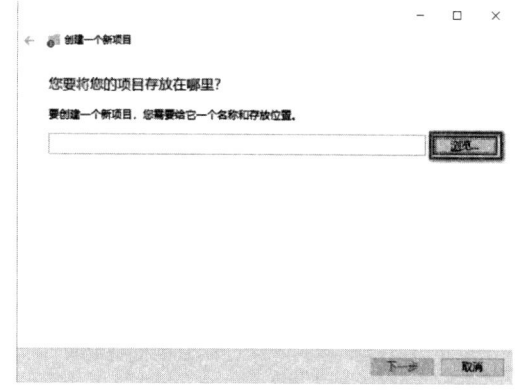

图 7-6　Déjà Vu X3 指定项目文件存放位置

选择新项目文件的名称和位置。在弹出的对话框中（如图7-7），选择将新项目文件保存在"02_Projects"文件夹中，文件命名为"美国人民的人工智能英译中"，然后点击"保存"。

图7-7　Déjà Vu X3 选择新项目文件位置

指定项目的译入和译出语的语言对。其中，源语只能选择一种语言，而在亚洲，汉语存在多种变体，此时要选择"中文（中国）"，代表的是目前中国大陆所使用的简体字编码的汉语。

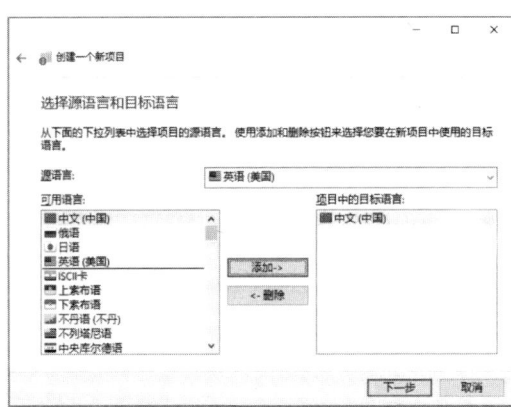

图7-8　Déjà Vu X3 确定项目的语言对

添加语言对后，点击"下一步"，添加本地记忆库，如图7-8。

3. 添加记忆库

点击"添加本地翻译记忆库"，通过查找，将"03_TM ＆ TB"中的翻译记忆库"美国人民的人工智能.dvmdb"添加到项目，如图7-9。

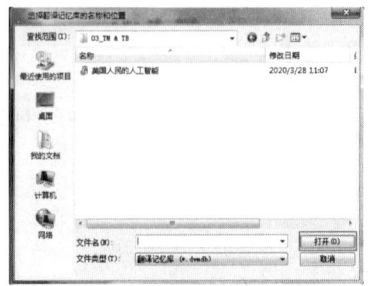

图7-9　Déjà Vu X3 添加项目翻译记忆库

临时翻译记忆库添加成功后,点击"下一步"。

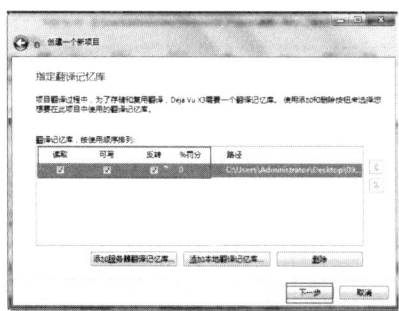

图 7-10　Déjà Vu X3 成功添加项目翻译记忆库

翻译记忆库添加成功,点击"下一步"后,进行添加项目翻译术语库,如图 7-10。

4. 添加术语库

点击"添加本地翻译术语库",通过查找,将"03_TM & TB"中的翻译记忆库"美国人民的人工智能.dvtdb"添加到项目,如图 7-11。

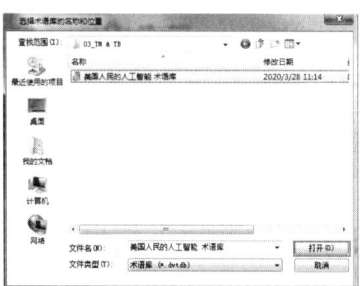

图 7-11　Déjà Vu X3 添加项目翻译术语库

将本地创建好的术语库直接添加到所创建的翻译项目中,添加后点击"下一步",如图 7-12。在翻译记忆库和翻译术语库都添加成功后,进入项目翻译。

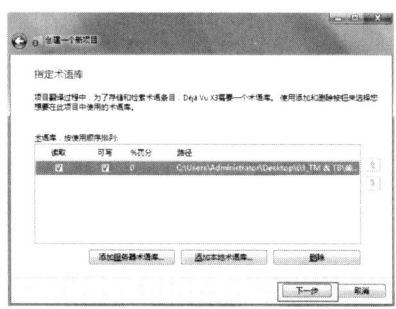

图 7-12　Déjà Vu X3 成功添加项目翻译术语库

5. 项目翻译

(1) 指定机器翻译引擎

Déjà Vu X3 集成了 9 款主流的机器翻译引擎接口,包含谷歌机器翻译引擎、MyMemory 机器翻译引擎、微软机器翻译引擎和百度机器翻译引擎、SYSTRAN、iTranslate4、PROMT、亚洲在线语言工作室和 PangeaMT。在机器翻译引擎供应商官网上申请 API 后,可加以调用。在本项目中,申请添加谷歌翻译 API(以下 API 码仅为示例,具体实操中译者需要自行申请),如图 7-13。

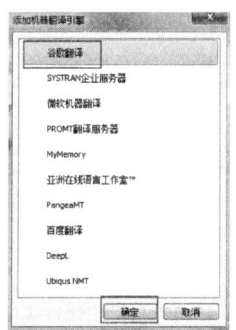

图 7-13　Déjà Vu X3 指定机器翻译引擎

点击"确定"后,输入 API 密钥,如图 7-14。

图 7-14　Déjà Vu X3 输入翻译引擎对应的密钥

密钥输入完成后,点击"确定",进入下一项操作。
(2) 指定翻译项目针对的客户和翻译项目的主题类别

客户列表需要译员自己创建。在平时的翻译项目实践中,因为无具体的客户和主题类别,而只是运用该软件进行辅助翻译,可以忽略这一步,如图 7-15。

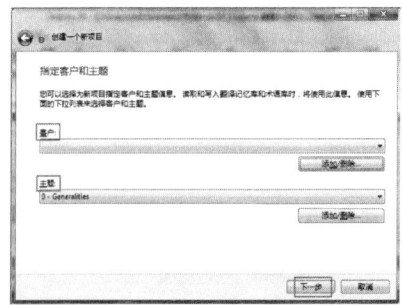

图 7-15　Déjà Vu X3 指定翻译项目的客户及主题类别

(3) 添加源语文件

点击"添加",在弹出的对话框中,将"查找范围"选择在"01_Source Files",选中文件"美国人民的人工智能 英.docx",点击"打开",如图 7-16。

图 7-16　Déjà Vu X3 添加项目的源语文档

至此,就完成了 Déjà Vu X3 翻译项目的创建,点击"下一步",点击"关闭",进入翻译界面。

6. 质量检查

(1) 项目翻译

① 项目分析　项目创建完成后,在翻译前可统计源文件字数,分析待译文本单词、符号及编码信息。如果有之前的翻译记忆库,就能统计当前文件的匹配率和重复率,为译员的翻译工作提供便利。

具体操作为:点击"项目">"翻译">"分析",如图 7-17。

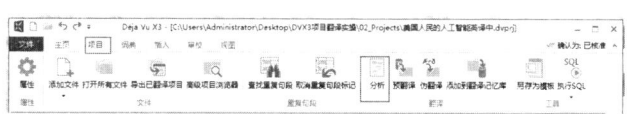

图 7-17　Déjà Vu X3 项目分析

点击"分析"后,出现下图 7-18 结果。译者查看分析报告并进行评估,点击"保存",结束后点击"关闭"。

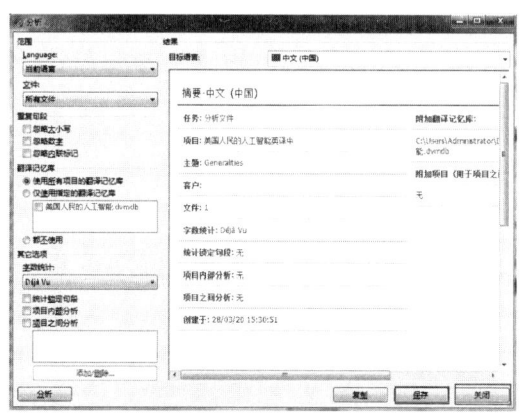

图 7-18　Déjà Vu X3 项目结果

在具体的翻译实际操作中,译者可根据该分析报告决定是否要继续翻译该项目,或者进行项目报价和译员任务分配等工作,从而提升工作效率,加快工作的进程。

② 项目预翻译　在人工手动翻译编辑之前，往往会利用翻译记忆库、术语库和机器翻译引擎对待译文本进行预翻译。点击"项目">"翻译">"预翻译"，如图 7-19。

图 7-19　Déjà Vu X3 项目预翻译

点击"预翻译"后，出现以下界面，如图 7-20。

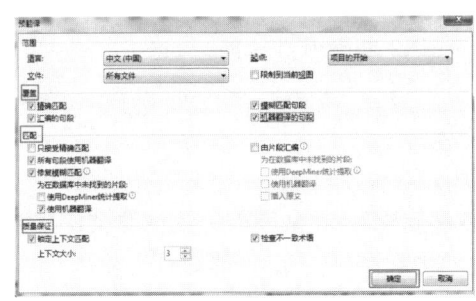

图 7-20　Déjà Vu X3 项目预翻译选项对话框

为了使得预翻译更加有助于正式翻译工作的进展，选择"覆盖"中的四个选项，然后选择"匹配"中的"所有句段使用机器翻译"和"修复模糊匹配"。与此同时，"质量保证"项中已经是默认设置，点击"确定"，查看预翻译对句段的处理和上下文匹配的结果。

(2) 质量检测

在翻译实践中，无论是利用 CAT 工具还是人工审校预翻译结束后，每个句端均有初译文。待初稿翻译完成后，进入质量检查阶段。可以先使用 Déjà Vu X3 的自动质检功能，检查并发现一些基本错误。其中最重要的一种自动质检功能，就是检查术语、数字和格式，核对三者的翻译是否前后一致。

点击"审校">"质量检查">"批量质量检查"，这样对部分译文进行机辅和人工质量检查，更有助于译者提高译文质量，如图 7-21。

图 7-21　Déjà Vu X3 项目批量质量检查

点击"批量质量检查"后，出现检查结果对话框，如图 7-22。

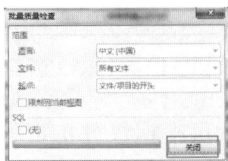

图 7-22　Déjà Vu X3 项目批量质量检查结果

如果原文和译文中有明显的术语、数字、标记等方面的错误,那么对齐文件中便会出现以下对应的符号,如图 7-23,而译者需要逐条进行修改,即在 Déjà Vu X3 中进行一审和二审,在直到原文和译文质量达到要求为止。

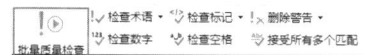

图 7-23 Déjà Vu X3 项目质量检查文字符号对话框

在确定译文质量后,点击"确认为:已核准",完成机器翻译中的二次审校,如图 7-24。

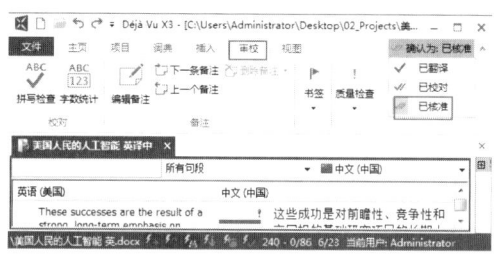

图 7-24 Déjà Vu X3 项目二审完成对话框

在该工具软件中完成译文审校工作后,可以导出译文,且可进行译文的外部审校。

7. 译文导出外部审校

在翻译和审校工作完成后,如果有需要,译者需将译文或者双语对应文档导出到外部审校。可以把 Déjà Vu X3 项目中需校对的文件导出为外部视图,其中最典型的就是以表格形式呈现的 RTF 格式文件(类似于 Excel 列表格式),在项目中的单个文件中完成,或是整个项目完成后,分别可以选择导出单个的文件或是整个项目。

点击"文件">"共享">"导出",出现以下三种双语对应文档导出方式,如图 7-25。

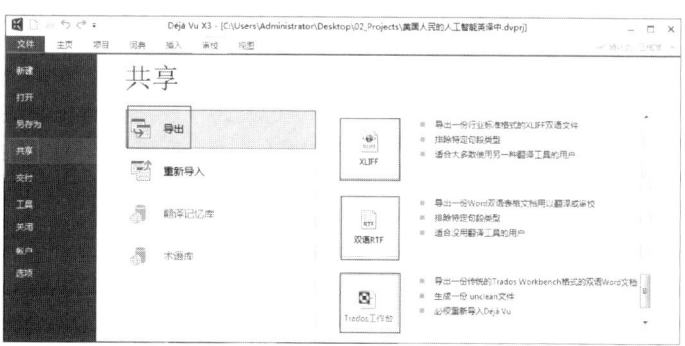

图 7-25 Déjà Vu X3 双语文本导出三种方式

其中,对于译者来说,多选用"双语 RTF"格式,便于做译后审校工作。点击"双语 RTF",所导出的双语对应文档如图 7-26 所示(其中,双语对应文档图标和其他文档略有差异)。

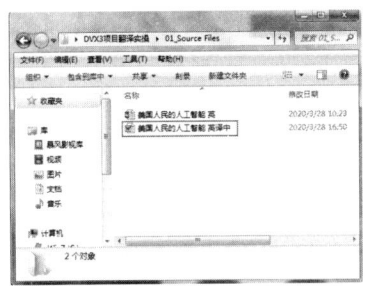

图 7-26　Déjà Vu X3 导出的 RTF 双语文本

双击该文档,得到下图 7-27 所示格式的文档,审校人员可在该文档中修改原文、译文、给出修改意见以及确认翻译状态。

ID	Source	Target	Comments	Status
0000004	{00102}Artificial Intelligence for the American People {00103}{1}{2}{00202}({00203}{3}{4}{00302}Excerpt{00303}{5}{6}{00402}){00403}	{00102}{00103}{00202}{00203}{1}{2}{00302}{00303}{3}{4}{00402}{00403}{5}{6}{00502}{00503}美国人民的人工智能(节选)		
0000011	{00102}02 AI for American Innovation{00103}	02美国创新的人工智能		
0000015	America's decades-long leadership in AI research and development has resulted in cutting-edge, transformative technologies that are improving lives, growing innovative industries, empowering workers, and increasing national security.	美国在人工智能研究和开发领域长达几十年的领导地位已经产生了尖端的、变革性的技术,这些技术正在改善人们的生活、发展创新产业、增强工人的能力以及增强国家安全。		

图 7-27　Déjà Vu X3 导出的 RTF 格式双语对应文本

至此,在该软件中进行的翻译项目操作完成,以下图 7-28 为 Déjà Vu X3 在实际翻译项目中的操作步骤的流程图。

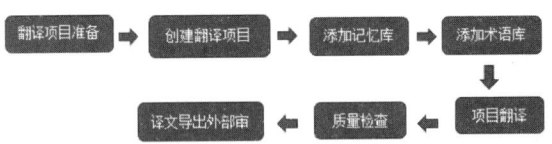

图 7-28　Déjà Vu X3 项目实操流程图

第二节　简单文档机器翻译工具案例训练

机器翻译(Machine Translation,MT)是建立在语言学、数学和计算技术这三门学科的基础之上,用计算机根据运算法则把一种语言(源语言,source language)翻译成另一种语言(目标语言,target language)的一门学科和技术。它是计算语言学的一个分支,是人工智能的终极目标之一,具有重要的科学研究价值。常用的机器翻译系统有 Systran、BeGlobal、Bing 翻译、谷歌翻译、Omniglot 在线翻译聚合[1]、在线翻译指南[2]、SDL FreeTranslation[3]、GT's Free Translation[4]、PROMT 在线翻译[5]、WorldLingo 在线翻译[6]、百度翻译、译库和译云[7]、东方快译、华建翻译、金山快译、译星、译典通、有道翻译、腾讯机器翻译,等等。其中,谷歌翻译、必应翻译、Systran、百度翻译和有道翻译等是此类技术的代表。目前,众多国内外语言服务企业(如 SDL、Lionbridge、小牛翻译、UTH、中译语通等)采用自然语言处理技术,充分发挥机器翻译和人工智能的优势,提供精准、快速、可视和定制的自动翻译服务。

机器翻译是突破不同国家和民族之间信息传递所面临的"语言屏障"问题的关键技术,对于促进民族团结、加强文化交流和推动对外贸易具有重要意义。与此同时,科技翻译既可以促进先进科学技术知识的传播,推动科学器械的制造和改进,也推进传统科技进行变革,具有较高的社会价值(聂智聪,2013)。本节将对谷歌在线翻译系统进行系统介绍,并对其主要功能和文档翻译功能实操进行详细阐述。

一、谷歌翻译简介

谷歌翻译(Google Translate[8])是由谷歌公司研发的免费多语种互译平台,目前支持多达 103 种语言。它可以对文本(网页版)、图像(移动客户端)、网站(API),甚至实时视频进行翻译,功能强大,使用便捷。2016 年 11 月,谷歌公司发布了部分语种的 Google 神经机器翻译系统(Google Neural Machine Translation,GNMT),这是谷歌开发的神经机器翻译(NMT)系统,它使用人工神经网络来提高谷歌翻译的流畅度和准确性。谷歌神经机器翻译系统通过应用基于实例的(EBMT)机器翻译方法来改进翻译质量,系统会从数百万个示例中学习。翻译系统提出的系统学习架构首先通过谷歌翻译支持的一百多种语言进行了测试。随着大型端到端框架的发展,系统会随着时间的推移学习,做出更好、更

---

[1] http://www.omniglot.com/links/translation.htm,一个囊括了几乎所有免费在线翻译和语言学习的网站,特别是一些不常见语种的翻译。

[2] http://www.translation-guide.com/.

[3] https://www.freetranslation.com/,SDL FreeTranslation 通过简单的在线翻译界面支持 40 多种语言的自行输入文本、文档以及网站的在线翻译。与 Google、百度等机器翻译相比,它最大的优势在于可直接上传 *.txt、*.doc(x)、*.ppt(x)、*.odt 和 *.pdf 文件自动翻译,并最大程度上与原文件格式保持一致。

[4] http://www.get-translation.com/,字数限定在 200 个字符,具有"回译"功能。

[5] http://translation2.paralink.com/,http://www.online-translator.com/或者 http://www.promt.com/,多语种、多引擎聚合在线翻译。

[6] http://www.worldlingo.com/zh/.

[7] 译库(https://www.yeekit.com/)和译云(https://www.yeecloud.com/),由中译语通科技(北京)有限公司开发的专业翻译工具包,由亿万级语料库资源支持,包含机器翻译(https://www.yeekit.com/site/translate)、CAT 辅助翻译、TMX 语料引擎、网页翻译和字幕通。

[8] https://translate.google.cn/.

自然的翻译。GNMT 能够一次性翻译整个句子,而不是逐字翻译。此外,GNMT 系统改进了以前的谷歌系统,系统可以直接将一种语言翻译成另一种语言(例如中文到日文)。以前谷歌翻译会先将源语言翻译成英文,然后将英文翻译成目标语言,而不是直接从一种语言翻译成另一种语言。

相比以往界面,谷歌新界面更加简洁且实用,而且能够根据屏幕尺寸的变化进行自动调整,在移动设备、平板电脑,或桌面设备上,都能获得出色的网络体验。2018 年,谷歌翻译还推出了"文档"功能,可对本地文件直接翻译,如图 7-29。

图 7-29　谷歌翻译界面

现如今,除了谷歌翻译外,搜狗翻译①、有道翻译②、百度翻译③、必应词典④等在线翻译系统也在不断扩大自身的优势。其中,有道翻译支持中、英、韩、日等 43 种语言互译,并开发了除学习功能外的多种功能和产品;百度翻译提供即时免费的多语种文本翻译和网页翻译服务,支持中、英、日、韩、泰、法、西、德等 28 种热门语言互译,覆盖 756 个翻译方向;而搜狗翻译可支持中、英、法、日等 50 多种语言之间的互译功能,即时免费提供字词、短语、文本翻译服务。除必应词典外,几大翻译系统都纷纷推出了在线文档翻译。不仅突破了原系统的字句翻译,还实现了整篇文档的翻译,并且支持 PDF、Word 等文档,为译者提供了极大的便利。

二、工具实操

(一) 案例引入

开源单双语材料是译者提升翻译能力的可靠材料,译者可以在开源网站上免费获取这些材料进行翻译和学习。本案例中主要是用谷歌翻译对英国政府组织发布的新闻进行翻译,原文为 Word 文档,格式为.docx,语言方向为英文-中文。

---

① 搜狗翻译:https://fanyi.sogou.com/。
② 有道译文:http://www.youdao.com/。
③ 百度翻译:https://fanyi.baidu.com/。
④ 必应词典:https://cn.bing.com/。

UK Tech Rocketship Awards take off in Taiwan UK Tech Rocketship Awards take off in Taiwan, Offering technology scale-ups a launch-pad for their global expansion

Published 5 February 2020

From: Department for International Trade Taiwan

UK Tech Rocketship Awards in Taiwan

On the look-out for successful Taiwanese technology scale-ups, the British Office in Taipei today announced its Tech Rocketship Awards in Taiwan.

The UK Tech Rocketship Awards are open to established Taiwanese scale-ups who offer innovative, technology-led solutions across a wide spectrum of technologies, have been trading for over 2 years and are looking to internationalise.

The 'Awards' will help 6 winners gain exposure, expand their global networks and expedite the set-up of their UK operations through a paid-for, curated trip to the UK during London Tech Week in June 2020.

So far, over 1,700 companies from Australia, India, Japan, New Zealand and South Korea have participated in the UK's Tech Rocketship programme, and this year the awards will be open to Taiwanese businesses for the first time.

Catherine Nettleton, British Representative in Taipei said:

"The UK tech eco-system is going from strength to strength, growing 2.6 times faster than the wider economy. It's the perfect place for determined and ambitious tech companies to grow globally.

We're already seeing a strong increase in the number of innovative technology companies taking advantage of what the UK has to offer through expansion, enjoying the lowest corporate tax rates in G20.

I'm particularly excited about our Tech Rocketship Awards taking place in Taiwan—they are an excellent platform for companies to grow internationally and I encourage all Taiwanese tech companies with global ambitions to submit an application."

The UK Tech Rocketship Awards categories in Taiwan are:

Artificial Intelligence (AI) & Data

Tech for an Ageing Society (Life Sciences)

Future Mobility

(二) 文档翻译实操

对于"文档"翻译功能,谷歌翻译虽然支持 doc、docx、pdf、odf、ppt、pptx、ps、rtf、tex、xls、xlsx 等格式,但文本大小不能超过 1M。此外,虽然谷歌文档翻译支持多种格式,且翻译的准确度较高,但有仍未改观的缺陷:一是需要进入国外网站,而且 PDF 格式的文档翻译效果不佳;二是谷歌翻译译文的排版效果差,排版差的原文在翻译后可能会有叠字的结果。所以,在译者进行翻译实践过程中,可将谷歌在线翻译系统运用于简单文段或文档的翻译实践中。

谷歌在线文档翻译具体操作如下:

在网页搜索"谷歌翻译",选择"谷歌翻译"官网,进入翻译界面;

点击"文档",出现以下界面,点击"浏览您的计算机",如图 7-30。

图 7-30　谷歌翻译上传文档

选择本地文件并打开文档,其中文档可以是 word 或者 pdf 等格式,如图 7-31。

图 7-31　谷歌翻译本地选择文档

点击"打开"后,上传本地文档至谷歌翻译页面,如图 7-32。

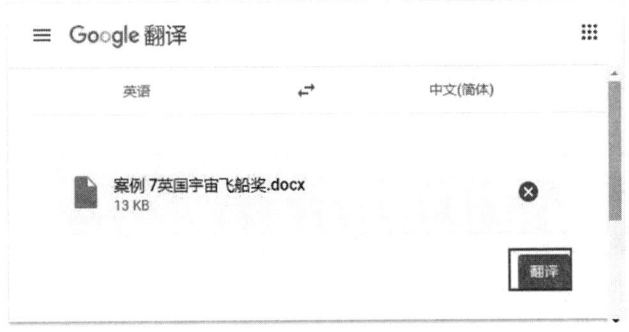

图 7-32　谷歌翻译上传成功

文档上传成功后,点击"翻译",获得翻译结果。

点击"导出翻译文档",可将所翻译的文档保存到本地,结束翻译任务。

在句子和段落翻译时,译者可预先检查和修改句子和段落中的标点、空格、分行等细节错误,可得到更佳的翻译效果。而且,如果遇到译文排版有误差或者完全错误的问题时,可预先对原文进行排版再翻译。如果只是查看译文结果,且译文版面不影响阅读,可直接对照原文审阅,不必进行过多操作。

(三) 谷歌翻译其他功能实操

1. 简单字句翻译

在"文字"翻译中,译者只需在谷歌翻译界面左侧文本框中键入或者语音输入所需翻译的内容(包含整个网页的翻译),或直接从其他文本中复制粘贴所需翻译内容,包括单字、单词、单句或段落,谷歌翻译便会自动识别语言,并在右侧文本框中呈现翻译结果。例如,分别对"人工智能""Unmanned Aerial Vehicle"和"大数据适用于 BI、工业 4.0、云计算、物联网、互联网+、人工智能、5V 领域范围,具有大量、高速、多样、价值、真实性等优点",进行翻译,分别如下图 7-33,7-34,7-35 所示。

(1) 输入"人工智能",点击左侧框中"中文",选择右侧框中"英语",出现图 7-33 界面:

图 7-33　谷歌中文词语翻译

(2) 输入"Unmanned Aerial Vehicle",点击左侧框中"英语",选择右侧框中的"中文",即出现以下图 7-34 的界面:

图 7-34　谷歌英文词语翻译

(3) 输入"大数据适用于 BI、工业 4.0、云计算、物联网、互联网＋、人工智能、5V 领域范围,具有大量、高速、多样、价值、真实性等优点",点击左侧框中"中文",选择右侧框中的"英语",即出现如图 7‑35 的界面:

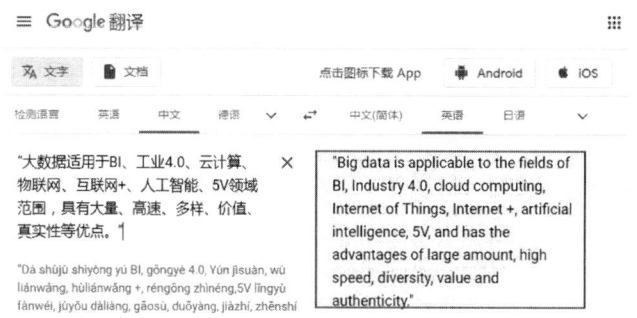

图 7‑35　谷歌中文长句翻译

在以上示例中,对于科技词汇和文本的翻译较为准确,但不乏个别未收录词汇的翻译不准确的现象,而且句子,特别是复杂句的翻译不太理想,在翻译过程中是否运用翻译结果需慎重考虑。然而,快捷地将字句段进行翻译可为译者在翻译实践中提供很大便利。

2. 谷歌双语对话翻译

相对于谷歌翻译网页版而言,谷歌翻译客户端的功能更为齐全和实用,例如对文字、文档、短信、语音、图片和双语对话的翻译等功能。翻译功能支持 32 种语言的互译,能够较为准确地识别语音输入的词和句子,在现实生活中,能够很大程度地实现不同母语人群的交流目的。在对话翻译前,应该首先打开设备麦克风。具体操作为:

打开"Google 翻译"＞点击"对话",开始讲话,如图 7‑36。

图 7‑36　谷歌翻译客户端双语对话翻译

3. 谷歌翻译多种键入方式

此外,谷歌翻译的中文键入方式变得多样化,方便国内不同地区和人群的使用。具体操作为:

点击翻译界面左侧方框中的"拼",系统会自动弹出多种键入方式,如图7-37。

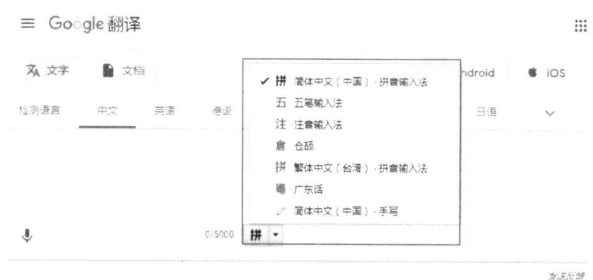

图 7-37 谷歌多种键入方式

4. 谷歌拍照翻译

在谷歌翻译客户端中具备拍照翻译功能,译者打开"拍照"功能,竖屏对齐所需翻译的字词、句段,便可在一段时间内得出翻译结果,快捷准确。但因手机屏幕大小限制,拍摄成像差异,翻译会出现句段和字词缺失等情况。

第三节　复杂文档机器翻译工具案例训练

一、云译通简介

云译通(Cloud Translation Collection,以下简称 CTC)是四川译讯信息科技有限公司开发的一款创新型 AI 专业文档翻译软件。该软件整合了计算机视觉、自然语言处理、知识图谱等人工智能核心技术,拥有海量的高质量双语大数据和高性能云计算能力,可供译者进行专业细分领域的一体化自动文档翻译。

与通用型在线翻译工具相比,云译通更擅长垂直细分领域的资料;云译通支持翻译 36 种语言互译(包括藏语和维语);擅长直接翻译整篇 Word、Excel、PPT、PDF、扫描图片等带有复杂格式的文档,译文保持原文排版格式;支持智能校对、创建自己的私有云语料库;擅长翻译建筑、电力、外贸、法律、财经、工程、机电、能源、医药等专业细分领域的资料,后台针对不同专业领域的文本匹配不同的行业术语库和句型算法,操作便捷,大文档翻译速度快,原文格式保真度高。

以下图 7-38 是以科技专业文档的中英互译为例,分别用谷歌翻译、百度翻译与云译通翻译等工具进行互译的对比图。

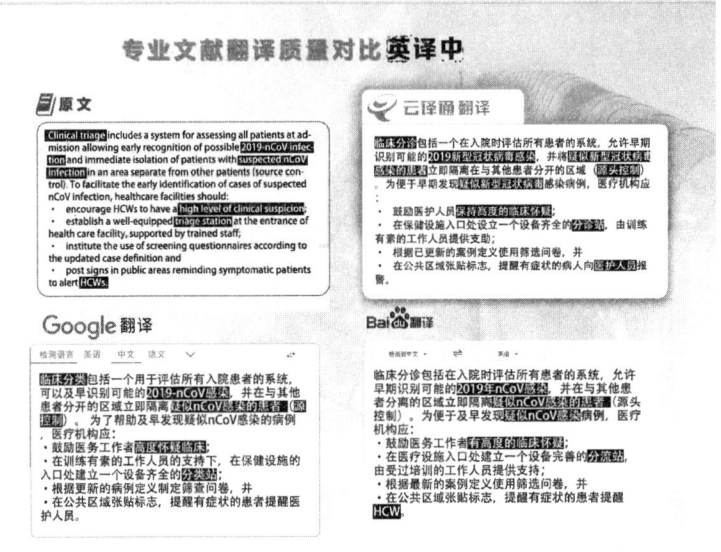

图 7‑38(1)　云译通与其他通用机器翻译工具的英译中对比

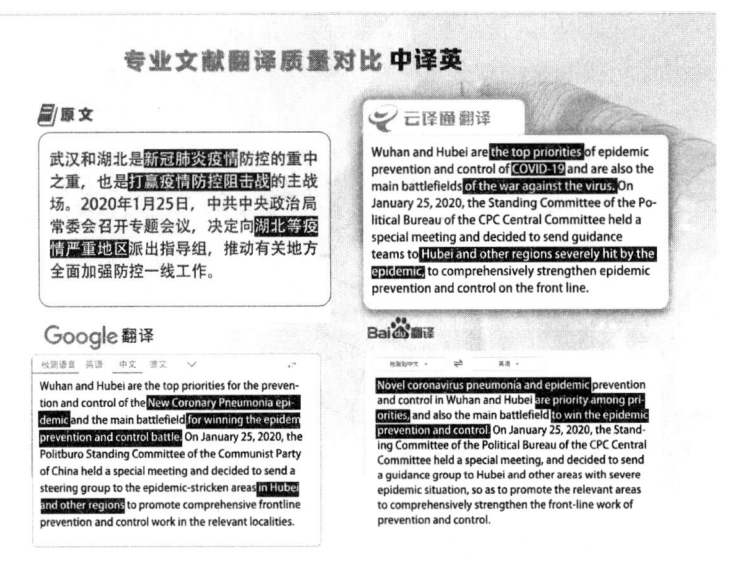

图 7‑38(2)　云译通与其他通用机器翻译工具的中译英对比

二、工具实操

(一) 案例引入

工业配件的产品说明多涉及该领域专业词汇,必须合理地描述产品特性,而且需要保持语言得体。此处引用"Hydroscan 工业软管"产品说明书为案例,其中,案例中主要对 Hydroscan 这一品牌的工业软管的图样、工作原理、应用领域、规格型号及性能参数、外形、安装尺寸、使用与维护、常见故障及排除方法以及质量保证等方面做了详细的介绍。通过学习这一类型的案例翻译,不仅可以帮助译者掌握多领域的专业词汇,还有助于译者建立自己的语料库和术语库,不断积累自己的语料资源。这一说明书原文文本格式为 PDF,源语为英语,语言翻译方向为英译中。

(二) 项目翻译实操

云译通支持的多项功能有效提升了文档翻译(尤其是查阅大量的外文资料时)的效率,为译者提供便捷、高效、智能、低成本的 AI 文档翻译技术服务。

本部分主要介绍云译通 AI 专业文档翻译软件在翻译实操中的基础翻译操作、文档翻译、文本翻译、智能校对、创建私有云库、使用 Eson Aligner 对齐工具和术语库管理等方面的工具操作。

1. 获取登录账号

访问云译通官网[①],通过手机号或邮箱注册账号,并点击"下载 Windows 版"导航,进入下载页面,选择所需行业版本进行下载安装,并设置保存桌面快捷键。

译者点击桌面图标,进入登录界面,使用注册并已开通使用资格的账号密码登录软件。登录界面如图 7-39 所示。

图 7-39 云译通 Windows 版登录界面

2. 选择源语言和目标语言

右键点击云译通悬浮球,点开"常用语言设置",在云译通支持互译的 36 种语言中勾选常用的 12 个语种(便于后续使用中快捷转换源语言和目标语言),如图 7-40 所示。

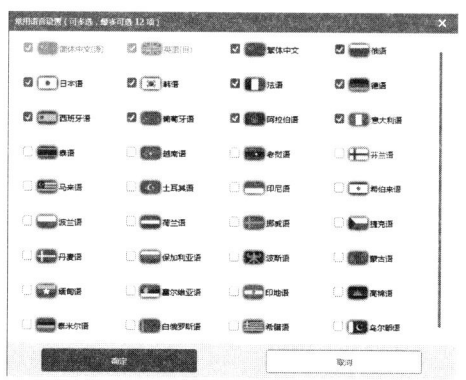

图 7-40 云译通常用语种设置

---

① 云译通官网:www.ctcfile.com.

3. 选择翻译模式

设置翻译语言后,译者可根据文件内容中是否有图片翻译需求,或部分特殊文件翻译等具体情况,选择适合的模式,如图 7-41 所示:

普模式:适合大部分文件翻译情形,可编辑和不可编辑文件翻译。

图模式:针对需要翻译文中插图的文件翻译。

扫模式:适用于部分特殊文件有扫描文本需要翻译的情况,针对扫描文件效果更好。

图 7-41 翻译模式选择

4. 项目翻译

在项目翻译过程中,通常可以一键拖拽本地所需翻译的源语文件。将需要翻译的目标文拖拽进入云译通悬浮球,点击所需译入语,等待翻译结果,如图 7-42 所示。通常来说,不同格式的文档一键翻译后,都会生成可编辑的 Word 文档,方便译者对翻译后的文件进行编辑。

图 7-42 云译通翻译过程

5. 译文校对

云译通支持译者逐条添加或批量上传专属的平行语料,也支持译者在机器初始翻译结果的基础上进行人工修订。当译者认为译文中部分专业术语和句式风格与其行业表达习惯一致时,可充分利用云译通配套工具——Eson Aligner 这一专业的语料对齐工具制作翻译记忆库和双语平行文本,帮助提高翻译专业度和准确度;而当译者认为译文中部分专业术语和句式风格与其行业表达习惯不一致时,可对机器翻译的初始译文进行人工审校。

(1)使用 Eson Aligner 对齐工具

经清洗、对齐等加工处理后,语料才能成为语言研究和应用的有用资源。而语料对齐就是语料加工过程中的一个重要步骤。使用云译通配套工具——Eson Aligner 语料对齐软件,可将句对自动拆分和对齐,并可以进行修改保存,便于审阅。具体操作如下:

打开工具中心>点击"Eson Aligner">导入文档>对齐调整。

在操作时,选择文档对齐模式:"双文档对齐"模式,选择原文和译文两个 word 文件;"单文档对齐"模式,选择单个双语对照 word 文件(以下以"双文档对齐"模式为例,选择好对齐模式后,点击上传需要导入的原文译文两个 word 文档),如图 7-43 所示。

图 7-43　Eson Aligner 文档导入界面

导入文档后,利用工具栏中的"回退""前进""对齐""合并""拆分""上移""下移""调换""插入""删除""查找""替换"功能,调整段落总行数至一致,进行微调修正操作。如图 7-44 所示。

图 7-44　Eson Aligner 对齐工具界面

原文和译文的行数调整为一致后,单击操作区的"保存",在弹出的窗口中选择记忆库,可将调整后的语料上传至指定的语料库,上传成功后,可查看原文与译文的对比效果。如图 7-45 所示。

图 7-45　云译通语料库导出视图

(2) 人工智能校对

具体操作如下:右键点击悬浮球,选择"历史文件",找到翻译过的"实操案例"文件。如图 7-46 所示,左边区域可进行"原文预览"与"译文预览"切换,点击编辑区即可手动编辑、修改译文结果,修改完成后,按"Enter"键或"下一句"均会实时自动保存并跳转到下一句。

在使用智能校对时,有时需要使文档全屏显示以方便浏览或编辑。可以点击左上角"全屏预览""全屏编辑",切换到全屏模式,方便阅读和编辑。

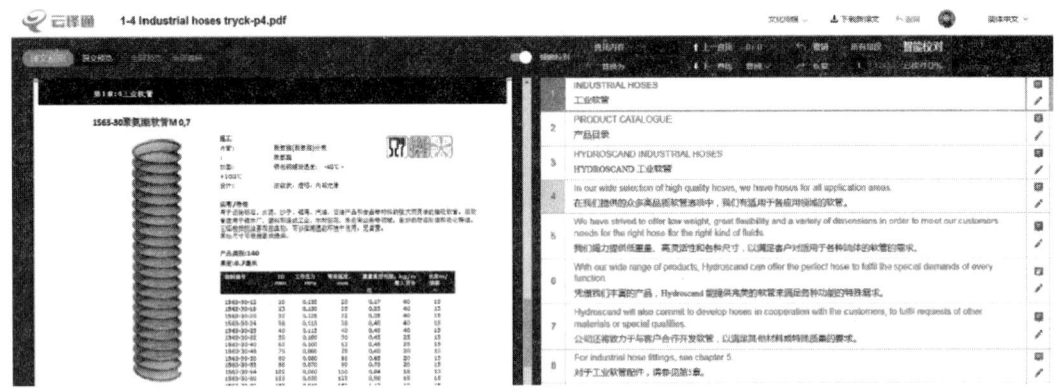

图 7-46　智能校对界面

译者也可以在实际翻译操作中选择"弹窗校对",如图 7-47 所示。

图 7-47 弹窗校对界面

编辑完成后,可以选择是否双语对照显示,选择后,点击"下载新译文"。

6. 导出译文

等待审校后的译文下载成功后,即可打开可编辑的译文文件。因为云译通拥有图文混排自识别和自排版的专利技术,能够省去画图画表、录入数据、排版等繁琐的人工操作,机器能自动确保原文和译文版式高度一致。节选译文实际效果如图 7-48 所示。

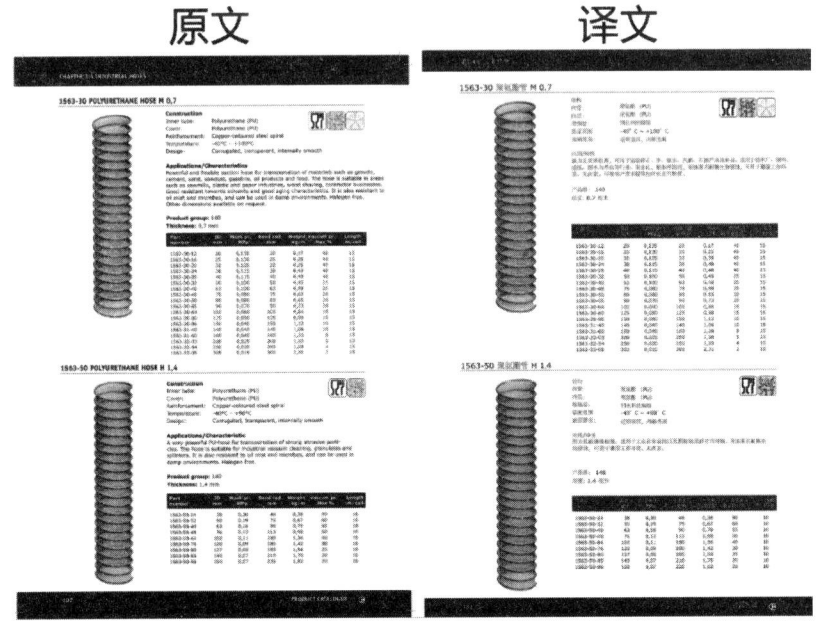

图 7-48 云译通翻译后的译文对比图

查看 Word 原文和译文对比文件后，如仍有错误、偏差的译文，译者还可直接编辑修改。修改和审校工作全部完成后，再次将译文另存到本地，以便查阅和使用。

第四节 机器翻译译后编辑工具案例训练

MTPE，全拼为 Machine Translation Post-editing，中文全称为机器翻译译后编辑，即利用机器翻译获得译文，再进行必要的修改，最后获得"符合预期"的翻译结果。常见的 MTPE 系统有 SDL Trados（Trados Studio）、YiCAT、EliteAsia（译力亚洲）、试译宝等，可无缝连接到翻译管理系统（TMS），并具有功能强大的项目管理工具，通过该工具的实时监视功能，译员、编辑和审阅者可同时对同一个项目进行协作，具有大翻译量、成本低、高速等优势。就科技文本英译汉而言，相比人工翻译，译后编辑能够显著缩短任务时间，提高翻译速度（王湘玲，王婷婷，2019）。机器翻译的译后编辑形成专业化的职业，随着翻译市场需求的快速增加，翻译交付时间的缩短，翻译技术的不断进步，机器翻译的译后编辑将在语言服务实践中发挥越来越大的作用（崔启亮，2014）。以下将对 YiCAT MTPE 系统进行系统的介绍，并对该系统的实际操作进行较详细的说明。

一、YiCAT 简介

YiCAT[①]在线翻译管理平台是由上海一者信息科技有限公司研发的在线翻译管理平台。该平台基于 B/S 架构，具有近 50 种文件格式、近 50 个语种的文件翻译。平台接入了谷歌、微软、DeepL、百度、有道、腾讯翻译君、搜狗等 10 余种机器翻译，无须调用 API 即可实现机器翻译与译后编辑相结合。此外，YiCAT 在线翻译管理平台可以在翻译过程中实时跟进翻译项目进度、智能拆分文档并实现任务分配，并进行多人协同翻译和译审同步，系统化实现完整翻译流程。该平台还支持文件分析锁重、跟踪修订、质量保证、语言质量评估、译员绩效管理等功能，帮助译者提高翻译效率。YiCAT 现有团队版和企业版两个版本。

二、工具实操

（一）案例引入

原文案例节选自 *The Economist* 2020 年 2 月 29 日发布的"The virus is coming. Governments have an enormous amount of work to do"，格式为.docx，语言方向为英文-中文。

---

① YiCAT 官网：https://www.yicat.vip/.

Leaders

> The pandemic
>
> Going global
>
> The virus is coming. Governments have an enormous amount of work to do.
>
> In public health, honesty is worth a lot more than hope. It has become clear in the past week that the new viral disease, covid-19, which struck China at the start of December will spread around the world. Many governments have been signalling that they will stop the disease. Instead, they need to start preparing people for the onslaught.
>
> Officials will have to act when they do not have all the facts, because much about the virus is unknown. A broad guess is that 25%-70% of the population of any infected country may catch the disease. China's experience suggests that, of the cases that are detected, roughly 80% will be mild, 15% will need treatment in hospital and 5% will require intensive care. Experts say that the virus may be five to ten times as lethal as seasonal flu, which, with a fatality rate of 0.1%, kills 60,000 Americans in a bad year. Across the world, the death toll could be in the millions.
>
> If the pandemic is like a very severe flu, models point to global economic growth being two percentage points lower over 12 months, at around 1%; if it is worse still, the world economy could shrink. As that prospect sank in during the week, the S&P 500 fell by 8%.
>
> Yet all those outcomes depend greatly on what governments choose to do, as China shows. Hubei province has a population of 59m. It has seen more than 65,000 cases and a fatality rate of 2.9%. By contrast, the rest of China, which contains 1.3bn people, has suffered fewer than 13,000 cases with a fatality rate of just 0.4%. But even before it had spread much outside Hubei, they imposed the largest and most draconian quarantine in history. Factories shut, public transport stopped and people were ordered indoors. This raised awareness and changed behaviour. Without it, China would by now have registered many millions of cases and tens of thousands of deaths.

(二)项目实操

本节将介绍如何利用 YiCAT 在线翻译管理平台进行翻译项目创建、机器翻译调用、译后编辑和译文导出等实际操作。

1. 账号注册

登录 YiCAT 官网[①]，如图 7-49，点击"免费注册"，按照提示完成注册。注册成功后，

---

① YiCAT 官网：https://www.yicat.vip/.

输入邮箱、密码、验证码等信息,登录到首页。

图 7-49　YiCAT 注册

登录首页后,点击"立即使用",进入"个人中心"。

2. 创建翻译项目

进入"个人中心"后,进行 YiCAT 项目翻译操作,选择页面左侧菜单栏中的"项目管理",点击"新建项目",如图 7-50 所示。

图 7-50　YiCAT 中新建项目

输入项目名称,选择项目截止日期、源语言和目标语言及翻译流程。于此,将项目名称填写为 The Economist,截止日期默认为创建项目之日起 7 天后,源语言选择英语(美国),目标语言选择中文(简体),翻译流程需选择"译后编辑"模式。领域分组选择人文社科,备注中填写翻译相关信息,如图 7-51 所示。

图 7-51　YiCAT 中填写项目信息

3. 项目翻译

首先,选择所需的机器翻译引擎。YiCAT 目前集成了 13 种机器翻译引擎,既包括国外知名的谷歌翻译、微软翻译、亚马逊翻译、DeepL 和 Yandex,也包含国内杰出的腾讯翻译君、阿里翻译、百度翻译、搜狗翻译、有道翻译、小牛翻译、云译翻译和 Tencent TranSmart。此外,还接入了在电商和医疗表现出色的阿里垂直领域机器翻译。译者无须申请接入 API,即可自由调用,十分便捷(本部分中选择谷歌机器翻译)。选择完成后点击"下一步",如图 7-52 所示。

图 7-52 YiCAT 中加载机器翻译

其次,选择文件。将需要翻译的文本拖拽至虚线区域或单击该区域选择文件。YiCAT 支持 doc/docx、xls/xlsx、ppt/pptx、zip、rtf、txt 等 48 种文件类型。添加文件后,项目创建完成,翻译结果会自动呈现,译者可点击"详情"进行查看。如图 7-53 所示。

图 7-53 YiCAT 中添加文件

4. 译后编辑

项目创建翻译完成后,点击"详情"查看项目并打开文件,如图 7-54。译者只需在译文列逐行修改机器翻译的结果即可。若译文不需修改,可直接按回车确认句段;若需修改,则每修改完成一句话,按回车确认句段,并进行下一个句段修改。如需突出显示修改痕迹,还可在工具栏中启用跟踪修订功能(该功能为 YiCAT 企业版功能)。

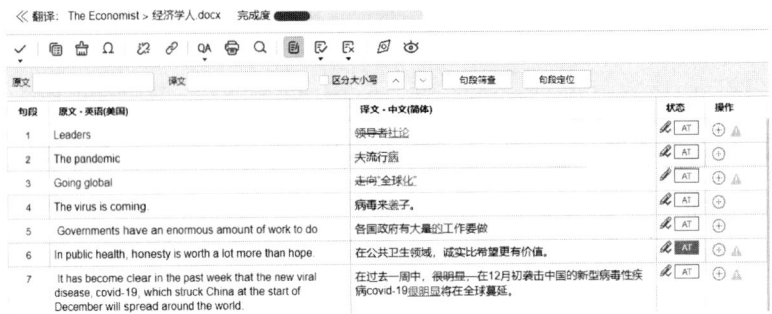

图 7-54　YiCAT 中进行译后编辑

此外，YiCAT 中内置的 QA 功能可以帮助我们检查译文中的低级错误，确保我们在提交译文前对错误进行修改，如图 7-55 所示。

图 7-55　YiCAT 中执行质量保证

还可在内置的预览功能中实现译文实时预览，做到"所见即所得"，如图 7-56 所示。

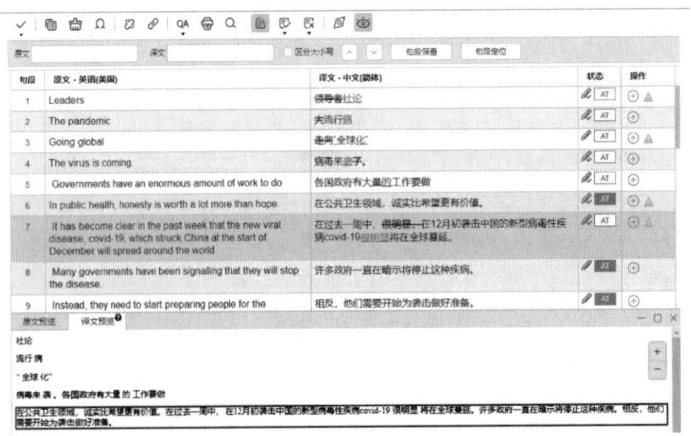

图 7-56　YiCAT 中译文预览

5. 导出译文

完成整篇文档的译后编辑后,点击"提交"确认翻译任务。提交完成后即可导出译文。导出时可以选择导出翻译译文、双语对照译文,如开启了跟踪修订,还可以导出带有修订痕迹的译文,如图 7-57 所示。

图 7-57　YiCAT 中译文导出

此外,YiCAT 企业版中还内置了机翻质量对比功能。在不知选择哪个机器翻译引擎的时候,可以上传少量原文样本,系统会同时给出 10 余种机器翻译引擎的结果。译者可以根据机器翻译的质量选择最终调用哪一款机器翻译完成项目的 MTPE 工作。

在 YiCAT 企业版工具箱中选择"机翻质量对比"。选择源语言和目标语言,勾选需要对比的几个机器翻译引擎(下图中选择谷歌、百度、腾讯和搜狗翻译),在文本框中复制原文样本,点击"翻译"即可同时看到四种机器翻译给出的译文,如图 7-58 所示。

图 7-58　YiCAT 机翻质量对比

第五节　技能拓展

一、如何做译前处理

翻译技术是指翻译服务人员在翻译过程中综合应用的各种技术,同样对于译者而言,包括译前的格式转换、资源提取、字数统计、重复率分析、任务分析、术语提取、重复片段抽取技术、预翻译技术等。在进行多页文档或者大型翻译项目的翻译之前,译者难以对整篇文档进行手动的预翻译和译前编辑等译前处理操作,借助计算机辅助翻译工具 Déjà Vu X3 可以较快捷地帮助译者做好译前处理等工作。

如果译者语言基础比较好,而且在项目体量、时间、预算等条件允许下,可以利用该软件对原文进行译前预处理,简化原文句式,消除句子歧义。概而论之,主要有四项准备工作:

(一)对各类型源文件进行格式过滤及句段切分;

(二)原文及已有译文的对齐及记忆库建立(见第一节案例实操);

(三)从原文中抽取、翻译术语并建立双语/多语术语库,为预翻译、编辑做好准备(见第一节案例实操);

(四)进行预翻译和对原文做译前编辑。

译者在人工手动翻译编辑之前,往往会利用积累的翻译记忆库、术语库和机器翻译引擎对待译文本进行预翻译,并将 100% 匹配的内容插入译文区。实操步骤为:

点击"项目">"翻译">"预翻译"。在弹出的对话框中,进行如图 7-59 所示的预翻译设置,点击"确定"。

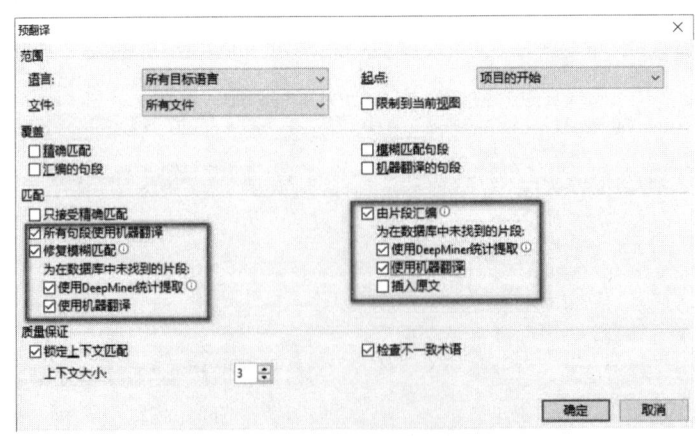

图 7-59　Déjà Vu X3 预翻译设置

按照上图设置完成后,点击"关闭",软件自动进行预翻译。

预翻译结束后,每个句端均有初译文,译者需要对每个句端的初译文进行翻译编辑,以提高翻译速度、效率和质量。

1. 合并、拆分句段：Déjà Vu X3 有时会错误切分句子，这时可将当前句和下一句合并起来，以便调整目标语的语序；如果遇到 Déjà Vu X3 断句不理想，需要手工将当前翻译的句子拆分的话，需要将句子拆分。

2. 调整文本格式：有时原文的字体等格式信息在 Déjà Vu X3 中没有完全保留下来，这时需要调用"文本格式"工具对译文进行处理。

3. 调用匹配结果：当翻译记忆库、术语库、机器翻译结果中有匹配句段或片段，"自动搜索-句段"和"自动搜索-片段"区域会用红色、蓝色和紫色高亮显示。

4. 处理格式标签：如果译文中有格式标签缺失，将导致无法导出译文。将缺失的格式标签补齐后，方可导出译文。

实际项目中还涉及字数统计、计费及语言服务协议签订与履约，而且客户的需求永远是多元化的，处理的稿件格式不尽相同，译者须按客户根据产品需求定制的特殊格式（从最常见的 doc、rtf 到 pdf、indd、dwg 不等）对文档进行处理，因而除了具有翻译前对其进行文本提取、格式转换等能力，译者还需掌握基本的编码知识和格式处理等译前处理技巧，以从容应对客户的要求。

二、如何利用工具导出重复片段

项目翻译过程中，难免会有重复或者类似的文段，译者需要将译文中重复字段导出以便比对和修改，从而推进翻译工作的进展。在所述工具中，Déjà Vu X3 成为首选工具。其中，对于查找出文中的重复句段而言，可以在项目翻译过程中或创建好的记忆库中进行查找。主要步骤有：

选择"项目">"查找重复句段"，如图 7-60，找出翻译记忆库中的重复句段，包括那些翻译不一致的句段。

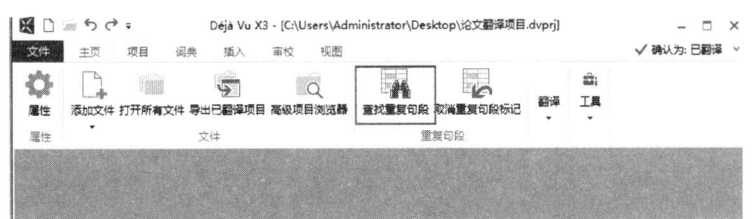

图 7-60　Déjà Vu X3 导出重复片段选择"查找重复句段"

选择"查找原文重复句段"或"查找译文中的原文重复句段"，点击"确定"，如图 7-61 所示。

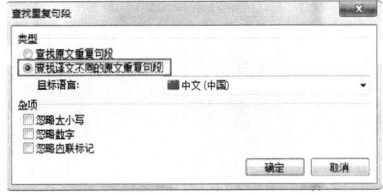

图 7-61　Déjà Vu X3 导出重复片段查找原文/译文重复句段

查看原文或译文中的重复片段数量后,点击"关闭",如图 7-62 所示。

图 7-62　Déjà Vu X3 导出重复片段结束"查找重复句段"

此外,译者还可以打开创建好的记忆库查找重复句段,在打开的页面中选择"仅重复句段",如图 7-63 所示。

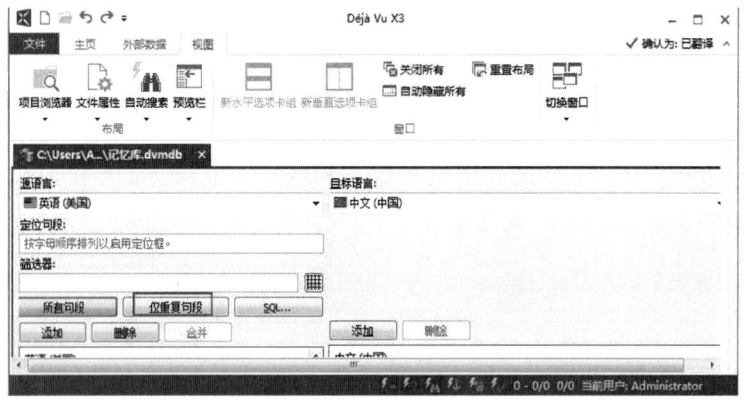

图 7-63　Déjà Vu X3 查找"仅重复句段"

如有重复的句段,点击"外部数据",在导出栏点击"文本"或"Excel"(此处只是示例性操作,译者须根据具体要求具体操作),如图 7-64 所示。

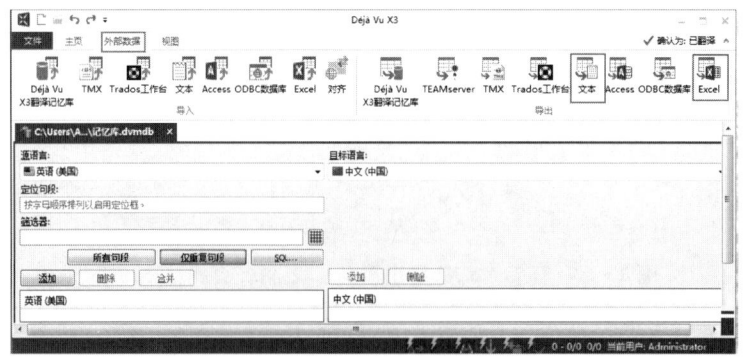

图 7-64　Déjà Vu X3 导出重复句段文本类型选择

将所查找的重复句段导出并保存到本地文件夹,再到本地文件夹进行查看。

三、如何导出外部审校

在导出外部审校的过程之前,导出何种格式须根据译者自身需要而定,或者根据客户要求而定。在某些情况下,翻译文稿的校对者可能没有安装 Déjà Vu X3,而由于审阅时间限制,来不及从头学习 Déjà Vu X3 的操作方法,此时,可以把 Déjà Vu X3 项目中需校对的文件导出为外部视图,其中有三种常见的导出方式(XLIFE 行业标准格式、双语 RTF 和 Trados 工作台),最典型的就是以表格形式呈现的 RTF 格式文件,这种文件可以用 Word 等常见文字处理软件打开并编辑(注:导出外部审校之前必须确保翻译完成,否则无法导出)。实操步骤为:

点击"文件">"共享">"导出">"双语 RTF"

导出的结果显示于表格中,共有序号(ID)、源语(Source)、目标语(Target)、批注(Comments)和状态(Status)五列,审阅者可直接修改译文(Target 中)的内容,但译者不能使用 Word 的修订功能,也不能改变表格结构。使用 RTF 格式进行审阅的时候,如果打开了 Word 的"修订"功能,完成后应另存一份接受所有修订的版本,再导入 Déjà Vu X3。否则已经删除的文字仍然会被作为正常文字导入。DVX3 外部视图如图 7-65 所示。

ID	Source	Target	Comments	Status
0000004	{00102}Artificial Intelligence for the American People {00103}{1}{2}{00202}({00203}{3}{4}{00302}Excerpt{00303}{5}{6}{00402}){00403}	{00102}{00103}{00202}{00203}{1}{2}{00302}{00303}{3}{4}{00402}{00403}{5}{6}{00502}{00503}美国人民的人工智能(节选)	删除无用代码	
0000011	{00102}02 AI for American Innovation{00103}	02美国创新的人工智能	同上	
0000015	America's decades-long leadership in AI research and development has resulted in cutting-edge, transformative technologies that are improving lives, growing innovative industries, empowering workers, and increasing national security.	美国在人工智能研究和开发领域长达几十年的领导地位已经产生了尖端的、变革性的技术,这些技术正在改善人们的生活、发展创新产业、增强工人的能力以及增强国家安全。	正确	
0000016	These successes are the result of a strong, long-term emphasis on visionary, competitive, and high-payoff fundamental research programs that advance the frontiers of AI.	这些成功是对前瞻性、竞争性和高回报的基础研究项目的长期大力强调的结果,这些项目推进了人工智能的前沿。	正确	

图 7-65 Déjà Vu 双语文档导出外部视图

导出为外部视图后,审校人员除可直接在如所述的"Target"一栏中进行修改外,还可在该文档的"Comments"一栏中继续进行修改、给出建议和意见等审校工作。

四、如何导出双语对应文档

翻译较大型的项目,在翻译与校对需要交替进行时,可以用到导出部分或单个文件的功能,还有可能需要导出双语对应文档。为了随时备份翻译结果,除了备份整个项目文件之外,也可以选择每完成一个文件即导出备份的办法。

在译文质量检查完成之后,要想导出项目中的所有文件,可以在右键单击文件列表最上方的项目文件名。具体操作为：

选择"文件"＞"共享"＞导出，如图 7-66 所示。

图 7-66　Déjà Vu 双语文档导出—共享

其中有三种双语对照文档的导出方式，分别是 XLIFE、双语 RTE 以及 Trados 工作台，但是较为常用和实用的是运用双语 RTE 的方式。如图中 7-67 倒数第二种方式所示。

图 7-67　Déjà Vu 双语对应文档三种导出形式

点击"双语 RTE"，选择"保存位置"，如图 7-68 所示。

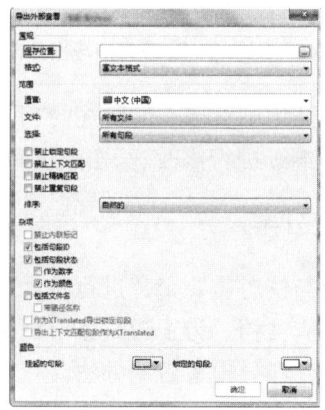

图 7-68　Déjà Vu 双语文档导出位置选择

点击"确定",选择本地文件夹进行保存;

保存成功后,在该文件夹中便可找到所保存的双语文档,如图7-69所示,RTF格式的文件与Word文档图标略有差异,双击打开查看文件是否有误。

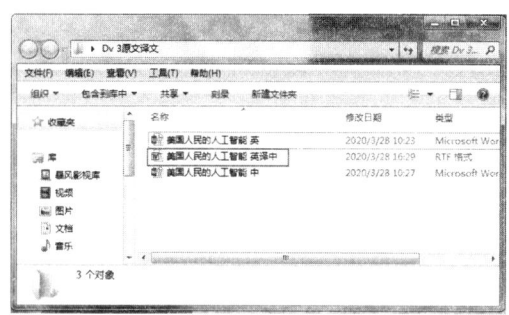

图 7-69　Déjà Vu 双语文档导出—查找本地文件

双语文档导出后,除了译文校对以外,还可以对比检查原文档与翻译文档的格式,如图7-70所示。

ID	Source	Target	Comments	Status
0000004	{00102}Artificial Intelligence for the American People {00103}{1}{2}{00202}({00203}{3}{4}{00302}Excerpt{00303}{5}{6}{00402}){00403}	{00102}{00103}{00202}{00203}{1}{2}{00302}{00303}{3}{4}{00402}{00403}{5}{6}{00502}{00503}美国人民的人工智能(节选)		
0000011	{00102}02 AI for American Innovation{00103}	02美国创新的人工智能		
0000015	America's decades-long leadership in AI research and development has resulted in cutting-edge, transformative technologies that are improving lives, growing innovative industries, empowering workers, and increasing national security.	美国在人工智能研究和开发领域长达几十年的领导地位已经产生了尖端的、变革性的技术,这些技术正在改善人们的生活、发展创新产业、增强工人的能力以及增强国家安全。		

图 7-70　Déjà Vu X3 导出为 RTF 格式的表格形式的外部视图

可以发现,对于 Word 等文字处理软件文档来说,除了(序号)ID、源语文本(Source)和译文文本(Target)等栏目外,所导出的双语文档中还包含审核意见和建议(Comments)与文档的状态(Status)两个栏目。此外,译文文件可以保留与原文件近乎完全相同的文档外观,原文的字体大小、格式等基本一一对应。DVX3软件的这一优势,使许多企业在对其电子文档进行本地化工作的时候,更多地选择使用这一CAT工具。

技能训练

问题1: 作为一名科技译者,除了语言能力外,应该如何提升自身的翻译工具意识与能力?

问题2: 译者如果需要在项目翻译中同时利用术语库和记忆库的管理,该如何选择翻译工具?

问题3: 在时间紧任务重的情况下,译者如何选择和利用MT工具获得专业文献格式保真度较高的译文?

问题4: 译者在进行项目翻译时,如何利用翻译工具协同多人进行翻译与译后编辑的操作?

问题5: 如果译者既想提高翻译效率、保证翻译质量,又想对译员进行绩效管理,需要跟踪修订翻译项目,应如何借助翻译工具实现?

译理点拨

信息化时代的计算机辅助翻译技术研究[①]

王华树

1 引言

纵观历史长河,人类社会进步和发展,包括每一次重大社会变革,都与科学发现和技术发明息息相关。19世纪六七十年代开始,以发电机技术为代表的科技革命推动人类进入了电气时代;20世纪四五十年代开始,以电子计算机、网络技术为代表的第三次科技革命,将人类带入了信息时代。科学革命是技术革命和产业革命的先导和源泉,技术革命带来了产业革命,每一次科技革命都推动了社会生产力的空前发展。近年来,云计算、物联网、大数据等颠覆性的技术不断涌现,正在改变全球的经济、社会发展以及人类的生产方式。在信息技术驱动的变革时代,翻译技术迅猛发展,广泛应用于语言服务的各个层面,对传统的手工翻译模式产生了巨大的冲击。

2 计算机辅助翻译技术概况

以计算机、网络和通信技术为主体的信息技术革命,已渗透到社会的各个领域,科技的力量已经影响到社会生活的方方面面。长期以来,语言学家和自然语言处理专家一直致力于追求人工智能的梦想,让计算机实现全自动化的翻译技术,解决与日俱增的语言翻译和交流的问题,计算机辅助翻译(Computer Aided Translation,简称 CAT)技术和工具应运而生。

关于计算机辅助翻译的概念,国内外诸多学者均有论述,国外的如 Melby(1983)、Hutchins(1986)、Kay(1997)、Kenny(1999)、Bowker(2002)、Sommers(2003)、Quah(2006)等,国内的如袁亦宁(2002)、徐彬(2004)、张政(2005)、苏明阳(2007)、钱多秀(2009)、俞敬松(2010)、王华树(2012)等。归结起来,大致可划分为狭义和广义的分类。狭义的计算机辅助翻译技术通常是指利用翻译记忆的匹配技术提高翻译效率的翻译技术。它利用计算机模拟人脑记忆功能的机制,将翻译过程中简单、重复性的记忆活动交给计算机来做,将译者从机械性的工作中解放出来,全力关注翻译本身的问题。计算机辅助翻译是以人为主体进行的翻译活动,区别于全自动化的机器翻译,前者可以称为"机助人译",后者可以称为"人助机译"。国外的 SDL Trados、Déjà Vu、Wordfast、MemoQ、STAR Transit 等主流的计算机辅助翻译工具,以及国内的雅信 CAT、传神 TCAT、朗瑞 CAT、雪人 CAT 等工具属于此类技术范畴。广义的计算机辅助翻译技术则不限于此,可以涵盖译者在翻译过程中可能用到的提高翻译效率的信息技术,例如,译前的编码处理、可译资

[①] 本篇选自王华树:《信息化时代的计算机辅助翻译技术研究》,《外文研究》,2014(3):92—96。

源提取、字数统计、任务分析、术语提取等;译中的片段复用、搜索验证、术语识别、进度监控;译后的格式转换、模糊匹配、自动化质量保证、语言资产管理等;以及语料自动对齐、机器翻译、语音输入、语音翻译等技术。本文主要探讨翻译记忆、翻译质量控制、格式处理、翻译协作以及现代翻译管理等代表性的技术应用。

3 计算机辅助翻译技术的主要作用

现代翻译项目动辄几十万上百万字,涉及多语种、多领域以及多学科,手工作坊式的翻译模式将会出现一系列问题(如资源分配、风格统一及术语一致性等),翻译效率极其低下,不适应时代的发展。随着翻译技术突飞猛进,翻译工具的功能不断改善,在一个追求效率的产业化时代,计算机辅助翻译技术在现代翻译工作中的作用日益凸显。

3.1 复用语言资产

在计算机辅助翻译环境下,对于翻译过程中重复出现的内容,翻译记忆系统会自动识别并插入译文区,节省了重复输入和语言组织的时间。这在翻译产品文档、客户支持指南等包含有大量重复性内容的文本时可以极大地节约时间。在实际使用过程中,翻译记忆库从原有的翻译数据库中提供"100% 匹配内容"(完全匹配内容)或"模糊匹配内容"(相似但不相同的匹配内容)来帮助译者进行翻译。不完全匹配的内容会以其他颜色标注出来。当不匹配内容为数字时,可以自动替换成新数字使其完全匹配。对于同一个类型的项目来说,在翻译记忆库中存储的内容越多,翻译后续内容的速度将越快。在非文学翻译过程中,存在着大量的重复翻译,CAT 工具能够取代大量非必要的人力重复劳动,效率的提升可以直接带来收入的增加。此外,利用语料对齐技术(如 SDL Trados WinAlign),可批量回收双语语料,将配对后的平行语料导入翻译记忆库中,在遇到相关文本时,可调用原有的翻译,重复利用语言资产节省翻译的时间与成本。

3.2 控制翻译质量

在翻译质量控制上花费时间越多,翻译成本就越高。当今全球化竞争日益激烈,规模较大的语言服务提供商已经深刻认识到这种两难选择,借助 CAT 技术,可在很大程度上实现翻译质量检查的自动化。在翻译过程中,系统会自动进行拼写检查、语法检查、数字、单位、日期、缩略语、标签以及多种格式检查等。在翻译之后,对于校对量非常大的稿件,比如客户要求每天校对 30 种语言 1000 页的文字,如果完全由人工校对,所花费的时间成本和人员投入成本,将非常之高。利用自动化校对工具,如 SDL QA Checker、QA Distiller 等工具,可在很短时间内完成大型项目的自动化检查。

影响译文质量的一个关键因素是术语统一的问题。如果术语表中总词条在几十个之内,由人工来校对,还是可能保证的,但是如果客户提供的术语表高达数千条,很难依靠人工进行术语校对。加载术语库之后,可以在翻译过程中保持术语在同一个文章或同一个项目中的一致性(王华树,2013:24)。

3.3 简化翻译格式

在传统翻译模式下,对于文档中的分栏、文本框、页眉页脚、脚注等复杂格式编辑,以及 INDD、FM、PDF、HTML 等各种格式类型转换等方面,需要耗去译者大量的时间。传统的方式处理图文并茂的 PowerPoint 格式文件,通常采用单纯的删除原文后再键入译文的模式,在编辑与排版上就浪费了大量的时间。借助 CAT 软件,译者主要关注翻译的文字内容,基本上不涉及太多格式。例如,利用 SDL Trados Studio 处理 PPT 文件,原文中的文字被自动提取了出来,大段文字被分割成一目了然的短句,以一个一个翻译单元的形式井然有序地排列在原文区。在译文区输入对应的汉语翻译时,SDL Trados 会基本上自动保持与原文相同的字体和字号,对于特殊格式的文字,原文中会出现紫色的标签,翻译时只需要按顺序将标签插入译文中对应的位置即可。在翻译过程中,SDL Trados Studio 还可智能处理如时间、数字、网址、单位等非译元素,译员无须手动输入,减少了译员的劳动量。诸如 SDL Passolo、Alchemy Catalyst 等本地化工具,会自动解析中软件程序中的可译元素,保留非译元素,译者在翻译过程中,只需翻译可译元素,不会破坏源程序,不用进行重新编译。翻译完成之后可直接导出原文格式的文件,省去了文档类型转换的麻烦,减少了译者非生产性的工作时间。

3.4 辅助翻译协作

许多现代的翻译记忆系统,不仅能帮助单个的译者保持术语一致,还能帮助翻译机构保持大型翻译团队术语一致,即便这个团队成员之间的地理距离十分遥远,借助网络技术,也可以共享同一份术语表(徐彬,2010:32)。

现代化的项目通常需要很多译者协作,而且同一文档中还会有很多重复的内容,不同译者很难做到翻译的结果完全一致,同一译者前后的翻译也很有可能出现差别。科技、法律、金融等含有大量专有名词的文本对术语及文风等方面的一致性要求极为严格,风格和术语的不一致将导致译文返稿,项目失败。

利用 C/S 或 B/S 架构的协同辅助翻译系统,全球各地译员可同时协作翻译一个项目,译文和术语的一致性提供了有力的保障。在诸如 Lingotek、Wordfast Anywhere、XTM 等在线 CAT 系统中,不同译员分配到不同的任务,但是任务之间有紧密的联系。第一个译员翻译某个在下文复现的句子之后,并添加到在线记忆库中,那么其他译员在下文遇到此句话的时候,翻译记忆窗口就会提供已有译文,可直接采用,同样的内容只有唯一的一种翻译,确保内容的一致性。通常,翻译记忆库和术语库可以存储在网络服务器上,系统对断句规则、翻译记忆、术语库以及双语文档进行协同处理,可实现实时共享和更新。大型项目周期短,工作量大,为了按时保质完成任务,通常需要翻译和审校同步,借助上述系统,译员翻译完一个片段之后,审校可在后台进行校对,或者译者和审校及时沟通,确保译文的质量,极大地提升了翻译效率。

3.5 辅助翻译管理

在现代语言服务行业中,翻译管理能力是翻译从业人员必备的核心能力,能力的高低直接影响翻译项目的成败(王华树,2014:54)。在非计算机辅助翻译环境中,要处理字数分析和报价、重复率计算、工作量统计、文档合并拆分、流程管理与进度控制等多项任务,需要耗费大量的时间。借助 SDL Trados 2011 等 CAT 工具,可快速实现项目分析、重复率计算、文件切分、资源分配、项目打包、工作流程控制等功能,可优化工作流程,提高译者的翻译管理效率。

根据国际知名翻译社区 Proz.com 发布的《2012 年自由译者报告》数据显示,在促进译者效率提高方面,计算机辅助翻译技术发挥的作用高达65.3%(Proz,2012)。又据SDL的统计,利用自动化的辅助翻译技术,可降低30%到50%的翻译成本,翻译内容市场投放时间可缩短50%以上(SDL,2013)。2009年,国际语言服务调查机构Common Sense Advisory调查显示,利用HAMT(Human Aided Machine Translation)技术,翻译效率比纯粹人工翻译提高了2倍,成本降低了45%(CSA,2009)。计算机辅助翻译技术的作用不限于上述讨论,在翻译实践中,配合其他文本处理技术、翻译管理系统以及内容管理系统等,计算机辅助翻译技术可发挥更大的作用。

4 计算机辅助翻译技术的发展趋势

信息技术飞速发展为翻译技术和工具的发展插上了腾飞的翅膀,语言市场的全球化和商业化进一步加大了对翻译技术的庞大需求,翻译技术和工具得到长足发展,在最近5年出现了重大变化(Choudhury & McConnell,2013:12),云翻译、语联网、敏捷翻译等新型商业模式和生产方式随之涌现(崔启亮,2013a:38)。

4.1 计算机辅助翻译工具功能不断整合

计算机辅助翻译工具从最初基本的模糊匹配和编辑功能,发展到译中自动文本输入和自动拼写检查,到译后的批量质量保证,再到翻译项目切分、项目打包、财务信息统计、过程监控、语言资产管理等,功能越来越多,呈现出整合的趋势。如当前的Across、SDL Trados、XTM等CAT工具,不再局限于翻译本身,其功能涵盖技术写作、术语管理、文档管理、内容管理到翻译和产品发布等环节,体现了将翻译技术同翻译流程各个环节整合的趋势。

4.2 计算机辅助翻译技术可视化程度越来越高

计算机辅助翻译工具利用标签技术将待译文档的格式信息隐藏起来,但是格式越复杂,预览效果越差,甚至不能预览翻译结果,会影响译者判断和翻译的速度,可视化(What You See Is What You Get,简称WYSIWYG)翻译技术应运而生。例如,在Alchemy Catalyst和SDL Passolo类似的翻译工具中,译者关注的是"文本"本身,并可在翻译同时很直观地看到本地化的界面和功能效果(张宵军等,2013:114)。在未来,更多的技术提供商会将可视化翻译技术无缝整合到翻译流程中,从翻译过程到项目管理,本地化工程到测试过程,整个过程中实现无阻力的可视化,为翻译人员提供各种便利,全面优化翻译环节,节省成本,增强公司的竞争力。可视化本地化技术的发展已经成为国际本地化软件工具的一种诉求,未来可视化技术的发展前景广阔。

4.3 开源计算机辅助翻译技术异军突起

市场需求的变化必定导致对翻译工具需求的变化,如何在成本范围之内提高效率是很多用户首先考虑的问题。互联网和计算机技术的突飞猛进,开源社区蓬勃发展,人们对开源CAT系统的关注越来越多,一大批开源工具如Anaphraseus、Okapi、OmegaT、Open Language Tools、Pootle、Translate Toolkit、Transolution和Virtaal涌现到翻译和本地化市场。由于其成本低、灵活可靠、安全性高,而且没有许可证引起的麻烦,自由和开放源码软件(FOSS)在翻译和本地化行业越来越受欢迎。同商业的CAT系统相比,用户几乎不需要花费任何代价,可以节省购买翻译工具的成本;开源的CAT系统具备商业的CAT

系统的基本功能,如兼容 TMX 标准、模糊匹配、术语管理等,而且这些功能同封闭性的商用 CAT 系统相比具有明显的优势(张霄军等,2013:293)。从某种程度来看,开源的工具已经赶上并正在超赶商用的 CAT 系统。2010 年,IBM 将多年来仅供公司内部使用的 TM/2 开源化,并改名为 Open TM2,兼容标准 TMX 格式,进一步扩大了开源翻译技术阵营,给自由译者更多的选择,很大程度上打破了昂贵的商业 CAT 工具垄断的壁垒,进一步促进翻译行业生产效率的提高。

4.4 "CAT+MT+PE"模式将会广泛应用

信息化时代促进了机器翻译的快速发展,机器翻译在商业翻译中广泛应用。机器翻译主要优势体现在其批量翻译速度上,最大的不足之处是不能很好地理解自然语言,所以高质量的翻译仍需要人来主导,作为机器翻译的必要补充,译后编辑(Post-Editing)是提高机器翻译质量的重要途径。越来越多 CAT 工具提供商开始将机器翻译引擎内置于 CAT 工具之中。当翻译记忆库中没有匹配的时候,翻译记忆系统会自动调用内置的机器翻译引擎,翻译引擎快速提供备选译文,译者再根据初始译文进行编辑和加工,修改确认之后的内容可及时进入翻译记忆库,供后续循环使用。如 SDL TRADOS 2011、WordfastPro、Déjà Vu X2、MemoQ 6、Fluency Translation Suite 等 CAT 工具已经将 Google、Bing、Systran、Microsoft MT 等主流机器翻译引擎内置在系统当中,为译者提供了非常有用的参考。Google Translator Toolkit 是此种模式的典型代表,它不仅可用 Google 机器翻译直接翻译,还可支持翻译记忆和术语库,译员上传的术语库可以干涉和改善机器翻译的结果。2012 年全球自由译者报告显示,54%的译者继续以某种形式在其翻译项目和与翻译有关的项目中使用机器翻译,其中 32.8%是为译后编辑产生翻译初稿(Proz,2012)。

4.5 智能语言识别与翻译技术发展迅猛

在未来 Web3.0 时代,语音识别和即时语音翻译技术将会极大发展,智能语音翻译及应答系统等如雨后春笋迅速蔓延移动应用市场,如 Siri、Vocre、SayHi Translate、百度语音助手、搜狗语音助手、讯飞灵犀语音助手等已经深入人们的移动生活,帮助人们甩掉复杂的键盘,通过识别语音中的要求、请求、命令或询问做出正确的响应,既可克服人工键盘输入速度慢,极易出差错的缺点,又有利于缩短系统的反应时间。2012 年 10 月,微软研究院主席瑞克·拉希德在"21 世纪的计算大会"上演示了即时英译汉口译系统,利用"深层神经网络"(Deep Neural Network)技术,模拟人脑,可以将英语口语翻译成中文口语,同时也会保留语调和节奏,翻译准确率维持在 80%—90%之间,这可谓是智能语音翻译发展的方向。国际上知名企业,如 AT&T、Google、日本 NTT DoCoMo 等都在进行相似的语音识别和翻译软件开发项目。随着人工智能技术、语音识别和自动翻译系统不断整合,机器和人之间的交流将会更加自然,智能语音翻译将在信息网络查询、医疗服务、银行服务等领域以及移动翻译工作中大显身手。

4.6 云翻译技术前景广阔

随着翻译信息化程度日益深入,云计算技术迅速得到应用,对翻译行业产生了重要的影响(Luigi,2011)。云计算技术应用于现代语言服务行业,催生了云翻译技术。以云计算为依托,可快速搭建定制化的机器翻译系统,并且实现跨系统,跨设备,无安装的互联网服务访问。目前国内外很多机器翻译项目已经利用了云计算,如 Google Translate Toolkit、Microsoft Bing、Microsoft Translator Hub、EU LetsMT!、Xcelerator KantanMT、Lionbridge GeoFluent、SDL BeGlobal 等等。基于云计算的语联网技术,集成了基于云计算的计算机辅助翻译和机器翻译引擎的翻译管理平台,将"私有云"、云计算接口(API)、云共享资源平台和云语言服务产业链整合,能大幅度提升翻译生产效率,降低成本(韦忠和,2012)。云计算同智能机器翻译技术相结合,融合基于大数据建构的语义信息和深层语言学知识,将会大幅度地提升机器翻译的质量,是未来翻译技术发展强劲的驱动力。

现代翻译技术正在以自己的方式"挑衅"着传统的翻译世界。计算机辅助翻译技术的问世与发展,加快了翻译速度,优化了翻译流程,降低了翻译成本,提升了行业整体翻译生产效率,传统的手工翻译模式以及落后的生产工具即将被信息技术的洪流淹没,逐渐退出翻译的历史舞台。信息技术风起云涌,在云计算和大数据的驱动之下,一场新的语言技术革命浪潮已经来临,将会重塑语言服务产业链经济结构和语言服务产业增长模式。

此外,根据许钧和穆雷(2009)、文军(2011)等人的统计,我们发现研究者对翻译信息化的诸多现象和特点不甚关注,对计算机辅助翻译技术研究的深度和广度远远不够。在信息技术发展迅猛的今天,翻译的对象、流程、环境、技术等都发生了巨大的变化,翻译理论要全面发展就必须与时俱进。作为信息化时代发展的产物,计算机辅助翻译为当代译学注入了新鲜的血液,是现代翻译理论创新和发展的一个着眼点。计算机辅助翻译技术的深入研究,对于进一步认识翻译的本质,扩大翻译研究视野,拓展翻译研究范围,完善现代翻译学科建设等都具有极其重要的意义。

◎ 推荐读物

L. Bowker. *Computer-aided Translation Technology:A Practical Introduction*. Ottawa:University of Ottawa Press, 2003.

C. K. Quah. *Translation and Technology*. Shanghai:Shanghai Foreign Language Education Press, 2008.

崔启亮,胡一鸣. 翻译与本地化工程技术实践[M]. 北京:北京大学出版社,2010.

王华树. 翻译技术100问[M]. 北京:科学出版社,2020.

王华树. 计算机辅助翻译概论[M]. 北京:知识产权出版社,2019.

第八章 科技译者的翻译服务能力拓展

本章导读 职业科技译者除了需要具有文本能力、在线检索能力、术语能力、交流能力、技术能力及翻译策略能力之外,还需要拓展其他翻译服务能力。本章侧重三个方面的翻译服务能力:第一节聚焦于译前准备应具备的能力;第二节聚焦于译后的审校能力;第三节从职业译者素质角度聚焦科技笔译员需要掌握的岗位语言。

2009 年欧洲翻译硕士专家组(EMT expert group)制定的能力框架将"翻译服务能力"(translation service provision)确立为居于语言能力、跨文化能力、信息检索能力、技术能力和主题能力等翻译能力之中心的能力,可划分为"人际维度"和"生产维度"。"人际维度"方面的能力包括清楚译者的社会角色,能够及时了解语言服务行业的需求和岗位要求,知晓如何根据客户需求制定翻译策略,知道如何与客户洽谈,知道如何明晰客户的隐含要求和目的,能够做好时间规划,能够胜任团队合作,了解翻译服务适用的标准,能够遵守职业道德,能够就创新性和适应力等方面进行自我评估。"生产维度"方面的能力则包括如何根据客户需求提供翻译服务,如何制定相应的翻译策略,如何评估翻译问题并找到应对策略,掌握翻译工作的专业工作语言,如何审校译文以及知晓如何制定翻译质量标准及监控其实施等。

此外,欧盟 2017 译员能力框架(European Master's in Translation: Competence Framework 2017)罗列了 35 条职业能力,为我国从事科技翻译职业能力培训的师生提供了重要参考,具体介绍如下:

(1) 分析原文,识别可能的篇章难点和认知困难,并结合译文交流目的分析将采取的翻译策略和资源。
(2) 用至少一种目的语,快速和准确地进行总结、重构、调整、缩略等笔头或口头交流。
(3) 能够根据翻译需求评估信息源的相关性和可靠性。
(4) 能够学习、积累和运用与翻译需求所匹配的主题和领域知识,如概念系统、推理方法、术语和惯用语等。
(5) 能够根据某一翻译类型套用文风和文体惯例。
(6) 既能翻译普通文献又能翻译专业领域文献,且译文能够满足使用要求。
(7) 能够用合适的工具和技术翻译不同类型的原文,并适用于不同的载体。
(8) 翻译某些跨文化的语境类型,如网站、游戏等。
(9) 根据某种特定需求、客户、约束条件来翻译。

(10) 用恰当的专业词汇和理论方法来分析或证明翻译抉择。
(11) 根据标准或特定的质量目标检查、单双语审校译文。
(12) 理解并用合适的工具和方法进行质量控制。
(13) 为改善机器翻译的质量，能运用合适的译前编辑技术对原文进行译前编辑。
(14) 根据译文质量和速度目标，运用合适的译后编辑技术对机器译文做译后编辑，并确保对数据保密。
(15) 运用 IT 工具，包括办公软件，并能很快上手新的 IT 工具和资源。
(16) 有效利用搜索引擎、语料库工具、文本分析工具和 CAT 工具。
(17) 预处理、处理和管理文件及其他形式载体，如多媒体软件，能够应用网页技术。
(18) 掌握 MT 的基础知识和对翻译过程的影响。
(19) 评估 MT 系统对翻译过程的重要程度，并在适当时应用 MT 系统。
(20) 能够应用工作流程管理软件。
(21) 计划和管理翻译项目的时间，应对压力和紧张情况。
(22) 按照截止时间和要求进行工作。
(23) 能够胜任虚拟的、多文化、多语种环境的团队合作。
(24) 使用职业目标的媒体。
(25) 能够自我调整并适应工作环境。
(26) 通过个人策略和合作学习不断提升自己的能力。
(27) 能够及时了解市场对译员的新需求。
(28) 能够利用书面和口头交流手段接近潜在客户和获得新客户。
(29) 能够明确客户和其他利益相关者的要求、目标和目的，以提供恰当的语言服务。
(30) 与客户就交稿时间、费用、工作条件、合同、权利和责任等进行协商。
(31) 组织一人或多人的翻译项目，并进行预算和管理。
(32) 理解和执行语言服务提供的标准。
(33) 应用质量管理和质量保证程序来达到指定的质量标准。
(34) 遵守职业道德准则，通过社会媒体和行业协会与其他译者和语言工作者建立联系。
(35) 分析和审校译文，并提出修改意见。

以下本章将聚焦译前准备、译后审校和职业译者的岗位语言等三个方面，对科技译者的翻译服务能力进行拓展。

第一节　译前准备的能力

译者的译前准备活动可以从客户要求分析、文本分析、技术准备和翻译时间规划等方面展开。

一、客户要求分析

"客户要求"(translation brief)是指"客户针对某一翻译服务给定的一系列要求,包括翻译目的、目标受众、文体风格、倾向的术语使用以及排版要求等,这些要求客户是以明确或隐含的方式提出的"(Palumbo,2009:125)。对客户要求分析非常重要,译员可以从项目经理那里详细了解客户要求,从而制定翻译质量保证清单。表 8-1 为客户对一个学术论文英译项目的明确要求。

表 8-1 翻译质量保证清单案例

要求类别		要求内容
质量(Quality)	准确(Accuracy)	避免误译、漏译
		术语一致
	客观(Objectivity)	被动语态
		不使用主格代词,除了 it
	可读性(Readability)	语言地道
		衔接连贯
格式(Style guide)	—	字体:Times New Roman
		正文五号(一级标小四加粗、二级标五号加粗倾斜)
		首行缩进 4 字符,两端对齐,段前段后 0.5 行
		参考文献、图表、公式、符号等参考国内外期刊标准
时间(Deadline)	—	两个月

二、文本分析

文本分析是译前准备的重要内容,可以从文内因素和文外因素两个方面来分析原文所属的专业领域、文本类型、翻译目的、语言层面的翻译困难等。如一个机械设备说明书的文本分析中,文外因素包括客户(或委托人)、翻译目的、译文使用者、译文载体、交际场所等;说明书的客户(或委托人)是某重工机械股份有限公司国际业务部,该公司生产 Φ5.5 m×8.8 m 型号溢流型球磨机,设备将出口到国外,需要英文版的说明书。翻译目的是为国外合作企业提供英文版说明书,指导其员工正确安装、操作和维修设备,也帮助该重工公司树立企业形象。译文使用者是国外合作企业接触该设备的工人、专家等。该文本以技术手册为载体传播,译文交际场所包括国外合作企业的设备安装、操作和维修的场地(岳锦丽,2018)。

文内因素包括文本所属领域、文本的内容、词汇和句型,以及非语言因素。这个说明书的主题是基于 Φ5.5m×8.8m 型号的溢流型球磨机,从安装、操作和维修三方面进行撰写,形成全方位的指导性说明书。说明书包括总论、吊装运输与储存、产品综述、设备安装、试车、正常操作和使用、维护和检修、常见故障和排除以及附表等内容。原文含有大量机械专业术语,译者需要通过多种途径查找以便选取最恰当的词汇译文。此外,有些中文词汇虽为日常用词,实则在文中具有专业含义,因此译者在翻译过程中需要注重此类术语的识别。在句法方面,原文使用大量祈使句以及流水句,且较多地使用动词。由于是指导性说明书,文中使用了一些配图,即非语言因素,图文搭配形成更清晰的说明指示(岳锦丽,2018)。

根据以上案例的文本分析,我们可以总结文本分析的基本要素包括文外因素和文内因素。"文外因素"主要包括"客户(委托人)、翻译目的、译文使用者、传播载体和交际场所等","文内因素"主要包括"文本的所属领域、基本内容、词汇句法难点,以及图表等非语言要素"。

三、技术辅助准备

译前技术准备主要是利用在线词典、搜索引擎等查找相关平行文本,制作术语表和翻译记忆库等。如一个化学成分评估文献英汉翻译项目,译者在译前技术方面的准备(于士清,2019):

在译前准备阶段译者搜集平行文本,准备 CAT 工具及术语查询工具。为了熟悉专业背景知识,译者首先搜集相关信息,积累平行文本,包括在网上搜集相关的文献和报道,如《欧盟化妆品安全性要求和化妆品风险评估》《国际化妆品中纳米材料的监管》,这些文本为译前准备工作提供了丰富的材料。通过阅读平行文本,译者能够了解相关学科知识和评估文献文本的语言风格。

译者使用的翻译辅助软件是 SDL Trados 2017。将原文导入进行翻译,完成后导出译文。使用 MultiTerm Extract 和 MultiTerm Convert 提取术语、建立术语库(如图 8-1);用 SDL Trados 软件的对齐功能进行平行文本对齐并生成翻译记忆库(如图 8-2)。在查询术语方面,参考带有术语表的相关专业书籍,使用在线词典、术语网站和搜索引擎,例如有道词典、术语在线、超星期刊、CNKI 翻译助手等查找相关信息。

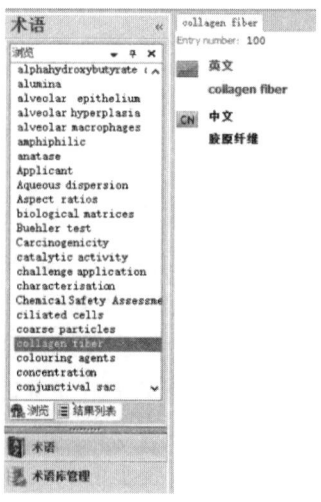

图 8-1　MultiTerm 项目术语库

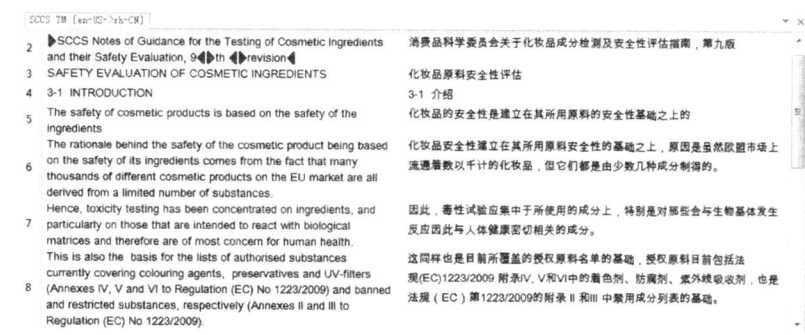

图 8-2　SDL Trados 平行文本记忆库

客户需求、文本分析和技术准备是译前准备的重要内容,此外还有根据客户需求和文本分析提出翻译标准,或是根据翻译时间划分各阶段的时间安排等。"工欲善其事,必先利其器",译前准备得当,能够大大提升翻译工作的效率,提高译文的客户满意度。

第二节　译后审校的能力

翻译项目的实施包括许多环节,要交付客户满意的翻译产品,需要项目成员的分工合作。审校作为翻译项目进程中的重要环节,也是与翻译过程密切相关的环节。审校分为双语审校(revise)和单语审校(review)两种,前者是比对原文和译文的形式,后者则是由具有领域专业知识的人员通过阅读译文来查找错误的方式。本节所说的"审校"侧重于"双语审校"。审校的角度主要有以下四个方面:

一、原文信息是否准确

"准确性"是审校过程中最重要、最基本的指标。译文是否准确体现在专业信息的准确性和术语使用的准确性上。

例 1　The bed is the <u>foundation</u> of the engine lathe. The bed is a heavy, rugged casting made to support the working parts of the lathe.

原译　作为普通车床的<u>基础部分</u>,床身是一个沉重而坚固的铸件,用于支撑车床的工作部件。

分析　foundation 一词在不同的专业领域有着不同的释义,如在土木工程领域常有"地基"的意思,在混凝土浇筑领域常有"基础"的意思,而在机械工程领域则有"地脚"的意思。此句中,原译将 foundation 误译为"基础"。

例 2　Powder Metallurgy (P/M) is a processing technology in which parts are produced by compacting and sintering <u>metallic and/or nonmetallic powders</u>.

原译 粉末冶金是一种通过压制成型和烧结金属和非金属粉末来生产零件的工艺方法。

分析 对于粉末冶金工艺来说，其原材料可以是金属粉末或者非金属粉末，又或是金属粉末和非金属粉末的混合物，因此这里原文画线部分要译为"金属粉末和（或）非金属粉末"。明察秋毫、观察入微的品质乃是译者最重要的品质，科技译者对于数字、公式、图表等非语言信息的比对也很重要。

二、译文逻辑是否连贯

"逻辑问题"分为两种情况：一种是原文有逻辑问题但译者没有发现；另一种是原文没有问题，译者理解和表达出现逻辑错误，造成逻辑不连贯。如下例：

例 3 The utility model prevents excess load from being transmitted through the steering system and protects the steering system of a marine pod drive from damage.

原译 本实用新型阻止通过转向系统传递过大负荷，并且保护船舶吊舱驱动器的转向系统免受损坏。

分析 译文读起来前后句子之间逻辑不清晰，经过仔细检查发现句中 and 表达的是一种因果关系，因此逻辑合理的译文应为——"本实用新型阻止通过转向系统传递过大负荷，从而保护了船舶吊舱驱动器的转向系统免受损坏"。

例 4 Many of the parts machined in low quantities would be produced with lower but acceptable tolerances if produced in high quantities by some other process.

原译 许多小批量机加工生产的零件如果采用其他工艺批量生产，将会带来较低但是可以接受的公差。

分析 这里译文后半句出现逻辑错误，acceptable 是勉强可以接受的意思，而在机械工程领域，公差低表明零件精度高，这就与后面 but acceptable 的意思出现了逻辑矛盾，因此这里画线部分应译为"较大但是还可以接受的尺寸公差"。逻辑的连贯性不仅体现在词汇上，更多地体现在上下句之间以及段落内部甚至是全文中。前文已有案例，在此不再赘述。

三、交流效果能否更佳

例 5 Plants may be able to be more resistant to drought, flooding, salinity or sensitivity to heavy metals, so that they can be grown in areas of the earth currently beyond the tolerance range of species, or even those areas unable to be used for agriculture at all.

原译 作物能够更好地抵抗干旱、洪水、盐度或对重金属的敏感性，这样作物就可以被种植在超过物种承受范围的地区，甚至是根本不适合农业使用的地区。

分析 译文中的 be resistant to 是术语 resistance（抵抗力）的句法变体，因此这里应译出"抗……"；在汉语的农业专业文本中可以用"抗旱、抗涝、抗盐和抗重金属敏感"等说法，这样的表达更符合汉语专业交流的习惯，因此，建议对原译画线处进行修改。

例 6 Two or more computers can also be operated together to improve performance or system reliability.

原译 两台或两台以上的计算机也可以一起运行从而改善性能或系统可靠性。

分析 原译看起来准确表达了原文的信息,但是 be operated together 若译为"联机运行"则具有更佳的技术交流效果。

四、译文目的能否达成

例 7 ABB Robotics will be exploring and demonstrating the key reasons justifying robotic technology investment within the rail industry.

原译 ABB 机器人业务部将探讨和展示在铁路工业投资机器人技术的重要理由。

分析 虽然原译准确译出了原文信息,但是译文平淡,缺乏表达意向,考虑到原文出自一份会议邀请函,目的是为吸引铁路制造商参加 ABB 公司的自动化技术活动日,因此建议译为"铁路制造业是否有必要投资机器人技术,ABB 机器人业务部将给出最具说服力的理由",从而增加译文的信息传播效果,实现技术交流的目的。

例 8 In case of operation failure, please switch off the desk light, unplug the power cord and contact your nearest Philips dealer.

原译 如有使用问题,可以断开电源、拔下插座,与邻近的飞利浦台灯销售商联系。

分析 例 8 来自台灯使用说明书文本,审校此类文体,特别要注意译文的可用性标准,这包括译文的本土化问题。按照中国国情,译文需要添加"在保修期内"以保障商家利益,另外原文中"断开电源、拔下插座"等信息也显繁琐,故建议修改译文为"如在保修期内出现质量问题,您可以与邻近飞利浦销售商联系"。

译者除了按照以上四个方面开展审校工作外,还可以按照翻译公司制定的质量标准进行审校,如下图 8-3 所示的质量指标分解图(来自武汉传神翻译公司):

指标级别	译文综合差错率	低级错误							术语差错率			语义差错率		增漏译			语句通顺度	
		主指标	数字	标点	项目符号/编号	计量单位	错字/拼写错误	格式错误	其它	主指标	术语不专业	术语不统一	主指标	核心语义错译	主指标	核心语义漏译	整句漏译	主指标	语法错误
一	√	√	√	√	√	√	√	√	√										
0.5‰	√	√	⊙	⊙	⊙	⊙	⊙	⊙	⊙										
1.0‰	√	√	⊙	⊙	⊙	⊙	⊙	⊙	⊙										
1.5‰	√	√	⊙	⊙	⊙	⊙	⊙	⊙	⊙										⊕
2.0‰	√	×	⊙	⊙	⊙	⊙	⊙	⊙	⊙										⊕
2.5‰	√	×	⊙	⊙	⊙	⊙	⊙	⊙	⊙										⊕
3.0‰	√	×	⊙	⊙	⊙	⊙	⊙	⊙	⊙										⊕
3.5‰	×	×	⊕	⊕	⊕	⊕	⊕	⊕	⊕	×	×	×	×	×	×	×	×	×	×
4.0‰	×	×	⊕	⊕	⊕	⊕	⊕	⊕	⊕	×	×	×	×	×	×	×	×	×	×
4.5‰	×	×	⊕	⊕	⊕	⊕	⊕	⊕	⊕	×	×	×	×	×	×	×	×	×	×
5.0‰	×	×	⊕	⊕	⊕	⊕	⊕	⊕	⊕	×	×	×	×	×	×	×	×	×	×
6.0‰	×	×	⊕	⊕	⊕	⊕	⊕	⊕	⊕	×	×	×	×	×	×	×	×	×	×
6.5‰	×	×	⊕	⊕	⊕	⊕	⊕	⊕	⊕	×	×	×	×	×	×	×	×	×	×
7.0‰	×	×	⊕	⊕	⊕	⊕	⊕	⊕	⊕	×	×	×	×	×	×	×	×	×	×
7.5‰	×	×	⊕	⊕	⊕	⊕	⊕	⊕	⊕	×	×	×	×	×	×	×	×	×	×
8.0‰	×	×	⊕	⊕	⊕	⊕	⊕	⊕	⊕	×	×	×	×	×	×	×	×	×	×
8.5‰	×	×	⊕	⊕	⊕	⊕	⊕	⊕	⊕	×	×	×	×	×	×	×	×	×	×
9.0‰	×	×	⊕	⊕	⊕	⊕	⊕	⊕	⊕	×	×	×	×	×	×	×	×	×	×
9.5‰	×	×	⊕	⊕	⊕	⊕	⊕	⊕	⊕	×	×	×	×	×	×	×	×	×	×
10.0‰	×	×	⊕	⊕	⊕	⊕	⊕	⊕	⊕	×	×	×	×	×	×	×	×	×	×

图 8-3 翻译质量指标分解图示例

最后,特别要提醒的是,审校工作要把握一些原则,如可对译文进行适当改动,但不要改写;更改时要检查是否需要在句子的其他位置进行更改;要检查数字和单词,它们也是信息的一部分;在审校时要充分考虑译文准确性和可读性之间的平衡;不要将自己的语言习惯强加于人;如果不读两次或不查阅原文就无法理解译文时,需要对该译文进行更正等。

第三节 职业笔译的岗位术语

职业译者需要掌握翻译岗位的术语,以便更好地描述翻译工作。本节主要依据 T/TAC 1—2016 笔译服务要求和国内具有较大影响力的译学词典《翻译学辞典》(方梦之,2019:20—720),选择和整理了与科技笔译服务直接相关的部分译学词汇,以帮助科技翻译学习者建立表述笔译工作的能力。

一、与笔译服务相关的概念

翻译产业(translation industry):指为社会公众提供语言或文字的翻译产品和翻译服务的活动以及与此有关联的活动集合。翻译产业可分为三个层次:1. 核心层:传统的笔译、口译、手语翻译;2. 外围层:以语言或文字翻译服务为主体或目的,需要借助于计算机技术来实现的翻译服务,包括软件和网页的本地化、计算机辅助翻译、机器翻译;3. 相关层:其他与翻译相关的活动,以研发、生产或销售产品为主导的一系列活动,包括翻译培训、图书翻译、影视作品翻译、翻译软件或翻译机器的研发、生产或销售、多语言语音技术相关产品的研发、生产或销售等。

笔译(translate):以书面形式将源语言内容转换成目标语言内容,笔译可能涉及文本格式以外的格式,例如音频、图片等。

笔译过程(translation):以书面形式将源语言内容转换成目标语言内容的过程集合。一般认为包括三个阶段:理解原文、用目的语表达、校验修改译文。其中,理解是表达的基础或前提,表达是理解的结果。奈达(Nida)提出的过程是:1. 分析——从语法和语义两方面对原文的信息进行分析;2. 传译——把经过分析的信息在脑子里从源语转换成译语;3. 重组——把传递过来的信息重组成符合要求的译语;4. 检验——对比原文意义与译语意义是否对等。对科技翻译来说,译文与原文的对应程度要依据客户的要求和翻译目的来确定。

笔译流程(translation workflow):生成目标语言内容的一系列过程或环节。翻译流程涵盖译前、译中、译后各项步骤,从接受客户订单开始,到产生符合客户预期的产品和服务。传统手工模式的"译—审(—校)"流程不能满足当代项目的需求,当代翻译产业化流程利用计算机、辅助翻译软件、互联网、数字技术、人工智能、自然语言处理等手段实现定制化和现代化的流程管理,是当今翻译项目的主要运作方式。

翻译策略(translation strategy)：翻译策略指翻译过程中的思路、途径、方式和程序。洛尔舍(Lorscher)将"翻译策略"定义为"译者在把一个语段从一种语言翻译成另一种语言时，解决所遇问题的一种有意识的过程"(郑冰寒，2012：86)。这就是说，在翻译过程中，翻译问题和翻译策略互相依存，翻译策略为翻译问题而生。这一定义有"问题取向性"。不同的翻译策略往往有不同的理论渊源或依据，译者的翻译目的是多重的，因而为实现不同翻译目的所采取的策略自然也就不同。文化学派从历史、文化、政治等多角度进行研究，赋予其更多的文化因子，提出与其翻译观和价值体系相适应的诸多翻译策略，包括异化、归化、改写、阻抗、同化、文化移植、原文选择等。语言学派则多从文本视角考虑其翻译策略(有人只把其列入翻译方法)，如意译、直译、音译、音译加注、补偿、四步模式等。

翻译错误(translation errors)：库普施-洛泽赖特(Kupsch-Losereit，1988：172)指出："翻译错误"指的是"违背翻译的功能、语篇的连贯、语篇类型或形式、语言规约、特定文化/情景的规约和语言系统"；诺德(1997/2001)从功能翻译的角度，将翻译错误分为语用翻译错误、文化翻译错误、语言翻译错误和语篇类型翻译错误等。

逻辑分析(logical analysis)：指译者在辨清原文概念意义的基础上，运用判断、推断等手段，理清各概念之间逻辑纽带和关系的分析过程。其具体要求是透过各种语言现象，揭示出原文中词与词、词组与词组、句子与句子，乃至段落与段落之间内在的、本质的联系。逻辑分析贯穿于翻译的全过程，运用于翻译的各层次。译者应把握原作者的思想逻辑，力戒用自己的逻辑代替原作的逻辑。

全译(complete translation)：指整段整句地将全文译完。许多文艺小说和其他有重要价值的图书一般采取全译。据有关部门调查，全译不是应用性文体(如商务、新闻、科技等)翻译的主要形式。随着信息时代的到来，信息量倍增，人们工作节奏加快，需要提高获取信息的效率，对原文中那些可有可无、意义不大的信息并不需要翻译。这样，节译、选译、编译、摘译、综译等形式已十分普遍。值得注意的是，以往翻译理论家提出的等值论、等效论等理论，都是从语篇的全译出发的。

变译(variety in translation)：常指笔译中因内容的调整或浓缩而有不同的翻译形式。黄忠廉(2002：96)认为，变译是"译者根据特定条件下特定读者的特殊需求采用增、减、编、述、缩、并、改等变通手段摄取原作有关内容的翻译活动"。在科技翻译服务中广泛存在着根据客户需求使用变译手段来实现翻译目的的情况。

创译(transcreation)：指跨国公司在向非本土市场推广产品或服务时，为了提高市场进入效率和品牌竞争力，自行组织或委托专业机构，运用一系列创造性的手段，将商标、品牌、产品等相关市场资料转换成符合目标受众阅读习惯及鉴赏偏好的文本的完整过程。创译的精髓是"创"而不是"译"，客户需求、受众偏好和跨文化意识是创译的工作前提。

二、与翻译技术相关的概念

翻译工具(translation tool)：通常指协助翻译人员进行翻译工作的软件包，包括：文字处理组件(word-processing packages)、光学字符识别(OCR)软件、本地化(localization)软件、个人术语管理系统(personal terminology management system)、基于CD-ROM的术

语库(terminology banks on CD-ROM)、文档数据库(documentary databases)、计数器(word counters)、拼写检查工具(spelling checkers)、搜索工具(search utilities)、翻译对比工具(version comparison utilities)。扩大地说还包括机器翻译系统：通用翻译系统(general machine translation systems)、专用翻译系统(dedicated machine translation systems)及翻译记忆器(translation memories)三类。

翻译软件(software for translation)：指计算机辅助翻译使用的软件。常用于专门用途文体(科技、商务、法律等文体)的翻译，译者利用其提供的操作平台，可大大减少重复和机械的劳动，提高效率。用户的实践表明，使用 Trados，翻译项目的工作效率至少提高30%，成本至少降低30%，如微软在 Window 98 的本地化过程中，仅在文档翻译部分就提高了60%，而欧盟在许多翻译项目中的效率提升，更达到了100%的惊人成就。当今主流的计算机辅助翻译软件有 SDL Trados、Déjà Vu X、Wordfast Pro、雅信等。

计算机辅助翻译(computer-aided translation)：在笔译流程中，使用各类软件应用程序辅助人工笔译的环节。广义的 CAT 技术，简称"机助翻译"，是指在翻译中运用计算机软件、硬件、网络等设备辅助整个翻译过程的技术，包括译前原文分析处理技术、译中使用的翻译记忆技术和译后使用的译审软件，以及相关的桌面排版技术(desk-top publishing, DTP)。

机器翻译(machine translation)：用计算机系统进行自动笔译，将文本或言语从一种自然语言转换成另一种自然语言。

译后编辑(post-edit)：译后编辑人员对机器翻译引擎自动生成的输出进行编辑，主要是为了纠错，来获得更好的译文质量。

三、与语言和题材相关的概念

通俗科技语体(popular science style)：或称"科普语体"，是科技语体的一种变体，以深入浅出的形式向非专业人员传播科学技术知识，包括产品说明书、操作规程、生产建议、可行性报告、促销材料、实验报告等，而其中的科普读物或低中级教材常常把科学技术材料形象化、情节化，用生动活泼的语言来解说科学知识。

专业话语(specialized discourse)：又称"专门领域话语"(domain-specific discourse)，是典型的专业语言社团情境中使用的话语，涉及学术、专业、技术和职业的知识和实践领域(Gotti,2003:24)。专业话语常讨论专门的话题，采用专用的话语格式、文本图式、修辞风格、论证模式、图表等非语言表达。

源语言(source language)：源语言内容使用的语言。

目标语言(target language)：源语言内容笔译过来的语言。

语域(language register)：用于特定目的或在特定的社会或行业领域中所使用的语言类型。

内容(content)：与"形式"相对，指原文的思想或其内在意义。翻译的过程是通过原文掌握原作的思想内容，然后选择适当的目的语将它表达出来——改变语言外壳，保持思想内容。

文本类型惯例(text-type convention):适用于目标语言内容,与内容类型和领域相关的需求明细子集。德·布格兰德(de Beaugrande)和德莱斯勒(Dressler)(1981)认为文本完全是一种"交际",但必须具备衔接性(cohesion)、连贯性(coherence)、意图性(intentionality)、可接受性(acceptability)、信息性(informativity)、语境性(situationality)和互文性(intertextuality)等七种特征,文本的生成与使用均受制于内部符号(文本内的信息)和外部符号(文本外的原因)。

领域(domain):具备自身特定文化、社会背景和语言特征的学科、知识或活动范围。

术语(terminology):各门学科的专门用语,用来正确标记生产技术、科学、艺术、社会生活等各个专门领域中的事物、现象、特性、关系和过程。

语境(context):马林诺夫斯基把语境分为三类,即话语语境(context of utterance)、情景语境(context of situation)和文化语境(context of culture)。简单地说,话语语境是指字、词、句、段等的前后可帮助确定其意义的上下文。情景语境是指语篇产生的环境。文化语境是指某种语言赖以植根的民族里人们思想和行为准则的总和。

语篇性(textuality):语篇之所以成为语篇有其自身的标准。语篇性七项标准由德·布格兰德和德莱斯勒在 *Introduction to Text Linguistics*(1981)一书中提出,指衔接性、连贯性、目的性、可接受性、信息性、语境性和互文性。他们把语篇作为一种交际活动,如果其中任一标准没有达到,语篇就失去了交际性(de Beaugrande & Dressler,1981:3-13)。

受控语言(controlled language, CL):又称为"控制语言",指的是在词汇、句法和文体等方面受到某种程度人为限制的自然语言的子语言(sublanguage)。受控语言通常属于某个专门的技术领域,如航空、电子、机械制造等。受控语言主要用于技术文献,如技术指南和维修手册等的写作。使用受控语言可以消除技术文献中的歧义成分。

区域特征(locale):目标群体在语言、文化、技术和地理习俗等方面特有的特性、信息或惯例的集合。

风格指南(style guide):编辑处理和版式设定等规则的集合,如标点、拼写、变音符号、货币、计量单位、术语的选择等。

四、与笔译项目参与者相关的概念

笔译服务提供方(translation service provider,简称 TSP):提供专业笔译服务的语言服务提供方,如笔译公司、个人笔译员或内部笔译部门。

客户(client/customer):通过正式协议委托笔译服务提供方提供笔译服务的个人或组织。客户可能是寻求或购买笔译服务的个人或组织,并且可能来自笔译服务提供方。

项目经理(project manager,简称 PM):管理笔译项目各指定方面并负责其过程的人员。

笔译员(translator):从事笔译的人员。

笔译能力(translation competence):运用知识、经验和技能获得预期结果的本领。在《翻译学辞典》(2019)中给出了更具体的解释,"翻译能力"是指"把源语语篇翻译成目的语语篇的能力,是译者的双语能力、翻译思维能力、双语的文化素质以及技巧运用能力等的综合体现";PACTE(西班牙巴塞罗那自治大学翻译能力习得过程和评估研究小组)给翻译能力的定义是"胜任翻译所需要的潜在的知识和技能体系",其翻译能力模型有六种子能力构成:双语子能力;语言外子能力;策略子能力;工具子能力;翻译知识子能力;心理生理成分。(PACTE,2005)

  双语审校员(reviser):对照源语言内容双语审校目标语言内容的人员。
  单语审校员(reviewer):对目标语言内容进行单语审校的人员。
  校对员(proofreader):校对目标语言内容的人员。

五、与质量控制相关的概念

  自检(check):笔译员检查自己完成的目标语言内容。自检可从以下几个方面进行:原文信息是否准确完整,是否有内容错误或逻辑不一致,译文是否得体流畅,专业术语是否一致,有无拼写和标点错误,排版方面是否有问题等。
  双语审校(revision):对目标语言内容和源语言内容进行对照检查,以确定其符合约定用途。
  单语审校(review):对目标语言内容进行单语检查,以确定其符合约定用途。单语审校包括评估在领域方面的准确性,以及是否符合相关文本类型惯例。
  校对(proofread):在印制之前,检查审校过的目标语言内容并完成各项纠正。
  项目管理(project management):贯穿整个项目周期,对项目进行协调、管理和监视。每个笔译项目应由一名项目经理负责协调。该项目经理应确保笔译服务过程各方面的要求得以满足,并依据笔译服务提供方的程序、客户与笔译服务提供方之间的协议,以及其他诸项相关需求明细与规范,对项目进行管理。
  译前准备(pre-production tasks):译前阶段可以包括以下内容,如获取或创建翻译记忆库、术语库、风格指南及笔译过程中可用和有用的资源;为翻译技术处理做内容准备;项目分析和范围的确定,包括对源语言内容的分析;需要应用或需要创建的风格样式或模板;为提高对项目需求明细的质量符合度,收集和准备各种参考资料(例如,术语资料和培训资料)。
  纠正(correction):更正目标语言内容或笔译过程中的错误,或在声明满足本标准时,对不符合本标准要求的地方进行更正。当笔译员对目标语言内容进行自检发现错误时,双语审校员、单语审校员、校对员或客户报告错误时,或者对本标准实施情况进行内部或外部审核过程中发现错误时,通常需要实施纠正。
  翻译风险(risk in translation):翻译风险指翻译行为未能达到预期结果而给译者或翻译公司带来损失的概率。因翻译风险带来的损失可分三类:1. 翻译收入受损;2. 因翻译营业中断而带来损失;3. 因翻译产品质量问题而损害他人利益,须承担赔偿责任。翻译风险可能由他方造成,但作为承译方的译者或翻译公司要在翻译产品生产流程的各环节采取风险防范措施,避免延时、差错及其他违约情况,最大限度地减少翻译风险的发生。皮姆(Pym)把翻译风险分为不同的层次,并总结了相应的规避策略:1. 将译文笼统化;2. 联系客户,明确具体意义;3. 作字面翻译;4. 保留原文;5. 略去不译。

技能训练

问题1：你认为翻译行业中执行的标准(或规范)与传统的翻译标准(如信达雅等)有何不同？

问题2：如果你是即将参加某个项目的笔译员，你认为自己在译前、译中和译后应如何做才能获得好的翻译质量？

问题3：试解释 translation as a product 以及 translation as a process。

问题4：你认为项目经理应该具有怎样的职业能力？

问题5：技术资源是评价一个语言服务提供商是否能够提供合格翻译服务的重要指标，请谈谈技术资源在翻译项目履行中的重要功能。

译理点拨

翻译服务能力[①]

方梦之

翻译服务能力主要指译文产出能力、团队合作能力和翻译服务意识。职业化是一种职业品质,要求翻译群体中的个人具有相应的职业技能、职业责任、职业道德和职业精神,在市场经济的条件下表现出合适的行为。

现在,职业翻译需要向市场提供各类合格的产品。因此,文本类型是专业翻译需要熟知的。文本类型是译者选择翻译策略的依据,不同类型的原文需要采用不同的翻译策略。了解原文的文体特征,便于知晓其与译文文本类型的异同,有利于译者在翻译时借鉴。对于译者来说,文本类型"有两方面的主要问题要研究:1)研究文本类型对理解翻译过程有何助益?译者在翻译实践中如何处理不同文本?译者的专业化是否同时以科目内容和文本类型为条件?2)原语和译语的文本类型在哪些方面及在多大程度上是相同的?原文和译文之间能观察到哪些异同?"(Trosborg,1997)如上所述,EST 的文本类型很多,对文本的分类也很细,就科研报告来说,按性质分,就有技术报告(TR)、技术札记(TN)、技术论文(TP)、技术备忘录(TM)、特种出版物(SP)、进展报告(PR)、中间报告(IR)、最终报告(FR)等多种。按出版部门来说,美国有四大报告:PB(Publication Board)报告,由美国政府出版局出版;AD(ASTIA Document)报告,由美国武装部队技术情报局出版;AEC(Atomic Energy Commission)报告由美国原子能委员会出版;NASA 报告由美国航空航天局出版。文献类型错综复杂,据此,建议开设"文献类型课",以提升文献的驾驭能力,从而提高翻译服务能力。

翻译服务能力还体现在团队精神,现代翻译企业强调高速高效、分工合作,一个较大的项目,由项目经理制订术语表、时间表和格式要求,数人分段在计算机上各自完成局部任务,最后由项目经理或项目总监总其成。综述报告的专业针对性强、文献设计面广、原文语种不一、常非一人所为,如某单位编印的《世界节能概括》,包罗能耗比较、节能政策、节能措施、节能设备、节能方案、节能效果等的全部内容,汇集日本、俄罗斯及其他欧美国家的文献数十篇,取其精要,完成综合性的翻译任务,这是团队合作项目,需要译者个体相互配合。

此外,翻译服务能力还表现在工作责任感或社会责任心。"翻译作为社会职业,其产出的成果必然拥有读者、观众、客户或终端用户,译者必然要对他们负责。如此,'服务意识'应该是翻译职业规范的必然追求。"(汤君,2007)在我国社会转型期,传统的社会价值

[①] 本文节选自方梦之:《科技翻译与 MTI 教学》,《上海理工大学学报(社会科学版)》,2015(4):305.

观缺乏对个人的约束力,新的规章和制度虽然在逐步建立,但有的形同虚设,有的贯彻不力。当前,译者的主体性增强,规范性降低,大有忽视伦理道德的倾向,诱发了大量的道德风险。因此,为了提升翻译服务能力,有的学校开设翻译伦理课,进行翻译伦理道德教育,这也是一种好的尝试。

根据欧盟翻译总司制订的对"欧洲翻译硕士"(EMT)的要求,结合笔者多年翻译实践,笔者认为:合格的MTI毕业生除应具有扎实的语言功底、较强的跨文化能力和熟练应用翻译工具的能力之外,还应具备一定的信息挖掘能力、主题知识能力和翻译服务能力。为了培养信息挖掘能力、主题知识能力和翻译服务能力,笔者建议MTI课程中设置文献检索、中高级科普、科技文本类型、翻译伦理等课程。

◎ **推荐读物**

G. Palumbo. *Key Terms in Translation Studies*. London: Continuum International Publishing Group, 2009.

B. Mossop. *Revising and Editing for Translators*. London and New York: Routledge, 2001.

D. Robinson. *Becoming a Translator*. London and New York: Routledge, 2012.

方梦之. 翻译学辞典[M]. 北京:商务印书馆, 2019.

译心译意网. 怎样做中国的自由译者[EB/OL]. https://blog.csdn.net/sunstreak/article/details/45626273.

参考文献

北京中知智慧科技有限公司.专利翻译实用教程[M].北京:知识产权出版社,2017.

曹硕.土木工程学术论文汉英翻译实践报告[D].上海:上海理工大学,2020.

崔启亮.产业化的语言服务新时代[J].中国翻译,2013a(增刊):33—39.

德利尔.翻译理论与翻译教学法[M].孙慧双,译.北京:国际文化出版公司,1988:127.

迪毕克.应用术语学[M].张一德,译.北京:科学出版社,1990.

方梦之.译学词典[M].上海:上海外语教育出版社,2004:26.

方梦之.英语科技文体:范式与翻译[M].北京:国防工业出版社,2011:47—48,174.

方梦之.应用(文体)翻译学的内部体系[J].上海翻译,2014 (2):1—6.

方梦之.科技翻译与MTI教学[J].上海理工大学学报(社会科学版),2015(4):305,316.

方梦之.翻译学辞典[M].北京:商务印书馆,2019.

方梦之,范武邱.科技翻译教程(第二版)[M].上海:上海外语教育出版社,2015:8,31.

方梦之,范武邱.科技翻译教程[M].上海:上海外语教育出版社,2008:95.

冯全功,张慧玉.以职业翻译能力为导向的MTI笔译教学规划研究[J].当代外语研究,2011(1):33—38.

傅勇林,唐跃勤.科技翻译[M].北京:外语教学与研究出版社,2012:126,235—251.

高洁.专利翻译实践报告——以《用于地面接合工具的保持器系统》等翻译为例[D].上海:上海理工大学,2017.

葛岱克.职业翻译与翻译职业[M].刘和平,文韫,译.北京:外语教学与研究出版社,2010:6—7.

韩梦.岩石力学论文汉英翻译实践报[D].上海:上海理工大学,2020.

胡方毅.术语翻译中的单义性探析[J].中国科技翻译,2012(1):33—35,38.

黄忠廉,陈元飞.从达旨术到变译理论[J].外语与外语教学,2016(1):98—106,149.

黄忠廉,方梦之,李亚舒,等.应用翻译学[M].北京:国防工业出版社,2013:124.

黄忠廉,李明达.变译方法对比研究[J].外语学刊,2014(6):88—91.

黄忠廉,李亚舒.科学翻译学[M].北京:中国对外翻译出版公司,2007:31,60.

黄忠廉."翻译"新解——兼答周领顺先生论"变译"[J].外语研究,2012(1):81—84.

吉尔.笔译训练指南[M].刘和平,等译.北京:中国对外翻译出版公司,2008:7.

江晓原.是拓展科普概念的时候了[J].科普研究,2006(1):52—56.

揭春雨,冯志伟.基于知识本体的术语定义(下)[J].术语标准化与信息技术,2009(3):14—23.

赖特,布丁.术语管理手册.第一卷.术语管理的基本方面[M].于欣丽,周长青,译.北京:中国标准出版社,2000:5,98.

冷冰冰.MTI科技翻译教材应贯穿的五元次能力[J].上海翻译,2016:47—54.

冷冰冰.科普杂志翻译规范研究[M].上海:上海交通大学出版社,2018.

冷冰冰,王华树,梁爱林.高校MTI术语课程构建[J].中国翻译,2013(1):55—59.

李丹.日常词汇汉译术语化机制[J].中国科技翻译,2013(2):1—4.

李芳.刍议昆虫文化与现代科普[J].科普研究,2011(2):89—93.

李国杰,程学旗.大数据研究:未来科技及经济社会发展的重大战略领域——大数据的研究现状与科学思考[J].中国科学院院刊,2012(6):641—657.

李健民.面向翻译的术语教育[J].中国科技术语,2010(4):24—31.

李瑞林.从翻译能力到译者素养:翻译教育的目标转向[J].中国翻译,2011(1).

李正伟.缺失模型与我国的科学传播发展趋势[C]//科技文化与社会现代化学术研讨会.2007:297—301.

李志雄,周辉.科技新闻传播的价值取向[J].咸宁学院学报,2003(5):88—91.

连淑能.英汉对比研究[M].北京:高等教育出版社,2010:73.

梁爱林.从术语的属性看中国的术语学教育[J].中国科技术语,2010(4):32—36.

梁爱林.术语管理的意义和作用——以微软公司术语管理策略为例[J].中国科技术语,2012(5):10—14.

刘和平.翻译能力发展的阶段性及其教学法研究[J].中国翻译,2011(1):37—45.

刘新.从可读性到必读性:科普新闻的最高境界[J].新闻天地月刊,2009(5):21—22.

隆多.术语学概论[M].刘钢,等译.北京:科技出版社,1985.

吕乐,闫栗丽.翻译项目管理[M].北京:国防工业出版社,2014:48—52.

马会娟,管兴忠.发展学习者的汉译英能力——以北外本科笔译教学为例[J].中国翻译,2010(5):39—44.

苗菊.翻译能力研究——构建翻译教学模式的基础[J].外语与外语教学,2007(4):47—50.

穆雷.中国翻译教学研究[M].上海:上海外语教育出版社,1999.

聂青和.2005.轮状病毒性腹泻流行病学及临床诊治研究进展[J].传染病信息,(2):61—63.

钱多秀."计算机辅助翻译"课程教学思考[J].中国翻译,2009(4):49—53.

石春让,覃成强,吴耀武.再论科技术语汉译方法的变迁[J].中国科技术语,2010(4):41—45.

时箫.医学论文摘要汉英翻译实践报告[D].上海:上海理工大学,2020.

苏明阳.翻译记忆系统的现状及其启示[J].外语研究,2007(5):70—74.

孙寰.术语的功能与术语在使用中的变异性[M].北京:商务印书馆,2011:33.

谭载喜.翻译研究词典[M].北京:外语教学与研究出版社,2005:254—255.

谭载喜.译者比喻与译者身份[J].暨南学报(哲学社会科学版),2011(3):116—123.

汤君.翻译伦理的理论审视[J].外国语,2007(4):57—64.

陶丹梅.浅谈科技报道的推销意识[J].新闻战线,1993(5):30—31.
王大伟,魏清光.汉英翻译技巧教学与研究[M].北京:中国对外翻译出版公司,2005.
王芳舒,企业新闻翻译实践报告——以卡尔蔡司公司新闻稿汉译为例[D].上海:上海理工大学,2018.
王宏喜.文体结构举要[M].北京:经济管理出版社,1992.
王华树.MTI"翻译项目管理"课程构建[J].中国翻译,2014(4):54—58.
王华树.信息化时代背景下的翻译技术教学实践[J].中国翻译,2012(3):57—62.
王华树.语言服务技术视角下的MTI技术课程体系建设[J].中国翻译,2013(6):23—28.
王华树.翻译技术100问[M].北京:科学出版社,2019.
王华树,林世宋.计算机辅助翻译概论[M].北京:知识产权出版社,2019.
王华树,王少爽.信息化时代翻译技术能力的构成与培养研究[J].东方翻译,2016(1):11—15.
王华树,张成智.大数据时代译者的搜索能力探究[J].中国科技翻译,2018(4):26—29.
王华伟,王华树.翻译项目管理实务[M].北京:中国对外翻译出版公司,2013.
王少爽.翻译专业学生术语能力培养:经验、现状与建议[J].外语界,2013(5):26—37.
王有志.英汉科技翻译中术语定名规则探讨[J].科技术语研究,2005(4):10—15.
王佐良,丁往道.英语文体学引论[M].北京:外语教学与研究出版社,1987.
韦忠和.语联网到底是什么？[EB/OL].http://blog.sina.com.cn/s/blog_76476f1401019f3y.html,2013/09/28.
文军.论翻译能力及其培养[J].上海科技翻译,2004(3):1—5.
文军,任艳.国内计算机辅助翻译研究综述[J].外语电化教学,2011(5):58—62.
谢晓苑.科技英语翻译技巧与实践[M].北京:国防工业出版社,2008.
徐彬.翻译新视野——计算机辅助翻译研究[M].济南:山东教育出版社,2010.
徐彬.计算机技术在翻译实践中的应用及其影响[D].济南:山东师范大学,2004.
徐沛文.专利摘要汉英翻译实践报告[D].上海:上海理工大学,2020.
徐沛文,冷冰冰.专利文献术语英译常见困难与实用策略[J].中国科技翻译,2019(4):28—31.
许钧,穆雷.中国翻译学研究30年(1978—2007)[J].外国语,2009(1):77—87.
于士清.化学成分评估文献英汉翻译实践报告——基于《SCCS关于二氧化钛(纳米型)的意见》[D].上海:上海理工大学,2019.
俞敬松,王华树.计算机辅助翻译硕士专业教学探讨[J].中国翻译,2010(3):38—42.
袁亦宁.国外计算机翻译的发展和近况[J].上海科技翻译,2002(2):58—59.
岳锦丽.机械设备说明书汉英翻译实践报告——基于《溢流型球磨机安装、操作和维修手册》翻译项目[D].上海:上海理工大学,2018.

张霄军,王华树,吴徽徽.计算机辅助翻译:理论与实践[M].西安:陕西师范大学出版社,2013.

张政.计算机翻译研究[M].北京:清华大学出版社,2005.

章彤.浅谈科技记者的写作修养[J].新闻通讯,1999(8):52—53.

郑述谱. 俄国的术语教育[J]. 科技术语研究,2006(2):10—13.

中国翻译协会. 翻译服务　笔译服务要求[S]. 2016.

中国翻译协会.2018 中国语言服务行业发展报告[Z].2019：213—215.

中国翻译协会本地化服务委员会.技术文档机器翻译译后编辑入门手册[M],2019：73—74.

周领顺.译者行为批评:理论框架[M].北京:商务印书馆,2014:26.

庄一方.专利文献的英汉翻译[M].北京:知识产权出版社,2008.

NEUBERT A.Competence in Language, in Languages, and in Translation[C]// Christina Schaffner and Beverly Adab(eds).Developing Translation Competence. Shanghai: Shanghai Foreign Language Education Press, 2012:6,9.

ALBIR A. H. Researching Translation Competence by PACTE Group[C]. Amsterdam/ Philadelphia: John Benjamins Publishing Company, 2017:14.

AUSTERMÜHL F. Electronic Tools for Translators [M]. Manchester: St. Jerome Publishing, 2001:102.

BOWKER L. Terminology Tools for Translators [C]// H. Somers(ed.).Computers and Translation: A Translator's Guide. Amsterdam/Philadelphia: John Benjamins Publishing Company,2003:49 - 65.

BOWKER L. Computer-Aided Translation Technology: A Practical Introduction [M]. Ottawa: University of Ottawa Press, 2002.

WAY C. Structuring Specialised Translation Courses: A Hit and Miss Affair? [C]// Christina Schaffner and Beverly Adab (eds). Developing Translation Competence. Shanghai: Shanghai Foreign Language Education Press,2012:135.

CHESTERMAN A. Causality in translator training [C]// M. Tennent (ed). Training for New Millennium: Pedagogies for Translation and 104 FLC. Mar. 2013 Vol.10 No.2 (General Serial No.52) Interpreting. Amsterdam & Philadelphia: John Benjamins, 2005: 191 - 205.

CHOUDHURY R. & Brian McConell. Translation Technology Landscape Report [ER/OL]. [2014 - 09 - 28]. https://www.taus.net/reports/taus-translation-technology-landscape-report.

DRUGAN J. Quality in Professional Translation[M]. London: Bloomsbury Academic,2013:1.

EMT Expert Group.Competences for professional translators, experts in multilingual and multimedia communication [EB/OL]. https://ec. europa. eu/info/sites/info/

files/emt_competences_translators_en.pdf.

European Master's in Translation. Competence Framework 2017 [EB/OL]. https://ec.europa.eu/info/sites/info/files/emt_competence_fwk_2017_en_web.pdf. [2019-1-30]

HANSEN J. H. Translation of Technical Brochures [C]// Anna Trosborg (eds). Text Typology and Translation. Shanghai: Shanghai Foreign Language Education Press, 2012: 197.

HATIM B. & Mason I. The Translator as Communicator [M]. London & New York: Routledge, 1997: 205.

HERMANS T. Translation in Systems: Descriptive and System-oriented Approaches Explained [M]. Manchester: St. Jerome Publishing, 1999: 73.

https://ec.europa.eu/info/sites/info/files/emt_competences_translators_en.pdf.

HUTCHINS J. Machine Translation: Past, Present, Future [M]. Chichester: Ellis Horwood Limited, 1986.

ISO 11669: 2012. Translation Projects—General guidance [EB/OL]. [2019-01-15]. https://infostore.saiglobal.com/store/downloadFile.aspx? path.

JANE L. Review of machine translation in patents—Implications for search [J]. World Patent Information, 2012(3): 193-195.

JOSEPH D. White House Challenges Translation Industry to Innovate [OL]. [2013-09-28]. http://www.businessweek.com/innovate/content/oct2009/id2009101_196515.htm

KYO K. Terminology and lexicography [C]// H. J. Kockaert & F. Steurs (ed.). Handbook of Terminology (Volume 1) [M]. Amsterdam/Philadelphia: John Benjamins Publishing Company, 2015: 50.

KAY, M. The Proper Place of Men and Machines in Language Translation [J]. Machine Translation, 1997, 12(1-2): 3-23.

KENNY D. CAT Tools in an Academic Environment: What Are They Good for? [J]. Target, 1999, 11(1): 65-82.

KIRALY D. A Social Constructivist Approach to Translator Education: Empowerment from Theory to Practice [M]. Manchester: St. Jerome Publishing, 2000.

KIRALY D. Pathways to Translation: From Process to Pedagogy [M]. Kent/Ohio: Kent State University Press, 1995.

KUSSMAUL P. Training the Translator [M]. Amsterdam & Philadelphia: John Benjamins Publishing Company, 1995.

LESZNYÁK M. Conceptualizing Translation Competence [J]. Across Languages and Culture 8 (2), 2007: 167-193.

OLOHAN M. Scientific and Technical Translation [M]. London and New York:

Routledge,2016:108.

MELBY A. Computer-Assisted Translation System: The Standard Design and a Multi-Level Design [C]// Association for Computational Linguistics: Proceedings of the First Conference on Applied Natural Language Proceedings, 1983:174 – 177.

MONTERO-MARTINEZ S & FABER-BENITEZ P. Terminological Competence in Translation [J]. Terminology, 2009(1):88 – 104.

MUZII L. Cloud translation [OL]. http://www.slideshare.net/muzii/cloud-translation.

MYERS G. Discourse Studies of Scientific Popularisation: Questioning the Boundaries[J]. Discourse Studies,2003,5(2):265 – 79.

NORD C. Text Analysis in Translation [M]. Beijing: Foreign Language Teaching and Research Press, 2006.

PACTE. Acquiring Translation Competence: Hypotheses and Methodological Problems in a Research Project [C]// A. BEEBY, D.Ensinger & M.Presas(eds). Investigating Translation. Amsterdam: John Benjamins, 1996:99 – 106

PACTE. Building a Translation Competence Model[C]// Alves F. (ed.). Triangulating Translation: Perspectives in Process Oriented Research. Amsterdam: John Benjamins,2003.

PACTE.Investigating Translation Competence: Conceptual and Methodological Issues[J].Meta,2005,50 (2), 609 – 619.

ProZ.com. State of the Industry: Freelance Translators in 2012[OL].[2014 – 09 – 24]. http://www.proz.com/industry-report/2012.

PALUMBO G.Key Terms in Translation Studies[M]. London: Continuum International Publishing Group, 2009:125.

QUAH C K.Translation and Technology [M]. Hampshire and New York: Palgrave Macmillan, 2006.

RAÍDO V.E. Translation and Web Searching[M]. London and New York: Routledge,2014:49.

REINERTSEN C. Effective Science Journalism: Theory and Practice[EB/OL]. http://repository.uwyo.edu/cgi/viewcontent.cgi? article=1004&context=plan_b[2013 – 09 – 28] [2016 – 12 – 10]. http://www.giltworld.com/E_ReadNews.asp? NewsID=689.

SHREVE G. M. Knowing Translation: Cognitive and Experiential Aspects of Translation Expertise from the Perspective of Expertise Studies[M]. Alessandra Riccardi (ed.)Translation Studies: Perspectives on an Emerging Eiscipline. Cambridge: Cambridge University Press,2002:154.

SOMERS H. (ed.). Computers and Translation: A Translator's Guide [M]. Amsterdam/Philadelphia: John Benjamins Publishing Company, 2003.

TORRESI I. Translating Promotional and Advertising Texts[M]. New York: Routledge, 2014.

TROSBORG A. Introduction [M]// Text Typology and Translation. Amsterdam & Philadelphia: John Benjamins Publishing, 1997: viii.

VENUTI L. Teaching Translation: Programs, Courses, Pedagogies[M]. London and New York: Routeldge, 2017: 215.

WILSS W. Knowledge and Skills in Translator Behavior [M]. Benjamins Translation Library, 1996.

附录一

中国翻译协会标准

T/TAC 1—2016

翻译服务 笔译服务要求

Translation services—Requirements for translation services
(ISO 17100:2015,IDT)

2016-12-23 发布　　　　　　　　　　　　　　　　2017-01-01 实施

中国翻译协会　发布

目　次

前言
引言
1 范围
2 术语和定义
    2.1 笔译和笔译服务的相关概念
    2.2 笔译流程和技术的相关概念
    2.3 语言和内容的相关概念
    2.4 笔译服务人员的相关概念
    2.5 笔译服务过程控制的相关概念
3 资源
    3.1 人力资源
    3.2 技术资源
4 译前过程和活动
    4.1 总则
    4.2 询价和可行性分析
    4.3 报价
    4.4 客户与笔译服务提供方之间的协议
    4.5 与项目相关的客户信息处理
    4.6 项目准备
5 笔译过程
    5.1 总则
    5.2 笔译服务项目管理
    5.3 笔译过程
6 交付后过程
    6.1 客户反馈
    6.2 结项管理
附录 A （资料性附录）笔译流程
附录 B （资料性附录）协议与项目需求明细
附录 C （资料性附录）项目登记与报告
附录 D （资料性附录）译前工作
附录 E （资料性附录）翻译技术
附录 F （资料性附录）部分增值服务列表
参考文献

前　言

本标准按照 GB/T 1.1—2009《标准化工作导则 第 1 部分:标准的结构和编写》给出的规则起草。

本标准使用翻译法等同采用 ISO 17100:2015《翻译服务—笔译服务要求》(英文版)及 2016 年 6 月对该标准 3.1.4 项的修正版。

本标准由中国翻译协会提出并归口。

本标准起草单位:中国标准化研究院、国家认证认可监督管理委员会、中国认证认可协会、北京中译天凯教育服务有限公司、传神语联网网络科技股份有限公司、北京文思海辉软件技术有限公司、中译语通科技(北京)有限公司、华为技术有限公司、江苏省舜禹信息技术有限公司、无锡市沃尔得翻译印刷有限公司、四川语言桥信息技术有限公司、厦门精艺达翻译服务有限公司、北京新世纪检验认证股份有限公司、言灵创新翻译服务(北京)有限公司、北京中外翻译咨询有限公司。

本标准主要起草人:张雪涛、李镜、周长青、易敏、吴兴、闫栗丽、梅红艳、柴瑛、黄翔、张裕、朱正宏、王亚宁、王巍、颜丽篮、郑宇、罗慧芳、马奕、张惠才、顾巨凡、刘强。

引　言

本标准针对笔译服务过程各个环节规定了具体要求，这些环节直接影响笔译服务的质量及其交付。标准内容包括了对笔译服务提供方(TSP)规定的条款，涉及关键过程的管理、最低资质的要求、资源的可用性与管理，以及提供优质笔译服务所必需的其他方面。本标准旨在供各种规模的笔译服务提供方实施使用。满足本标准所有条款的规定方可视为符合本标准。但是，根据笔译服务提供方的组织规模和复杂程度，以及某些情况下需提供笔译服务的工作量和复杂度等情况，本标准的实施使用方法可以有所不同。

翻译服务　笔译服务要求

1　范围

本标准规定了按照客户需求明细与适用规范要求交付优质笔译服务所需的核心过程、资源及其他必要条件。

通过实施本标准,笔译服务提供方可以证明其特定的笔译服务符合本标准的规定,且过程与资源具备提供满足客户需求明细和其他适用规范的笔译服务的能力。

这些需求明细和适用规范可能包括客户需求明细、笔译服务提供方自有规范,以及相关的行业准则、最佳实践指南或法律法规等。

本标准不适用于机器翻译的原始输入结果及译后编辑。

本标准不适用于口译服务。

2　术语和定义

下列术语和定义适用于本文件。

2.1　笔译和笔译服务的相关概念

2.1.1

笔译 translate

以书面形式将源语言内容(2.3.2)转换成目标语言内容(2.3.3)

2.1.2

笔译过程 translation

以书面形式将源语言内容(2.3.2)转换成目标语言内容(2.3.3)的过程(2.1.4)集合

注:笔译可能涉及文本格式以外的格式(例如,音频、图片等)。

2.1.3

笔译流程 translation workflow

生成目标语言内容(2.3.3)的一系列过程(2.1.4)或环节

2.1.4

过程 process

为实现既定目标而实施的一系列相互联系、相互作用的活动

2.1.5

产品 product

过程(2.1.4)的输出

示例1:书店里或在线购买的图书笔译(2.1.1)译本。

示例2:笔译(2.1.1)译本的知识产权可作为作者和笔译员(2.4.4)之间的协议内容。

示例3:笔译服务提供方(2.4.2)为出版商笔译书籍是一种服务(2.1.6)。可购买计算机软件支持一定范围的笔译(2.1.2)过程(2.1.4)。

注:产品根据其主导构成要素可界定为以下类型:过程产品、知识产权、软件产品或服

务(2.1.6)。

2.1.6

笔译服务 translation service

客户(2.4.3)和笔译服务提供方(2.4.2)互动产生的无形产品(2.1.5)

2.1.7

口译 interpret

以口头或手势形式将口语或手势信息从一种语言转换成另一种语言

2.2 笔译流程和技术的相关概念

2.2.1

计算机辅助翻译 computer-aided translation;CAT

计算机辅助笔译

笔译流程(2.1.3)中,使用各类软件应用程序辅助人工笔译(2.1.2)的环节

注:这类计算机程序通常指笔译(2.1.2)工具、计算机辅助翻译(计算机辅助笔译)工具,有时还指翻译环境工具(TEnTs)。

2.2.2

机器翻译 machine translation;MT

机器笔译

用计算机系统进行自动笔译(2.1.2),将文本或言语从一种自然语言(2.3.8)转换成另一种自然语言

2.2.3

机器翻译输出 machine translation output

机器翻译(2.2.2)的结果

2.2.4

译后编辑 post-edit

编辑和修改机器翻译输出(2.2.3)

注:本定义是指译后编辑人员对机器翻译引擎自动生成的输出进行编辑。不包括笔译员参考并使用计算机辅助翻译工具自带机器翻译引擎所提供的建议的情况。

2.2.5

自检 check

笔译员(2.4.4)检查自己完成的目标语言内容(2.3.3)

2.2.6

双语审校 revision

对目标语言内容(2.3.3)和源语言内容(2.3.2)作对照检查,以确定其符合约定用途

注:"双语编辑"可作为"双语审校"的同义词。

2.2.7

单语审校 review

对目标语言内容(2.3.3)进行单语检查,以确定其符合约定用途

注:"单语编辑"可作为"单语审校"的同义词。

2.2.8

校对 proofread

在印制之前,检查审校过的目标语言内容(2.3.3)并完成各项纠正(2.5.4)。

2.2.9

项目管理 project management

贯穿整个项目周期,对项目进行协调、管理和监视

2.2.10

风格指南 style guide

编辑处理和版式设定等规则的集合

2.3 语言和内容的相关概念

2.3.1

内容 content

有意义的信息或知识的表达形式

2.3.2

源语言内容 source language content

需笔译(2.1.1)的语言内容(2.3.1)

2.3.3

目标语言内容 target language content

由源语言内容(2.3.2)笔译(2.1.1)生成的语言内容(2.3.1)

2.3.4

文本 text

书面形式的内容(2.3.1)

2.3.5

源语言 source language

源语言内容(2.3.2)使用的语言

2.3.6

目标语言 target language

源语言内容(2.3.2)笔译(2.1.1)生成的语言

2.3.7

语域 language register

用于特定目的或在特定的社会或行业领域(2.3.10)中所使用的语言类型

2.3.8

自然语言 natural language

书面语、口语或手语等人类语言

注:非自然语言包括诸如C++之类的编程语言。

2.3.9
文本类型惯例 text-type convention
〈笔译服务〉适用于目标语言内容(2.3.3)，与内容(2.3.1)类型和领域(2.3.10)相关的一组需求明细

注：在法律条文方面，立法者通常采用正式(文本类型)惯例。

2.3.10
领域 domain
具备自身特定文化、社会背景和语言特征的学科、知识或活动范围

2.3.11
区域特性 locale
目标群体在语言、文化、技术和地理习俗等方面特有的特性、信息或惯例的集合

2.4 笔译服务人员的相关概念

2.4.1
语言服务提供方 language service provider；LSP
提供语言相关服务的个人或组织

2.4.2
笔译服务提供方 translation service provider；TSP
提供专业笔译服务(2.1.6)的语言服务提供方(2.4.1)
例：翻译公司、内设笔译部门或个人笔译员。
注：语言服务提供方(LSP)(2.4.1)是更为通用的术语，涉及其他语言相关服务和增值服务，但出于本标准的目的，语言服务提供方在提供笔译服务时，被认为是笔译服务提供方。

2.4.3
客户 client，customer
〈笔译服务〉通过正式协议委托笔译服务提供方(2.4.2)提供笔译服务(2.1.6)的个人或组织。

注：客户可能是寻求或购买笔译服务(2.1.6)的个人或组织，并且可能来自笔译服务提供方(2.4.2)组织的外部或内部。

2.4.4
笔译员 translator
从事笔译(2.1.1)的人员

2.4.5
双语审校员 reviser
对照源语言内容(2.3.2)双语审校(2.2.6)目标语言内容(2.3.3)的人员

2.4.6
单语审校员 reviewer
对目标语言内容(2.3.3)进行单语审校(2.2.7)的人员

2.4.7
校对员 proofreader
校对(2.2.8)目标语言内容(2.3.3)的人员

2.4.8
项目经理 project manager；PM
管理笔译项目各指定方面并负责其过程的人员

2.4.9
能力 competence
运用知识、经验和技能获得预期结果的本领

2.5 笔译服务过程控制的相关概念

2.5.1
核验 verification
项目经理(2.4.8)对需求明细和规范已得到满足进行确认

2.5.2
文件 document
信息及其承载媒介

注1：媒介可以是纸张，磁性的、电子的、光学的盘片，照片或标准样品，或它们的组合。

注2：一组文件，如若干个规范和记录(2.5.3)，英文中通常被称为"documentation"。

［来源：GB/T 19000—2005］

2.5.3
记录 record
阐明所取得的结果或提供所完成活动的证据的文件(2.5.2)或报告

2.5.4
纠正 correction
〈笔译服务〉更正目标语言内容(2.3.3)或笔译过程(2.1.4)中的错误，或在声明满足本标准时，对不符合本标准要求的地方进行更正。

注：当笔译员对目标语言内容(2.3.3)进行自检(2.2.5)发现错误时，双语审校员(2.4.6)、单语审校员(2.4.5)、校对员(2.4.7)或客户(2.4.3)报告错误时，或者对本标准实施情况进行内部或外部审核的过程发现错误时，通常需要实施纠正。

2.5.5
纠正措施 corrective action
对消除笔译过程(2.1.3)或目标语言内容(2.3.3)中产生错误或不符合项的根源而采取的行动。

注：纠正措施包括调查确定错误产生的原因和可采取的行动，避免以同样方式再发生错误。

3 资源
3.1 人力资源

3.1.1 总则 笔译服务提供方应具备成文的过程,以确保选定承担笔译任务的人员具备所需能力和资格。

笔译服务提供方应保持关于笔译员、双语审校员、单语审校员和其他专业人员所具备的专业能力的证据和记录。

3.1.2 分包任务的责任

笔译服务提供方委托第三方完成全部或部分笔译服务时,应继续承担全部责任,以确保第三方完成的相应笔译服务符合本标准的所有要求。

3.1.3 笔译员的专业能力

笔译员应具备以下能力:

笔译能力:根据5.3.1的规定,对源语言内容进行笔译的能力,包括在语言内容理解和生成过程中处理问题的能力;以及按照客户和笔译服务提供方所签协议与其他项目规范,交付目标语言内容的能力;

a) 使用源语言和目标语言的语言文字处理能力:理解源语言、熟练使用目标语言,以及掌握文本类型惯例的一般或专业知识的能力,包括应用该知识以完成笔译或生成其他目标语言内容的能力。

b) 研究、信息获取和处理的能力:高效拓展必要的语言及专业知识的能力,以便更好地理解源语言内容,并翻译成目标语言。研究能力还要求拥有使用研究工具的经验,并具备制定恰当策略来有效利用现有信息资源的能力。

c) 文化能力:运用符合源语言和目标语言文化特征的行为标准、最新术语、价值体系以及区域特性等相关信息的能力。

d) 技术能力:利用技术资源,包括使用工具和信息技术(IT)系统支持整个笔译过程,来完成笔译过程中的各项技术任务的知识、本领和技能。

e) 领域能力:理解以源语言生成的内容,并使用目标语言以恰当的风格和术语予以再现的能力。

3.1.4 笔译员的资格

笔译服务提供方应确定笔译员有资格提供符合本标准的服务,通过取得文件证据,证明笔译员至少满足下列条件之一:

a) 获得公认高等教育机构授予的翻译学位、语言学及语言类专业学位,或包括充分笔译训练的同等专业学位;

b) 获得公认高等教育机构授予的其他专业学位,并且具有相当于两年全职专业笔译经验;

c) 具有相当于五年全职专业笔译经验。

3.1.5 双语审校员的专业能力

笔译服务提供方应确保双语审校员具备3.1.3规定的笔译员的所有能力和3.1.4规定的资格,并拥有相应领域的笔译和(或)双语审校经验。

3.1.6 单语审校员的专业能力

笔译服务提供方应确保单语审校员是相应领域的专业人员,并具备高等教育机构颁发的与该领域相关的资质和(或)该领域的工作经验。

3.1.7 笔译项目经理的能力

笔译服务提供方应确保项目经理具备交付符合客户要求和其他项目规范的笔译服务的相关能力,且保留相应能力证明记录。

笔译项目管理的相关能力可通过正式或非正式培训获得(例如:完成相关高等教育课程、参加在职培训或通过行业实践)。

笔译项目经理在培训和履职过程中,宜建立对笔译服务行业的基本认识,全面深入理解笔译过程,并掌握项目管理技能。

3.1.8 能力保持与更新情况的记录

笔译服务提供方应具备相应过程,记录关于笔译员、双语审校员、单语审校员、项目经理和其他专业人员具有的、符合 3.1.3 至 3.1.7 规定的能力通过持续从业得以保持和通过培训或其他方式得到更新的情况。笔译服务提供方应保存关于人员能力保持和更新情况的记录。

3.2 技术资源

笔译服务提供方应具备一定的基础设施,在需要时保证下列资源可供使用:

a) 必要的技术设备,用于快速有效地完成笔译项目以及安全机密地处置、储存、提取、存档和销毁所有相关的数据文件;

b) 通信设备,包括相应硬件和软件;

c) 信息资源和媒介;

d) 笔译技术工具、笔译管理系统:术语管理系统和其他笔译相关语言资源管理系统。

4 译前过程和活动

4.1 总则

笔译服务提供方应具备相应过程,用以处理和分析询价、确定项目可行性、制作报价文件以及与客户签订协议。

4.2 询价和可行性分析

笔译服务提供方应对客户的询价进行分析,以明确客户的需求明细,以及笔译服务提供方的履约能力,并确定所有必需的人力和技术设备资源是否可供使用。

4.3 报价

除非与客户另行约定,否则笔译服务提供方应向客户提交一份正式报价文件,内容应至少包括价格和交付细节,比如语言对(源语言和目标语言)、交付日期、交付文件格式及其媒介。

4.4 客户与笔译服务提供方之间的协议

笔译服务提供方应与客户达成最终协议并保存记录。如果通过口头或电话达成协议,笔译服务提供方应以书面形式(例如:通过信件、传真或电子邮件)确认该协议及其条款。无论是否为契约性协议,都应包括或提及商务条款和项目需求明细与规范。协议中还可要求符合本标准。附录 B 包含了协议中可包括的条款清单。

任何偏离原始协议的做法,在执行前应获得所有签约各方的同意,且该变更内容应与原始协议一并保存。

4.5　与项目相关的客户信息处理

笔译服务提供方应就源语言内容中的难点和其他项目需求明细与规范中的疑问,联系客户并征求其指导意见,尽可能获得各种有关附加信息,并将所获得的信息传达给项目参与各方。

笔译服务提供方应具备相应过程,保证信息的安全,对客户提供的各种资料(各种文件和数据)予以妥善保管,并在需要时安全归还或销毁。

4.6　项目准备

笔译服务提供方应根据每个笔译项目的需求明细与规范,在组织管理、技术和语言等方面做好准备工作。

在收到需笔译的源语言内容后,笔译服务提供方应确定其是否符合客户与笔译服务提供方之间的 协议和项目需求明细与规范。如不一致,应联系客户加以核实确认。

4.6.1　行政管理活动

4.6.1.1　项目登记

笔译服务提供方应记录承接的每个笔译项目,并维护项目期间的登记记录和项自文件档案。该登记记录应能够用来识别和跟踪笔译项目,确定项目状态(参见附录 C)。

4.6.1.2　项目资源分配

笔译服务提供方应为每个笔译项目分配必要的内部和(或)外部资源,确保满足客户与笔译服务提供方之间的协议和项目需求明细与规范要求。

项目所有资源分配情况应形成文件。

4.6.2　项目技术准备

4.6.2.1　技术资源

笔译服务提供方应确保笔译项目参与各方(包括分包方)在项目各个阶段都能使用所需的技术资源。

4.6.2.2　译前工作

笔译服务提供方应开展必要的技术工作和译前工作,以便为笔译工作准备好源语言内容。译前工作可包括附录 D 所列事项。

4.6.3　语言规范

笔译服务提供方应具备相应过程,确保笔译项目相关的语言规范形成文件,并进行适当的沟通。

上述信息可包括符合客户风格指南的要求,针对既定目标受众、目的和(或)最终用途来调整目标语言内容,并使用恰当的术语;还可包括对词汇或术语资源(如词汇表或术语库)等进行更新的要求。

4.6.3.1　源语言内容分析

笔译服务提供方应对源语言内容进行分析,以确保快速有效地执行笔译项目。

4.6.3.2 术语

客户和笔译服务提供方可约定笔译服务提供方应将恰当的术语用于笔译项目。约定内容可包括术语工作范围、笔译服务提供方需执行的术语工作任务描述，以及如何使用这些术语的规定。

4.6.3.3 风格指南

如果客户提供风格指南，笔译服务提供方应使用该指南，笔译服务提供方宜建立自己的一套风格规则。

5 笔译过程

5.1 总则

从协议确认到约定的项目结束，笔译服务提供方应确保遵守客户与笔译服务提供方之间的协议。

5.2 笔译服务项目管理

每个笔译项目应由一名项目经理负责协调。该项目经理应确保笔译服务过程的各方面的要求得以满足，并依据笔译服务提供方的程序、客户与笔译服务提供方之间的协议，以及其他诸项相关需求明细与规范，对项目进行管理。

项目管理应包括以下内容：

a) 在译前过程中明确关键要求和笔译项目需求明细与规范，并在整个笔译服务过程中遵守程序和规范；

b) 监视和监督笔译项目准备过程；

注：监视 monitoring。

确定体系、过程、产品、服务或活动的状态

注1：确定状态可能需要检查、监督或密切观察。

注2：通常，监视是在不同的阶段或不同的时间，对客体状态的确定。

［源自 GB/T 19000—2016，3.11.3］

c) 为笔译项目指派一名或多名合格的笔译员；

d) 指派一名或多名合格的双语审校员；

e) 向项目参与方发布信息，下达任务分派指令并管理笔译项目；

f) 监视任务执行，以确保符合约定的项目进度和截止期；

g) 需要时可就项目需求明细与规范中发生的变更进行沟通；

h) 对客户与笔译服务提供方之间的协议、项目需求明细与规范的持续符合情况予以监视，在必要时，与项目参与各方，包括客户进行沟通；

1) 确保有关笔译和其他方面的疑问得到解答；

j) 管理和处理意见反馈；

k) 在批准目标语言内容和同意交付客户之前，核验内容是否符合相应的笔译服务需求明细与规范；

l) 交付服务。

项目管理还可包含以下内容：

a）如有需要，为笔译项目指派一名或数名合格的单语审校员；
b）如有必要，实施纠正和（或）采取纠正措施；
c）监视以确保项目开支不超出约定预算；
d）开具发票；
e）完成与客户约定的其他活动或任务。

5.3 笔译过程

5.3.1 笔译

笔译员应依据笔译项目的要求进行笔译，包括目标语言的语言习惯和相关项目需求明细与规范。在整个笔译过程中，笔译员提供的服务应在以下方面符合本标准：

a）依照特定专业领域、客户的术语用法和（或）其他参考材料，确保笔译中术语使用的一致性；
b）目标语言内容的语义准确性；
c）目标语言的正确句法、拼写、标点、变音符号和其他拼写惯例；
d）词汇衔接和措辞方式；
e）依照自有的和（或）客户专有的风格指南（包括领域、语域和语言变体等内容）；
f）区域特性与其他可适用标准；
g）排版格式；
h）目标受众和目标语言内容的用途。

笔译员应就任何不确定之处向项目经理提出疑问。

5.3.2 自检

本项工作至少应包括笔译员对自己的译文进行全面双语审校，以发现可能存在的语义、语法和拼写等问题，以及漏译和其他错误，同时确保译文符合相关笔译项目需求明细与规范。笔译员在交付之前应完成必要的纠正。

5.3.3 双语审校

笔译服务提供方应确保目标语言内容经过双语审校。双语审校员应是该部分内容的笔译员以外的其他人员，并应具备本标准3.1.5中规定的源语言和目标语言能力。双语审校员应对照源语言内容检查目标语言内容，找出错误与其他问题，并审查目标语言内容是否符合其用途。这项工作应包括根据本标准5.3.1中所列出的内容，对源语言内容和目标语言内容进行比较。

经项目经理同意，双语审校员应纠正目标语言内容中发现的错误，或者提出纠正建议，交由笔译员纠正。

注：纠正可能包括重新笔译。

应对影响目标语言内容质量的错误或其他问题实施纠正，而且应重复这种纠正过程，直至双语审校员和笔译服务提供方满意为止。双语审校员还应向笔译服务提供方通报其所采取的纠正措施。

5.3.4 单语审校

如果项目需求明细中包括单语审校任务，则笔译服务方应确保对目标语言内容进行单语审校。笔译服务提供方应要求单语审校员执行单语审校任务,以评估目标语言内容是否符合协议约定的用途和领域,并提出纠正建议,交由笔译服务提供方实施。笔译服务提供方可指示单语审校员完成纠正任务。单语审校包括评估在领域方面的准确性,以及是否符合相关文本类型惯例。

5.3.5 校对

如果客户与笔译服务提供方之间的协议和项目需求明细中包含校对任务,则笔译服务提供方应确保提供该服务。如果校对中发现缺陷,笔译服务提供方应进行纠正,并采取适当措施对缺陷加以弥补。

5.3.6 最终核验与交付

笔译服务提供方应具备相应过程,在交付客户之前,由项目经理对照需求明细与规范进行项目最终核验。在最终核验和交付之后,笔译服务提供方宜具备相应过程,完成开具发票和结算程序。

如果经过最终核验,发现不满足需求明细与规范的缺陷,笔译服务提供方应予以纠正,并采取适当的纠正措施。

6 交付后过程

6.1 客户反馈

笔译服务提供方应具备相应过程,处理客户的反馈意见,评估客户满意度,以及采取适当的纠正和(或)纠正措施。如果需要实施纠正,则应重新交付客户。笔译服务提供方与笔译项目参与各方分享客户反馈意见是一种很好的做法。

6.2 结项管理

笔译服务提供方应具备相应过程,确保在适当期限内保存全部项目档案,并履行记录保存、删除和数据保护等方面的法律义务和(或)合同义务。

附录 A
（资料性附录）
笔译流程

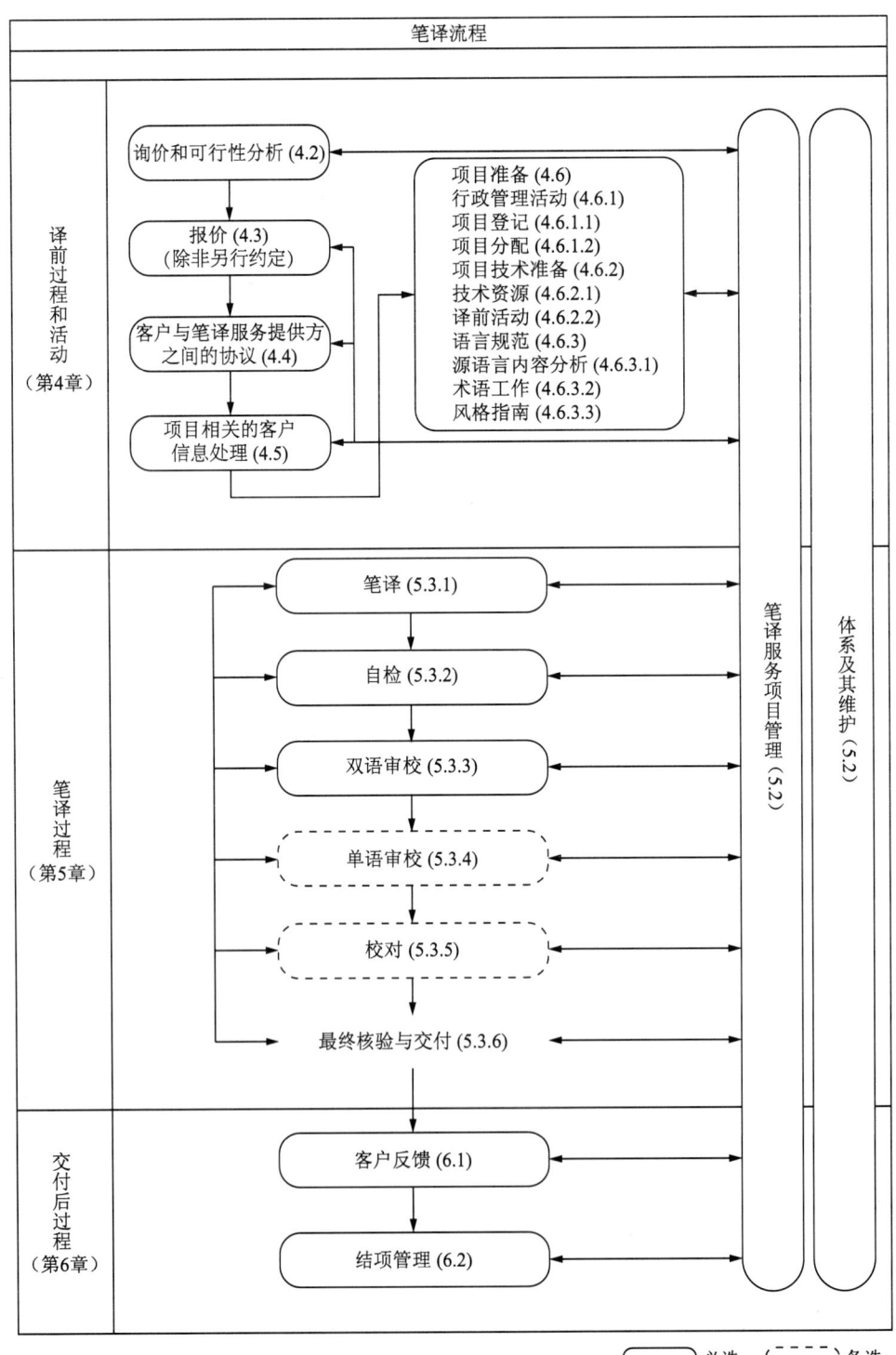

附录 B
（资料性附录）
协议与项目需求明细

B.1 协议须符合国家法律法规。

B.2 商务条款可能包括但不限于以下要素：

a) 保密条款或保密协议（NDA）；

b) 交付产品的版权以及类似翻译记忆库等副产品的使用限制；

c) 支付条款（例如，在 30 日内付款）；

d) 担保；

e) 责任；

f) 争议解决程序；

g) 管辖法律的选择。

B.3 项目需求明细可以包括下列要素：

a) 工作范围，由标准服务和增值服务构成；

b) 本标准 5.3 中列出的标准服务项目，包括笔译、自检、双语审校、单语审校（如有要求）、校对（如适用）、核验和交付；

c) 服务协议中可能包括的部分增值服务列表（参见附录 F）；

d) 工作场所要求（例如，工作任务宜在规定地点完成）；

e) 项目进度和交付日期；

f) 报价，包括货币种类；

g) 源语言内容的相关信息（例如，来源背景和字数或字符数）；

h) 产品在语言方面的需求明细（例如，标准需求项和可选需求项）；

i) 标准语言规范（参见 5.3.1）；

j) 语言；

k) 受众、用途；

l) 准确度（包括术语）和流畅度（例如，句法、拼写和词汇衔接）；

m) 符合风格指南；

n) 符合区域特性和适用标准；

o) 有必要时，对语言方面的附加需求（如语域）。

B.4 附加需求项可能包括但不限于以下内容：

a) 技术的使用（参见附录 E）；

b）客户要为笔译服务提供方提供的材料；

    注：客户须尽可能以机器可处理的形式提供源语言内容。

c）项目期间的沟通，以及项目交付后的反馈处理；

d）目标语言内容的格式和版式要求（例如，Word，InDesign 或 XML 格式）；

e）交付方式［例如，电子邮件或文件传输协议（FTP）］；

f）笔译类型（例如，本地化类，或一般通用类、创译类）；

g）署名（出版的笔译作品中是否出现笔译服务提供方名称或笔译员姓名）。

附录 C
（资料性附录）
项目登记与报告

项目登记细节可包括下列内容：
a) 项目唯一识别号；
b) 客户名称和联系人；
c) 注明日期的采购订单和商务条款，包括报价、数量、截止日期和交付细节；
d) 协议和任何附加的需求明细与规范或相关要素（参见附录 B）；
e) 笔译服务提供方的项目团队构成及其联系人；
f) 源语言和目标语言；
g) 源语言内容及其相关材料的接收日期；
h) 源语言内容的标题和描述；
i) 笔译的目的和用途；
j) 现有的客户术语或内部术语，以及其他需使用的参考资料；
k) 客户方风格指南；
l) 商务条款的修改和笔译项目变更的信息。

项目报告事项可包括下列内容：
a) 客户反馈；
b) 完成的纠正；
c) 项目状态表；
d) 开具发票。

附录 D
（资料性附录）
译前工作

译前阶段可包括以下内容：
a) 获取或创建翻译记忆库、术语库、风格指南及笔译过程中可用和有用的其他资源；
b) 为翻译技术处理准备内容；
c) 项目分析和范围确定，包括对源语言内容的分析；
d) 需要应用或需要创建的风格样式表或模板；
e) 为提高对项目需求明细的质量符合度，收集和准备各种参考资料（例如，术语资料和培训资料）。

附录 E
（资料性附录）
翻译技术

翻译技术包含一系列由笔译员、双语审校员、单语审校员，以及其他人员使用的各类辅助工具。翻译技术可包括以下内容：

a) 内容管理系统（CMS）；
b) 写作系统；
c) 桌面排版系统；
d) 文字处理软件；
e) 翻译管理系统（TMS）；
f) 翻译记忆（TM）工具和计算机辅助翻译（CAT）；
g) 质量保证工具；
h) 修订工具；
i) 本地化工具；
j) 机器翻译（MT）；
k) 术语管理系统；
l) 项目管理软件；
m) 语音转文本识别软件。

翻译技术还可包括现有的和未来的其他相关技术。

附录 F
（资料性附录）
部分增值服务列表

笔译服务提供方可提供的其他增值服务可能包括但不限于以下内容：
a) 依据国家法律和要求进行认证和授权；
b) 协助公证和法律认可；
c) 改编；
d) 重写；
e) 更新；
f) 本地化；
g) 国际化；
h) 全球化；
i) 术语管理；
j) 转录；
k) 音译；
l) 创译；
m) 桌面排版用的图形和适合网页直接使用的艺术设计；
n) 技术写作；
o) 语言和文化咨询；
p) 术语索引；
q) 翻译记忆库对齐；
r) 双语平行文本对齐；
s) 译前编辑和译后编辑；
t) 字幕；
u) 配音；
v) 对第三方提供的目标语言内容进行单语审校、双语审校；
w) 回译。

参考文献

[1] GB/T 15237.1—2000 术语工作词汇 第1部分:理论与应用
[2] GB/T 17532—2005 术语工作计算机应用词汇
[3] GB/T 19000—2016 质量管理体系基础与术语
[4] GB/T 18895—2002 面向翻译的术语编纂
[5] ISO/TS 11669 Translation projects—General guidance
[6] GB/T 27000—2006 合格评定 词汇和通用原则
[7] GB/T 27050.1—2006 合格评定 供方的符合性声明 第1部分:通用要求
[8] GB/T 27050.2—2006 合格评定 供方的符合性声明 第2部分:支持性文件
[9] GB/T 27028—2008 合格评定 第三方产品认证制度应用指南
[10] GB/T 27053—2008 合格评定 产品认证中利用组织质量管理体系的指南
[11] GB/T 27065—2004 产品认证机构通用要求
[12] GB/T 27067—2006 合格评定 产品认证基础
[13] GB/T 27068—2006 合格评定结果的承认和接受协议
[14] ASTM F2575-06 Standard guide for quality assurance in translation
[15] GB/T 19363.1—2008 翻译服务规范 第1部分:笔译
[16] EN 15038:2006 Translation services—Service requiremen

附录二

中国语言服务行业规范
Specification for the Language Service Industry in China

ZYF 012—2019

译员职业道德准则与行为规范
Code of Professional Ethics for Translators and Interpreters

2019-11-09 发布　　　　　　　　　　　　　　　　2020-01-01 实施

中国翻译协会　发布

Issued by Translators Association of China

ZYF 012-2019

前　言

本规范按照 GB/T 1.1—2009 给出的规则起草。

本规范由中国翻译协会提出并归口。

本规范起草单位：北京外国语大学、广东外语外贸大学、中国标准化研究院、北京语言大学、厦门大学、四川语言桥信息技术有限公司。

本规范主要起草人：任文、王巍巍、刘宇波、余怿、卢信朝、姚斌、罗慧芳、王立非、王海涛、刘和平、肖晓燕、朱宪超、任才淇。

引 言

随着我国对外开放的不断深入,对外交往日益密切,翻译行业发展迅速。市场对译员的需求持续旺盛,翻译职业化程度也不断得到提升。但近年来,翻译行业从业者职业道德失范事件、译员在执业过程中面临道德困境时无所适从等情况时有发生;而翻译技术的突飞猛进在提升翻译效率的同时,也引发了新的技术伦理问题,使得翻译职业道德规范建设滞后的问题愈加凸显。出台一部完整的、符合当下以及未来发展态势的译员职业道德规范势在必行。

译员职业道德准则与行为规范的确立既是翻译职业化的重要标志,其实施也会进一步推动职业化的进程。为规范在中国境内执业的译员的职业行为,指导译员在翻译工作中做出合乎职业道德的专业决定,提高译员的职业道德水平,保障译员在提供翻译服务时明确自己的责权利,维护译员的职业声誉,营造翻译行业和谐共生的生态环境,特制定本规范。

本规范首次包含了手语传译这一翻译形式。同时,与已颁布的国际和其他国家翻译职业伦理准则相比,本规范首次针对机辅/机器翻译过程中出现的技术伦理问题提出了规范性要求,具有一定的前沿性。本规范的推广应用将对中国方兴未艾的翻译行业起到重要的引导和规范作用,有利于中国翻译行业与世界同行接轨,促进中国语言服务行业的健康发展。

译员职业道德准则与行为规范

1　范围

本规范规定了在中国境内执业的职业译员在从事翻译工作时应遵循的职业道德准则和行为规范,包括基本行为规范,以及译前、译中、译后行为规范。

本规范可用于笔译员、口译员和手语译员证明其职业行为符合职业道德准则与行为规范,翻译任务委托方或客户判定为其提供翻译服务的译员的行为符合翻译职业道德规范,也可用于译员培养单位作为参照进行译员职业道德教育。

2　规范性引用文件

下列文件对于本文件的应用是必不可少的,凡是注日期的引用文件,仅注日期的版本适用于本文件。凡是不注日期的引用文件,其最新版本(包括所有的修改单)适用于本文件。

T/TAC 1—2016 翻译服务　笔译服务要求

T/TAC 2—2017 口笔译人员　基本能力要求

T/TAC 3—2018 翻译服务　口译服务要求

3　术语和定义

下列术语和定义适用于本规范。

3.1

翻译 translation and interpreting；T&I

笔译、口译、手语传译,以及通过机器辅助或人机互动方式完成的各类传译工作

3.2

翻译人员 translator and interpreter

译员

从事笔译、口译、手语传译工作(无论是否借助翻译技术)的专业人员

3.3

翻译能力 translation/interpreting competency

使用源语言和目标语言进行笔译、口译、手语传译工作的能力等

3.4

委托方 client

客户

通过某种协议方式将翻译任务委托给译员的个人或组织

注:委托方可以是,但不一定是翻译产品或服务的最终用户

3.5

用户 user

使用翻译产品或服务的个人或群体

4 译员职业道德准则

译员职业道德准则确立了译员从事翻译活动时应遵循的基本原则,包括端正态度、胜任能力、忠实传译、保持中立、保守秘密、遵守契约、合作互助、妥用技术,以及提升自我。

准则1:端正态度

译员应秉持专业精神,恪守职业道德,诚实守信,对翻译质量负责,自觉维护翻译职业的声誉和尊严。

准则2:胜任能力

译员应具备职业翻译能力,只从事自己有能力胜任的工作。接受翻译任务时,应保证能满足合同约定的所有合理要求。

准则3:忠实传译

译员应准确理解并忠实于传译源语信息,不宜根据自己的意愿或观点进行修饰或增删等更改。

准则4:保持中立

译员应秉持公平、公正的态度,尊重各方权益,维护各方尊严。

准则5:保守秘密

无论是否与翻译活动各参与方签订保密协议,译员都应严格遵守保密原则。未经许可,不应披露因翻译工作所接触到的相关信息或资料。

准则6:遵守契约

译员应充分了解契约内容,遵守契约。当出现与契约条款不符的情况时,应主动与相关方沟通协商,不应擅自毁约。

准则7:合作互助

译员之间宜合作互助、公平竞争,共同提高执业水平。译员与委托方(用户)应相互尊重、交流合作。

准则8:妥用技术

译员应恰当使用翻译技术,以提升翻译效率,保证翻译质量。

准则9:提升自我

译员应持续提升职业能力,关注行业发展动态和翻译领域最新成果,养成终身学习的习惯,不断提升职业道德水平。

5 译员职业行为规范

5.1 概述

译员职业行为规范是指译员在职业道德准则指导下应采取的具体行为,包括基本行为规范、译前行为规范、译中行为规范,以及译后行为规范四部分。

5.2 基本行为规范

5.2.1 与客户的关系

5.2.1.1 译员应对委托方(用户个人)隐私和机构信息、翻译内容严格保密。获得当事方授权或法律要求的情况除外。

5.2.1.2 未经委托方/用户许可,译员不应自行通过任何渠道发布相关资料、照片、活动细节等信息。

5.2.1.3 译员不应以保密为条件,向翻译活动参与方索要额外利益;不应利用从翻译过程中获得的保密信息获取个人利益。

5.2.2 与委托方的关系

若译员通过活动委托方获得翻译任务,未经委托方许可,不应越过委托方直接与客户联系。

5.2.3 与同行的关系

5.2.3.1 译员不应通过恶意压价、抬价等不正当手段与同行竞争客户或翻译任务。

5.2.3.2 译员应与同行同业互助、共同维护译员合法权益,不应通过任何途径或方式,对同行的工作能力、职业素养进行贬损。

5.2.3.3 译员宜对初入职场的同事(同行)给予专业指导。

5.2.4 与行业的关系

5.2.4.1 译员开始正式执业前,宜举行宣誓仪式。

5.2.4.2 译员不应发表损害翻译行业声誉的评论,并应对有损翻译行业声誉和尊严的不当言论和行为予以理性、正面的回应。

5.2.5 终身学习

译员应通过翻译实践、培训或练习不断提升职业技能,应关注行业动态,了解最新领域技术的发展和应用,并通过不断学习,更新自身知识储备与业务技能。

5.3 译前行为规范

5.3.1 能力评估

5.3.1.1 译员应对翻译任务的难度、工作量、所需时间和技术工具,以及自身知识和能力做出合理判断,确定是否能够按照约定条件保质保量完成任务。

5.3.1.2 译员接受任务前详细了解该任务对资质、语言、知识、技能等方面的要求,保证有能力胜任该项任务。译员应与客户商定具体工作任务及工作职责范围,应明确拒绝不合理的任务或超过自身承受能力的工作量,避免不相关事务对翻译工作及质量的影响。

5.3.2 时间保障

5.3.2.1 译员应保证为每一项翻译任务预留充足的准备时间。

5.3.2.2 在接受相邻时间内多项任务时,应慎重考虑任务之间的时间间隔及工作量,避免时间冲突或准备不足。口译员及手语译员在同一天的同一时间段内只能接受一项翻译任务。

5.3.3 译前准备

5.3.3.1 接受翻译任务后,译员应做好译前准备,包括但不限于语言、知识、技能、话题、工具、服饰等方面的准备。

5.3.3.2 译员应主动与委托方保持良好沟通,了解其需求,及时获取相关信息和资料。

5.3.3.3 口译员及手语译员接受任务前应详细了解传译模式、语言组合、译员数量等,提前做好相应准备。

5.3.3.4 口译员及手语译员应提前到达工作地点、确认设备、会场环境和布局。遇到问题时,应主动与指定联系人或对接人(包括但不限于主办方、委托方、讲话人、受众和技术支持人员)交流沟通。

5.3.3.5 口译员及手语译员应根据场合恰当着装。手语译员应衣着素色,颜色应与肤色构成较大反差,以突出手部动作;手语译员不宜佩戴首饰,以免干扰聋人视觉。

5.3.4 利益关系

5.3.4.1 若译员自身利益或立场可能影响其公正中立地开展工作时,应主动提出回避。

5.3.4.2 若翻译活动参与者中有译员的亲友或利益相关者,译员的工作可能会对活动的某个人或某些人的利益产生影响时,译员应诚实地向委托方予以说明。

5.3.5 任务承担与委托

未经委托方同意,译员不应擅自将翻译任务转包或分包给他人。

5.3.6 技术使用

5.3.6.1 译员应正确认识翻译技术给翻译工作带来的作用和影响,确保技术得到恰当合理的使用。

5.3.6.2 在接受翻译任务时,译员可向委托方建议使用合法、专业的技术解决方案,双方协商一致后方可开始工作。

5.3.6.3 译员应明确拒绝对侵害自身或其他交流参与方知识产权、或对译员名誉、翻译职业声誉、行业发展造成负面影响的技术方案(或手段);应明确拒绝并发对一切误导、欺骗翻译客户/用户或其他利益相关方的、与翻译工作或译员有关的技术方案或技术行为。

5.3.6.4 口译员和手语译员在接受任务前,应向客户明确提出完成任务所需的设备、技术、场地等要求,确保能落实后方可接受任务。同时,译员可对技术设备的安装和使用方式提出自己的意见和建议。

5.3.7 能力证明

5.3.7.1 译员上岗前应具备相关资质,应确保其向客户提供的翻译履历和证明文件(包括学位学历证明、资格证书、翻译经历、客户推荐信等)真实有效,不应造假或虚夸。

5.3.7.2 译员在向客户推荐合作或替代译员时,也应保证被推荐人的翻译能力满足任务要求,翻译履历真实有效。

5.3.8 责权界限

5.3.8.1 译员应明确告知委托方翻译服务内容的难度和强度、工作方式、报价和付款条件,双方达成一致后签订工作合同。

5.3.8.2 译员应与客户和其他参与者之间保持恰当的界限。如果客户提出翻译任务之外的其他要求,译员可解释并拒绝。

5.3.9 社会责任

若译员认为翻译内容将被用于非法或不正当目的,或将损害公共利益,应拒绝承接该项翻译任务。

5.4　译中行为规范

5.4.1　忠实传译

5.4.1.1　译员在翻译时应遵守"忠实准确"原则,即忠实于源语意图,准确传达源语信息;不宜对语言文字进行生硬机械的转换(法庭口译、心理诊疗口译等特殊情形除外)。

5.4.1.2　当源语信息不清楚或存疑时,如存在歧义、事实性错误、术语不准确、歧视性语言或不符合目标语文化习俗的措辞等问题时,在条件许可的情况下,译员可要求委托方进行解释、澄清或重新措辞等。

5.4.1.3　若交流各方因文化、语言、知识等差异而产生误解乃至冲突时,口译员及手语译员可进行解释和澄清。

5.4.2　妥当处理错误

5.4.2.1　译员应认真对待源语言和目标语言中出现的错误,并及时予以纠正。

5.4.2.2　若口译员及手语译员发现发言人出现明显失误时,应在翻译时及时更正。

5.4.2.3　当他人指出或本人意识到出现翻译错误时,译员应当及时承认并予以纠正。

5.4.2.4　若笔译员完成的翻译文本需经其他译员或译审进行审校时,译员可要求对审校后的文本以当事方认可的形式进行确认;未经确认时,译员对修改部分不承担责任。

5.4.3　平等待人

译员不得因服务对象的年龄、性别、国籍、文化习俗、身体或精神状况等原因采取区别性对待。

5.4.4　行为中立

5.4.4.1　口译员及手语译员在翻译过程中,除了对可能造成误会的文化障碍进行必要解释外,不应对任何人和事发表意见或给予建议。

5.4.4.2　除必要的信息确认,口译员及手语译员不应打断或介入谈话。

5.4.5　遵守契约

5.4.5.1　译员应遵守合同或其他形式的契约(如电子邮件等),按照约定的报酬及工作条件完成翻译任务,不应单方面违约或毁约。

5.4.5.2　在没有增加工作量和工作时长的情况下,译员不应在约定的翻译报酬之外额外索取酬劳。

5.4.5.3　工作明显超时或超量时,译员可按照合同或协议约定的定价标准,与委托方协商,获得额外工作报酬。

5.4.6　同业互助

当译员作为专业团队中的一员工作时,应相互帮助、分工协作。

5.4.7　恰当使用技术工具

笔译员不应将未经译后编辑等人工处理的机器翻译译文直接作为成品交付给客户,与客户另有约定的除外。

5.5　译后行为规范

5.5.1　妥当处理译后错误

若译员在将翻译成品交付给委托方/用户后发现新的翻译错误时,应及时联系委托方/用户予以更正。

5.5.2 获取工作认可

译员可以恰当的方式要求客户提供对其翻译工作的某种形式的认可；如翻译工作证明文件，在出版物、印刷物、软件开发人员名单中署名等，当事方另有约定或法律禁止的除外。

参考文献

[1] International Association for Conference Interpreters. AIIC Code of Professional Ethics (2019 - 09 - 15) [EB/OL]. https://aiic.net/p/6724.

[2] American Translators Association. ATA Code of Ethics and Professional Practice (2019 - 09 - 15) [EB/OL]. https://www.atanet.org/governance/code_of_ethics.php.

[3] American Translators Association. ATA Policy on Ethics Procedures (2019 - 09 - 15) [EB/OL]. https://www.at3net.org/docs/p_dm_ethics.pdf.

[4] Australian Institute of Interpreters and Translators. AUSIT Code of Ethics and Code of Conduct (2019 - 09 - 15) [EB/OL]. https://ausit.org/AUSIT/Documents/Code_Of_Ethics_Full.pdf.

[5] The Association of Visual Language Interpreters of Canada. AVLIC Code of Ethics and Guidelines for Professional Conduct (2019 - 09 - 15) [EB/OL], http://www.avlic.ca/ethics-and-guid-lines/english.

[6] International Federation of Translators. FIT Translator Charter (2019 - 09 - 15) [EB/OL]. https://www.fit-ift.org/translators-charter/.

[7] 律师职业道德和执业纪律规范（修订）。

[8] 中国医师道德准则。

附录三 技术工具与资源附录

一、常见的 CAT 与本地化工具

工具名称	官方网站
Alchemy Catalyst	http://www.alchemysoftware.com/
CafeTran Espresso	http://www.cafetran.com/
Déjà Vu	http://atril.com/
Fluency	http://www.westernstandard.com/
Google Translator Toolkit	http://translate.google.com/toolkit
Lingobit Localizer	http://www.lingobit.com/
MateCAT	http://www.matecat.com/
memoQ	http://www.memoq.com/
Memsource	http://www.memsource.com/
MetaTexis	http://www.metatexis.com/
Multilizer	http://www2.multilizer.com/
OmegaT	http://omegat.org
Poedit	http://www.poedit.net/
Pootle	http://pootle.translatehouse.org
RC-WinTrans	http://www.schaudin.com/web/Home.aspx
SDL Passolo	http://www.sdl-china.cn/cn/software-and-services/translation-software/software-localization/sdl-passolo/
SDL Trados Studio	http://www.sdltrados.cn/cn/products/trados-studio/
Sisulizer	http://www.sisulizer.com/
SmartCAT	http://www.smartcat.ai/
Smartling	http://www.smartling.com/
Termsoup	http://termsoup.com/
Translatum	http://www.translatum.gr/
Virtaal	http://virtaal.translatehouse.org
Visual Localize	http://www.aitgmbh.de/blog/project/visuallocalize

续　表

工具名称	官方网站
VisualTran	http://en.visualtran.com/
Wordbee	http://www.wordbee.com/
Wordfast	http://www.wordfast.com/
Wordfast Anywhere	http://www.freetm.com/
XTM	http://xtm.cloud/
Zanata	http://www.zanata.org/
译马网	http://www.jeemaa.com/
云译汇	http://www.zhimamiyu.com/
云译客	http://pe.iol8.com/
朗瑞CAT	http://www.zklr.com
雪人CAT	http://www.gcys.cn/
优译Transmate	http://www.uedrive.com/products/standalone/
Transgod	http://www.transgod.cn
YiCAT	http://www.yicat.vip/
YEEKIT	http://www.yeekit.com/

二、常见的机器翻译系统

名称	网址
Google Translate	http://translate.google.com/
Bing Translate	http://cn.bing.com/translator/
DeepL Translator	http://www.deepl.com/translator
Yandex Translate	http://translate.yandex.com
搜狗翻译	http://fanyi.sogou.com/
腾讯翻译	http://fanyi.qq.com/
腾讯Transmart	http://transmart.qq.com/index
百度翻译	http://fanyi.baidu.com/
有道翻译	http://fanyi.youdao.com/
新译科技	http://fanyi.newtranx.com/
云译科技	http://cloudtranslation.com/
小牛翻译	http://niutrans.vip

续　表

名称	网址
阿里翻译	http://translate.alibaba.com
Transgod	http://www.transgod.cn/
YEEKIT 机器翻译	http://www.yeekit.com/site/translate?locale=zh